技術の『なぜ』

JN000623

[改訂2版] データベース入門から
設計／運用の初歩まで

Oracleの基本

著=渡部亮太、舛井智行、岡野平八郎、峯岸隆一、日比野峻佑、相川潔
監修=株式会社コーソル

技術評論社

はじめに

　Oracle Database（以下、Oracle）は、非常に多くの企業向けシステムで使われているデータベース製品です。企業向けシステムに関わるエンジニアにとって、Oracle の知識は必要不可欠なものであり、その知識の証明としてオラクル社によって「ORACLE MASTER」という資格試験が定められています。システム開発／運用の企業に就職した新人エンジニアの中には、「会社から ORACLE MASTER の受験が義務付けられている」という方もいるかもしれません。

　しかし、いざ、Oracle の勉強をはじめたり、Oracle の実務に携わると、こんなことを実感するのではないでしょうか。

「多種多様な機能がありすぎて、どう使いこなせばいいのかわからない」
「Oracle だけで使われる独自用語がたくさんあって、頭が混乱する」

　また、システム開発／運用の実務における Oracle とのかかわり方は、Oracle の使い方だけでありません。データの更新や参照、アプリケーション開発、テーブル設計、データベース運用など多岐にわたります。

　にもかかわらず、これまでの市販の入門書や ORACLE MASTER 試験対策本の多くでは、Oracle 単体の機能やしくみに閉じた狭い視点で、Oracle の用語説明をベースにした解説に終始してしまい、Oracle の全体像やシステム開発／運用の実務における Oracle の役割を理解しにくい傾向にありました。

　そこで、本書は Oracle 独自の用語の使用を最小限にとどめ、次の2点を考えながら執筆しました。

・平易な表現を用いて Oracle を解説すること

・データベース、Oracle、開発、設計、運用の基本について広くさまざまな
　視点から学べること

　これらの解説ノウハウは、弊社コーソルの新人教育で培われたものです。
コーソルの新人教育には、約2週間という短い期間で多くの新卒エンジニア
をORACLE MASTER Bronze DBAに合格させているという実績がありま
す。さらに最近では、IT未経験の新人エンジニアが、入社から2年半で、
ORACLE MASTER Platinum（2日間の実技試験により認定されるORACLE
MASTERの最上位資格）を取得するような例も出てきています。本書には、
コーソルの新人エンジニアの生の声を反映させ、ノウハウを惜しみなく注ぎ
込みました。
　この本を手にとっていただいたみなさんには、Oracleやデータベースを
学びはじめる最初の1冊として、ぜひ役立てていただければと思います。

　　　　　　　執筆者を代表して　株式会社コーソル 技術統括 渡部亮太

本書について

対象読者

本書は、次のような読者を対象にしています。

- これまで Oracle Database を使ったことがない Oracle 初心者の方
- Oracle Database の基本を学びたい新人 SE、新人アプリケーション開発者、新人データベース管理者の方

　ただし、コンピュータの一般知識を持っていること、コマンドプロンプトの基本的な操作が可能であることを前提にしています。

　また、本書はオラクル社が提供する Oracle Database の資格試験「ORACLE MASTER」の参考書としても活用できます。

対象バージョンと構成

　Oracle Database 11g 〜 Oracle Database 21c に対応しています。21c で従来型の非マルチテナント構成が非サポートになったことをふまえ、12c 新機能のマルチテナント構成を前提に記載しています。

　各種コマンドの実行例は、2022 年 6 月時点での最新の長期サポートバージョン「Oracle Database 19c(19.3.0)」のものを記載していますが、本書で説明対象とする基本的な動作範囲においては、Oracle Database のバージョンによって大きな変化はありません。ほかのバージョンでも参考にしていただけます。

コマンド構文の表記方法

　< > で囲まれた部分は、コマンドを実行する環境にあわせて、適切な値に

置き換えてください。

[ ] で囲まれた部分は、指定を省略可能であることを示します。

SQL、コマンドとその実行結果について

SQL および RMAN、SQL*Plus のコマンド部分は、大文字と小文字を区別しません。ただし、本書では、見やすさのため、SQL のキーワードを大文字で、列名やテーブル名を小文字で記載しています。

SQL の文字列データを指定している箇所（'...' で囲った箇所）では、大文字と小文字を区別する必要があるので注意してください。

SQL は単語の途中でなければ文の途中に改行を含めることができます。なお、本書では SQL の実行に SQL*Plus というツールを使います。SQL*Plus では SQL の途中で改行すると、行の先頭に 2、3 などの数字が表示されます。これは、SQL*Plus が表示する行番号であり、ユーザーが入力するものではありません。

実行結果における「SQL>」は SQL*Plus のプロンプトを示します。これは、コマンドが入力可能であることを示すために SQL*Plus が表示しているものであり、ユーザーが入力する必要はありません。

▶図　SQL*Plus のプロンプト、行番号、SQL 入力と実行結果

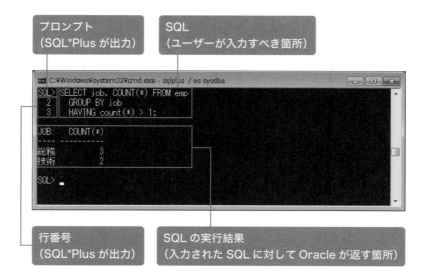

6

同様に、「C:¥>」や、「C:¥users¥oracle>」などは Windows コマンドプロンプトのプロンプトであり、「$」は Linux ／ UNIX シェルのプロンプト、「RMAN>」は RMAN のプロンプトを示します。

環境固有の情報について

データベースの識別子や、ソフトウェアのイントールパスなどの環境固有の情報を、以下の名称で呼ぶ場合があります。環境に合わせて適宜読み替えてください。

▶ 表　環境固有の情報

名称	説明
ORACLE_SID	データベースの識別子 データベース作成時に指定します
ORACLE_BASE	Oracle 関連のファイル（Oracle ソフトウェアやデータベースの構成ファイルなど）を配置する際の基準となるディレクトリ ORACLE_BASE 以下にさまざまなディレクトリが作成され、ファイルが配置される
ORACLE_HOME	Oracle ソフトウェアをインストールしたディレクトリのパス

謝辞

最後になりますが、編集をご担当いただきました技術評論社 西原様、われわれに執筆の機会を与えてくださいました技術評論社 傳様に感謝します。
また、執筆を様々な形で支援してくれたコーソルのみんなに感謝します。

協力者

以下のみなさんに、校正／査読などをご支援いただきました。業務の合間を縫ってのご尽力に感謝します。

上野 めぐさん　　　　　藤原 良さん
杉本 篤信さん　　　　　俵谷 和明さん
浅岡 萌さん　　　　　　池田 香子さん（合同会社リシテ）
池田 明彦さん

Contents　目次

第1章　データベースを知る　　　15

第2章　Oracle を使ってみる　　　27

第4章　データをより高速に／安全に扱うしくみ　145

4.1　検索処理を高速化するインデックス　146

第6章 データベース運用／管理のポイントを押さえる 251

データベースを知る

1.1 なぜデータベースは必要なのか

　Oracle とは、データベースをつくるためのソフトウェアです。では、データベースとはどういうものでしょうか。端的にいうと、データベースとは、「データを特定のルールにしたがって整理しておき、かんたんな手順で、大量のデータの中からほしいデータをすみやかに得られるようにしたもの」です。

　あらためて「データベース」というと、なにか特別なもののようにも思えてきますが、データベースは特別な状況でのみ使用されるものではありません。多くのシステムではデータベースが使用されています。特に企業システムでは、ほぼすべてのシステムでデータベースが使用されています。

　企業システムでは、商品のデータ、注文のデータ、従業員のデータなど、さまざまなデータがやり取りされます。システムの操作画面などを通じてデータが参照され、また、新しいデータが追加されます。格納したデータから必要なデータを取り出して別のシステムに連携します。データベースは、システムで扱うデータを管理するために使用されているのです。

● 図 1-1　システムにおけるデータベースの位置づけ

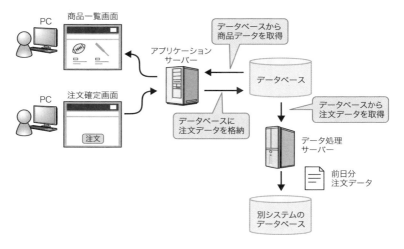

　このため、データベースが正常に動作することは、システムにとって極め
て重要です。データベースからデータが失われると、システムに多大な影響
をもたらします。また、データベースに障害が発生すれば、システムが停止
する恐れがあります。

　システムを適切に開発／運用するためには、データベース、そして
Oracle に対する正しい理解が必要なのです。

1.2 リレーショナル データベースの基礎

　データベースでは、データを特定のルールにしたがって整理しておくことが重要です。雑多なデータをやみくもに集めただけでは、データを検索することもできませんし、まったく見当違いのデータが混在している場合もあります。これでは、実用に耐えられるデータベースとはいえません。

　では、どのようなやり方でデータを整理すればよいのでしょうか。これまでさまざまなやり方が研究されてきましたが、現在の主流は、リレーショナルモデルを用いる方法です。

■ リレーショナルモデルにしたがってデータを整理する

　リレーショナルモデルとは、テーブル（表）という 2 次元表に似たデータ構造に基づき、データを管理するしくみです。リレーショナルモデルに関する理論体系は、1970 年ごろ IBM の E・F・コッド博士により提唱されました。以後 50 年近くにわたり、リレーショナルモデルは多くのシステムで使用され続け、その有用性が歴史的に実証されています。

　リレーショナルモデルに基づき作成されたデータベースをリレーショナルデータベースと呼びます。Oracle はリレーショナルデータベースを構築するためのソフトウェアです[1]。

※ 1　同様の機能をもつソフトウェアとして、Microsoft SQL Server や IBM Db2、MySQL、PostgreSQL などがあり、これらを総称して RDBMS（Relational DataBase Management System）と呼びます。

◉ 図1-2　リレーショナルデータベースとテーブル

リレーショナルデータベース

従業員テーブル

従業員番号	氏名	役職ID	所属部署ID
87	山田一郎	4	1001
204	伊藤次郎	4	1002
205	藤原三郎	3	1003

役職テーブル

役職ID	役職名
1	社長
2	部長
3	課長
4	社員

部署テーブル

部署ID	部署名	エリアID
1001	経理部	101
1002	開発部	101
1003	営業部	102

エリアテーブル

エリアID	エリア名	機密区分
101	本社6F	A
102	本社7F東	B
103	本社7F西	B
104	本社5F応接	C

■テーブルの構造

　リレーショナルデータベースの主役はテーブルです。データはテーブルの中に格納されます。テーブルは、列（カラム）と行（レコード）から構成される2次元表に似た構造をしています。

◉ 図1-3　テーブルと列、行

エリアテーブル

エリアID	エリア名	機密区分
101	本社6F	A
102	本社7F東	B
103	本社7F西	B
104	本社5F応接	C

テーブル名　　列名　　行（レコード）　　列（カラム）

　それぞれのテーブルには名前をつけます。テーブルに格納するデータ項目は、テーブルの列として定義され、1 件のデータは行として収められます。

　1 つのテーブルには、その名前に関連するデータだけを格納します。たとえば、エリアテーブルには、エリア（物理的な場所）に関するデータのみを格納します。実際のシステムではさまざまな種類のデータを扱いますから、データベースは複数のテーブルから構成されることになります。システムで扱うデータの種類が複雑になるほど、より多くのテーブルが必要となります。

　リレーショナルデータベースにデータを格納するには、あらかじめテーブルを作成しておく必要があります。テーブルは、扱うデータの特徴に合わせた構造（テーブルの列構成）を持ち、その構造に反するデータは格納できません。これにより、データベースに格納されたデータの品質を適切に維持でききます。

●図1-4　データの品質を適切に維持する

標準化されたデータアクセス用言語SQL

データベースはソフトウェア（コンピュータ）を使って実現されますから、データを参照／更新したいときは、ソフトウェアが理解できるやり方で指示を与える必要があります。そのときに使うものがSQLです。SQLはデータへのアクセスに特化したデータベース用の言語であり、非常にシンプルで理解しやすいことが特長です。

◉ 図1-5　SQL

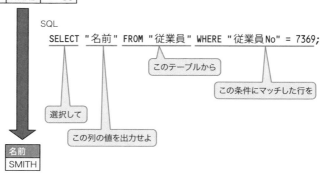

また、SQLは国際機関により標準化されているため、Oracle以外の異なるデータベース製品でも、ある程度の互換性があります。すなわち、同じSQLが、Oracle、Microsoft SQL Server、IBM Db2などで使用できます[1]。

ただし、SQLはデータへのアクセスに特化した言語であるため、SQLだけでは、プログラムを作成できません。プログラムの作成には、JavaやC#、Visual Basic.NET（VB.NET）などの汎用プログラミング言語をおもに用います。これらのプログラミング言語からSQLを実行できるしくみが用意されているので、汎用プログラミング言語とSQLを組み合わせてプログラムを作成します。

---

[1] 完全な互換性はありません。複雑なSQLでは若干の修正が必要な場合もあります。

● 図 1-6　Java プログラムから SQL を実行するしくみ

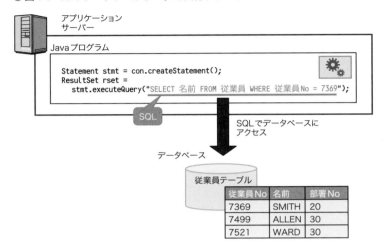

　言い方を変えると、「どのようなプログラミング言語を使っていても、デ
ータベースのデータにアクセスするときは、常に SQL が使われる」といえ
ます。すなわち、SQL は、プログラミング言語の種類にかかわらず常に必
要とされる、「つぶしが効く」知識というわけです。事実として、SQL は
1970 年代後半から現在に至るまで、使われ続けています。昨今話題となる
ビッグデータ処理においても SQL の有用性は認められているので、SQL は
今後も広い分野で使われるでしょう。

　また、SQL は、データ操作以外にも、ユーザーを作成したり、権限を付
与したり、データベースのパラメータ設定を変更したりといった用途にも使
用されます。くわしくは、本書で学習していきましょう。

本書の構成

いよいよ、Oracle とデータベースの学習をはじめましょう。第 2 章以降の本書の構成をかんたんに説明します。

第 2 章 Oracle を使ってみる

データベースを実際に作成し、かんたんなデータ操作を行いながら、Oracle やリレーショナルデータベース、SQL の基礎を学びます。

第 3 章 より高度なデータ操作を学ぶ

より高度な SQL の使用方法を学びます。ここで学んだ内容は、実際のシステム開発における SQL 作成の基礎となります。

第 4 章 データをより高速に／安全に扱うしくみ

リレーショナルデータベースの基本はテーブルですが、データをより高速に／安全に扱うためには、テーブル以外にも理解しておく事柄があります。この章ではインデックス、ユーザー、権限などについて説明します。

第 5 章 テーブル設計の基本を知る

実際のシステム開発にて業務で使用しているデータをデータベース化するためには、データをテーブル形式に落とし込む必要があります。この章では、その手順を説明します。

第 6 章 データベース運用／管理のポイントを押さえる

データベースの健全な動作を維持するために必要な運用／管理タスクについて説明します。

Column

Oracle の特徴

　リレーショナルデータベースを構築するためのソフトウェアである RDBMS には、Oracle 以外にも、Microsoft SQL Server、IBM Db2、MySQL、PostgreSQL などさまざまな製品があります。しかし、Oracle には、ほかの RDBMS 製品よりも優れた多くの特徴があります。

●商用 RDBMS シェア No.1
　Oracle は世界および国内で 50％近いシェア（販売金額ベース）を持ち、企業向けシステムを中心に、非常に多くのシステムで使われている RDBMS です。機能面で先行する Oracle に対抗して、SQL Server や Db2 も順次機能を拡張していますが、別製品へ移行することの難しさや、これまでの実績などを理由に、Oracle は今後も高いシェアを維持すると思われます。

　また、MySQL などオープンソース RDBMS も広く使用されるようになっていますが、導入分野はおもに Web 系の新規システムに限定され、企業向けシステムにおける Oracle のシェア No.1 はゆるぎないと考えられます。

●たゆまぬ機能強化
　Oracle は 1979 年に販売を開始した世界初の商用 RDBMS です。以後約 40 年にわたり、バージョンアップをくり返しながら、機能を強化してきました。機能面では、ライバルとなるほかの商用 RDBMS よりも総じて先行しており、これが高いシェアを獲得することにつながっています。

　2022 年 6 月時点での最新の長期サポートバージョンは Oracle Database 19c です。

●多くの対応 OS と互換性
　Oracle は、Windows、Linux、商用 UNIX など主要な OS に対応しています。このため、システムで採用できる OS の選択肢が広がります。

　また、各 OS 向けの Oracle の間でデータベースの構造や SQL に互換性があるので、OS を Windows から Linux に変更しても、データベースやアプリケーションをかんたんに移行できます。

●企業向けシステムに求められる高度な機能を持つ

　Oracle にはデータ管理にかかわるベース機能に加え、企業向けシステムで使用するときに求められる高度な機能を備えています。

高いパフォーマンス

　Oracle は、パーティション、パラレル処理、パフォーマンス診断機能、自動チューニング機能など、高いパフォーマンスが求められる大規模な環境において有用な多くの機能を持っています。

高度なセキュリティ機能

　Oracle は政府や金融機関をはじめとする高い機密性が求められる組織で使用されています。このため、Oracle は監査、内部からのデータ漏えい防止、暗号化などの高度なセキュリティ機能を持っています。

多重化構成、災害対策構成

　データベースはシステムの中心的な役割を担うため、データベースの停止はシステムの停止に直結します。このため、データベースには高い耐障害性が求められます。また、大規模な災害の発生時もサービスを継続できることが重要です。Oracle には複数サーバーによる多重化構成を実現する RAC（Real Application Clusters）および災害発生時のサービス継続を実現する Data Guard という機能があります。

Column

年次リリースモデルと長期サポートリリース

　Oracle Database は 12c R2 から、年次リリースモデルという新しい
リリースモデルに移行しています。年次リリースモデルとは、従来不定期
だった新しいリリースの提供頻度を「原則 1 年に 1 回」とするリリース（バ
ージョン）の提供方法です。

　ただし、すべてのリリースが広く一般に使用されるわけではありません。
広く一般に使用されるリリースは、サポートが長期間提供されるリリース
である「長期サポートリリース」です。

　2022 年 6 月時点で、長期サポートリリースは、Oracle Database 19c
のみです。これをふまえ、本書では実行例に Oracle Database 19c を使
用しています。

第 2 章

Oracle を
使ってみる

2.1　データベースを構築する

　さっそく、Oracle を使える環境を準備しましょう。学習目的であれば、本番環境のような綿密な設計は不要なので、気軽に導入できます。

　学習には、自分だけの環境を用意することをおすすめします。すでに会社などに共用の検証環境があるかもしれませんが、自由に使える環境があると、学習がとてもはかどります。自分だけの環境なら、仮に壊してしまっても、また作り直せばよいだけですから、安心して学習を進められるでしょう。

　ここでは、Administrator 権限を持つ Windows ユーザー「oracle」で、64ビット版の Microsoft Windows 10 Professional（以下、Windows または Windows 10）に、2022 年 6 月時点での最新の長期サポートリリース 19c (19.3.0) をインストールする手順を説明します。なお、OS の種類やバージョンが異なっても大枠の手順はほぼ同じです。

┃インストールファイルをダウンロードする

　Oracle のインストールファイルは、オラクル社の Web サイトからダウンロードできます。ダウンロードするときに、「ライセンス同意書への同意」が必要です。

・オラクル社の Web サイト
```
https://www.oracle.com/index.html
```

　2022 年 6 月時点では、図 2-1 の Oracle のダウンロードページからダウンロードできます。万が一アクセスできなかった場合は、Google などの Web 検索エンジンでダウンロードページを探してみてください。

　正規ライセンスを購入済みの方、オラクルパートナーは、以下の Web サ

イトからダウンロードすることもできます。

・Oracle Software Delivery Cloud
　https://edelivery.oracle.com/

▶ 図 2-1　Oracle Database のダウンロードページ

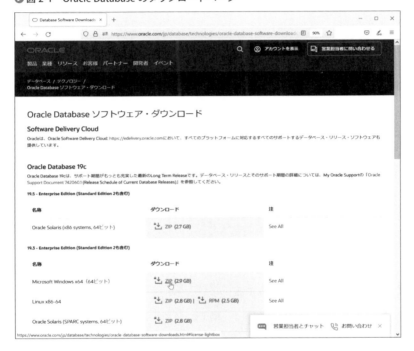

　「Microsoft Windows x64（64-bit）」の「ZIP」のリンクから ZIP 形式のインストールファイルをダウンロードします。

　以降の手順は、Administrator 権限を持つ Windows ユーザーで実行してください。

　次に、Oracle のインストール先となるディレクトリ（ORACLE_HOME）を作成します。ここでは、C:¥oracle¥product¥19.0.0¥dbhome_1 とします。

　そして、このディレクトリにダウンロードした ZIP 形式のインストールファイルを展開します。

---Column---

無償で使用できる OTN ライセンス

　オラクル社の Web サイトからダウンロードしたソフトウェアは、Oracle Technology Network（OTN）ライセンスが許す範囲内で無償で使用できます。OTN ライセンスは、自社内または個人的なアプリケーション開発、テスト、プロトタイプ作成、およびデモンストレーションの目的であれば、無償で使用できる限定的なライセンスです。OTN ライセンス文書には、Oracle 自体を学習する目的での使用可否について明示的に記載されていませんが、学習における SQL の作成および実行は、「個人的なアプリケーション開発」と捉えられるので、問題ないでしょう。

　ただし、OTN ライセンスでは、ビジネス目的でデータベースを利用する、いわゆる「本番環境」では使用できませんのでご注意ください。本番環境に Oracle を導入する場合は、有償のライセンスを購入し、購入元の指示に従ってインストールファイルを入手してください。

・Oracle Technology Network License Agreement【日本語参考訳】
https://www.oracle.com/jp/downloads/licenses/oracle-technology-network-license-agreement.html

Oracle をインストールする

　ORACLE_HOME に展開したファイルに含まれるインストーラーを実行して、Oracle をインストールします。今回は、ソフトウェアのインストールとデータベースの作成を一括して実行する方法を使います。インストーラーが、インストールしたソフトウェアに含まれる DBCA（Database Configuration Assistant）というツールを実行することで、データベースが作成されます。このとき、併せてリスナーも作成されます。リスナーはネットワークを介した接続に必要なプログラムです。リスナーについては、6.5 節「ネットワーク環境／本番環境で Oracle に接続する」で説明します。

◉ 図 2-2　Oracle ソフトウェアインストールとデータベースおよびリスナーの作成

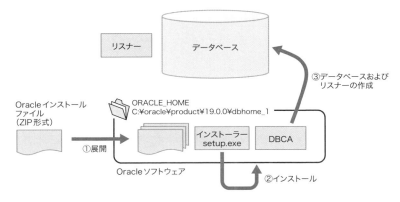

■インストーラーを起動する

ORACLE_HOME 内の setup.exe を「管理者として実行」すると、インストーラーである Oracle Universal Installer（以下、OUI）が起動します。

◉ 図 2-3　setup.exe を実行して OUI を起動する

◉ 図 2-4　OUI 起動中の画面表示

■ **インストール項目を選ぶ**

OUI を起動すると、「構成オプションの選択」画面が表示されます（図 2-5）。

Oracle ソフトウェアのインストールと併せデータベースおよびリスナーを作成する（「単一インスタンス・データベースを作成および構成します」）か、Oracle ソフトウェアのインストールだけを行う（「ソフトウェアのみの設定」）か指定します。

今回は「単一インスタンス・データベースを作成および構成します」を選択し、Oracle ソフトウェアのインストールとデータベースおよびリスナーの作成を一括して実行します。「ソフトウェアのみの設定」を選択した場合は、インストール完了後に DBCA を実行してデータベースを作成してください。

● 図2-5 OUI「構成オプションの選択」画面

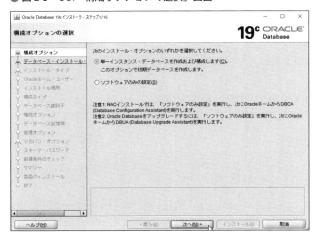

　次に、システム・クラス（インストール時の構成パターン）を選択します
（図2-6）。「デスクトップ・クラス」は小規模環境を想定した構成パターンで、
インストール時の設定項目が少なめです。一方、「サーバー・クラス」は大
規模環境を想定した構成パターンで、インストール時の構成が比較的多めで
す。今回は、「デスクトップ・クラス」を選択します。

● 図2-6 OUI「システム・クラスの選択」画面

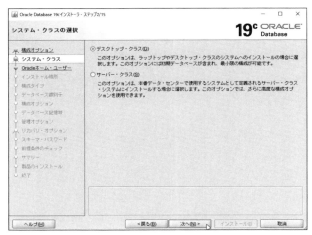

■データベースの構成を設定する

次の図 2-7 の画面では、データベースを動作させる、およびインストール
するファイルの所有者となる Windows ユーザーを指定します。ここでは、
デフォルトの「仮想アカウントの使用」を選択します。

▶ 図 2-7　OUI「Oracle ホーム・ユーザーの指定」画面

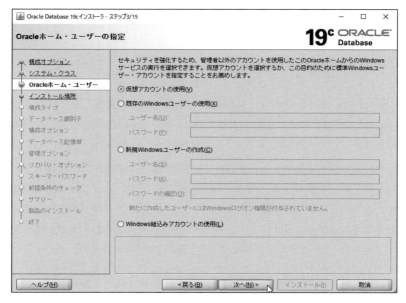

次の「標準インストール構成」の画面（図 2-8）では、ファイルの配置場
所など、インストールとデータベースにかかわる設定項目を指定します。な
お、表示上の制限で、Windows 環境におけるファイルパス区切り文字の「¥」
が「\」と表示されています。

● 図 2-8　OUI「標準インストール構成」画面

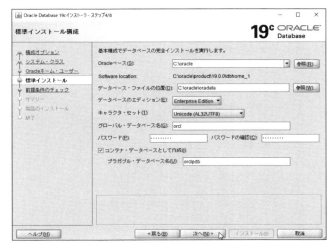

この画面で指定する設定項目については、以下の表を参照してください。

● 表 2-1　「標準インストール構成」画面で指定する項目

OUI の入力項目	説明	本書での指定例
Oracle ベース	Oracle 関連ファイルの基準となるディレクトリです。ORACLE_BASE とも呼ばれます。 データベースを構成するファイル（データファイル、制御ファイルなど）、ログファイルなどの、Oracle に関連するほとんどのファイルが ORACLE_BASE 以下に配置されます。	C:¥oracle
Software location（ソフトウェアの場所）	ZIP 形式のインストールファイルを展開したディレクトリです。プログラムや構成ファイルといった多数のファイルが含まれます。ORACLE_HOME とも呼ばれます。 ORACLE_HOME は、ORACLE_BASE のサブディレクトリに指定します。	C:¥oracle¥product¥19.0.0¥dbhome_1（変更不可）
データベース・ファイルの位置	データベースを構成するファイルを配置するディレクトリパスです。 データベースに大量のデータを格納する場合は、ファイルのサイズが大きくなるため、十分に空き領域があるディスク上の位置を指定してください。	C:¥oracle¥oradata

データベースのエディション	購入したエディションを選択してください。Enterprise Edition は高機能ですが価格も高いです。Standard Edition 2 [*1] は機能が限定されていますが、価格は安いです。 OTN ライセンスで Oracle を使用する場合は好きなエディションを選択して構いません。	Enterprise Edition
キャラクタ・セット	データベースで使用する文字コードに相当します。正式名称は、データベースキャラクタセットです。通常、システムで使用する文字の種類や文字コードをふまえて設定します。データベースキャラクタセットは、原則的にデータベース作成後は変更できないことに注意してください。	Unicode (AL32UTF8)
グローバル・データベース名	データベースの名前（識別子）です。 "＜データベース名＞" または "＜データベース名＞.＜ドメイン名＞" という形式で指定します。	orcl
パスワード	データベース作成時に自動的に作成される管理ユーザーのパスワードを指定します。	Password1
パスワードの確認	同上	Password1
コンテナデータベースとして作成	マルチテナントアーキテクチャを使用する場合に選択します。 今回インストールする 19c では、マルチテナントアーキテクチャではない従来型の構成も使用可能ですが、21c 以降ではマルチテナントアーキテクチャのみが使用可能です。	選択する
プラガブル・データベース名	「コンテナデータベースとして作成」を選択したとき、コンテナデータベース内に作成するプラガブル・データベースの名前を指定します。	orclpdb

　なお、ここで指定したグローバル・データベース名とは別に、ORACLE_SID または SID と呼ばれるデータベースの識別子が存在します。今回の手順にしたがった場合、ORACLE_SID はグローバル・データベース名のデータベース名の部分と同じ値に設定されます[*2]。ここでは、ORACLE_SID は orcl になります。

　グローバル・データベース名と ORACLE_SID は、ともにデータベースを識別するための名前ですが、役割が異なります。それぞれの役割を以下の表

※1　Oracle Database 12c R1 12.1.0.1 以前では Standard Edition および Standard Edition One というエディションがありましたが、Oracle Database 12c R1 12.1.0.2 以降で Standard Edition 2 に統合されました。
※2　ORACLE_SID の長さは 8 文字以下が一般に推奨されるため、グローバル・データベース名のデータベース名が 8 文字より大きい場合、適宜 8 文字を超える部分が切り捨てられます。

にまとめています。

● 表2-2　グローバル・データベース名とORACLE_SID

識別子	役割
グローバル・データ ベース名	リモート接続（ネットワークを介したデータベースへの接続）において、 接続先のデータベースを識別するために使われます。
ORACLE_SID (SID)	マシン内でデータベースを識別する際に使われます。 ローカル接続（同一マシン内のデータベースへの接続、ネットワークを 使用しません）で使用されます。

■インストール項目を確認する

　次に、インストールするマシンが前提条件を満たしているかをチェックします。前提条件が満たされていない場合は、その項目が表示されますので、適宜修正してください。ただし、学習目的であれば、たいていの場合警告を無視してもOKです。

● 図2-9　OUI「前提条件チェックの実行」画面

　「サマリー」画面（図2-10）では、OUIで指定した項目が一覧として表示されます。表示内容に問題がない場合は、「インストール」をクリックしてインストール処理を開始します。

● 図 2-10　OUI「サマリー」画面

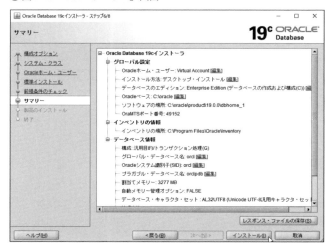

　マシンスペックによっては、数分から十数分程度かかるので、完了まで待ちましょう。なお、インストール中に Windows ファイアウォールのアクセス許可が求められた場合は、許可してください。

● 図 2-11　OUI「製品のインストール」画面

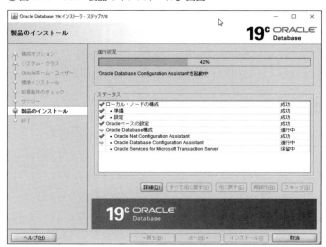

インストールが完了すると、以下の画面が表示されます。「閉じる」をクリックして OUI を終了させます。

● 図2-12 OUI「終了」画面

※1 同じマシンに Oracle 19c を複数インストールした場合、末尾の数字が2、3、…となる場合があります。

▶ 図 2-13　Database Configuration Assistant（DBCA）

マルチテナントアーキテクチャ

　図 2-8 で「コンテナ・データベースとして作成」にチェックを入れたため、作成されたデータベースは、マルチテナントアーキテクチャに基づくコンテナデータベースです。

　マルチテナントアーキテクチャは、Oracle 12c から導入された複数のデータベースを統合して管理するための技術です。マルチテナントアーキテクチャに基づくデータベースを「コンテナデータベース」または「CDB」、「CDB 構成のデータベース」、「マルチテナント構成のデータベース」と呼びます。

　データベースを統合しない場合、特に CDB を使用する必然性はありません。しかし、従来型の構成（非 CDB、CDB 構成でないデータベース）は Oracle 12c 以降で非推奨であり、Oracle 21c 以降で使用できません。このため、本書ではマルチテナントアーキテクチャに基づく CDB を前提に説明します。

　CDB 内にはいくつかのコンテナがあります。コンテナは、CDB 内に構成されたデータベースに相当するもので、CDB 内の「子データベース」と考えることができます。今回作成したデータベース orcl のコンテナ構成と役

割は以下のとおりです。

● 図2-14　今回作成したコンテナデータベース orcl のコンテナ構成と役割

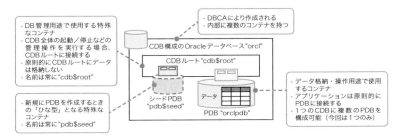

　実行したい処理の内容に応じて、接続先のコンテナが異なる点に注意して
ください。コンテナデータベース全体の管理をおこなう場合、CDB ルート
に接続します。データを参照および更新する場合、データ格納先となる
PDB に接続します。したがって、アプリケーションは原則的に PDB に接続
することになります。本書で説明する各種コマンドについても、特に断りが
ない限り PDB に接続して実行します。

　また、コンテナはデータベースに相当する位置づけにあるため、コンテナ
の代わりに「データベース」という用語を使うことがあります。たとえば、
コンテナへ接続することを「データベースへ接続」と表記することがありま
す。

作成したコンテナデータベースを確認する

　コンテナデータベースを作成すると、インストール時に指定したディレク
トリ以下に CDB ルートおよび CDB 内のその他のコンテナを構成するファ
イルが配置されます。画面にはありませんが、ディレクトリ orclpdb には
PDB "orclpdb" を構成するファイル、ディレクトリ pdbseed にはシード
PDB を構成するファイルが配置されています。

● 図 2-15　作成されたデータベース構成ファイル

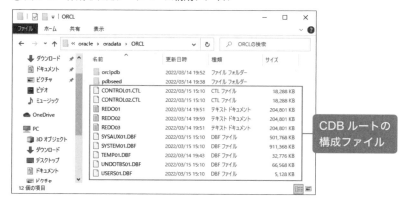

　また、Windows では、コンテナデータベースの起動停止を制御するため
に Windows サービスが作成されます。Windows サービスは、常時動作す
るプログラムのために用意された Windows のしくみです。

　データベースに対応する Windows サービス名は「OracleService ＜
ORACLE_SID ＞」です。スタートメニュー→「Windows 管理ツール」→「サ
ービス」とたどって Windows のサービス画面を表示すると、登録されたサ
ービスを確認できます。

● 図 2-16　Windows のサービス画面

　デフォルトでは、OS の起動時にデータベースのサービスが自動的に起動
されます。サービス画面でサービス OracleService ＜ ORACLE_SID ＞をダ
ブルクリックして、サービスのプロパティダイアログを表示させ、「スター

トアップの種類」を「自動」から「手動」に変更すると、OS 起動時にコン
テナデータベースを自動起動しない設定にできます。

● 図 2-17　Oracle サービスの自動起動設定を変更する

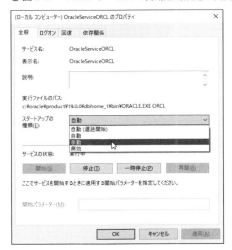

Oracle にアクセスしたいときは、サービスのプロパティ画面で「開始」
をクリックすることでサービスを起動できます。

● 図 2-18　Oracle サービスを手動で起動する

　検証用や学習用など、常時 Oracle を使用しない環境では、「スタートアップの種類」を「手動」に設定しておくことをおすすめします。

　ただし、Windows 版 Oracle は、サービスを起動しないと「なにもできない」ことに注意しましょう。コンテナデータベースを起動することすらできません。詳細については、「コンテナデータベースを起動する」（P.57）で説明します。

　なお、Linux ／ UNIX 版 Oracle には、サービス（Windows サービス）に相当する概念はありません。

Column

Oracle 12c R2 以前のインストール手順

　インストール手順は、Oracle 12c R2 以前と Oracle 18c 以降で少し異なります。本書で説明したインストール手順は Oracle 18c 以降の手順です。

　Oracle 12c R2 以前のインストール手順は以下のとおりです。ダウンロードした ZIP 形式のインストールファイルを ORACLE_HOME ではなく、作業ディレクトリに展開することに注意してください。

1. ZIP 形式のインストールファイルをダウンロードする
2. インストールファイルを作業ディレクトリに展開する
3. 作業ディレクトリ内の OUI を起動する
4. OUI の画面に従い、インストール項目を指定する。この中で ORACLE_HOME に対応するディレクトリを指定する
5. インストール処理の中で、作業ディレクトリに展開したファイルが ORACLE_HOME にコピーされる

2.2 データベースに接続する

インストールとデータベースの作成が完了したので、SQL*Plus を使ってさっそくコンテナデータベースの CDB ルートおよび PDB に接続してみましょう。

SQL*Plus は、SQL の対話的な実行やデータベース管理作業をするためのコマンドラインツールです。SQL*Plus は、Oracle と一緒にインストールされています。

なお、データベース作成直後の状態でコンテナデータベースと CDB 内の PDB はすでに起動しているため、接続可能です。もし起動していない場合は、2.3 節の「コンテナデータベースを起動する」を参照してください。

CDB ルートにローカル接続する

今回作成したデータベースはマルチテナントアーキテクチャに基づくコンテナデータベース（CDB）であり、複数のコンテナで構成されています。まずは、コンテナデータベースの CDB ルートにローカル接続します。

ローカル接続は、同一マシン内のデータベースに接続する方法です。ネットワークを使用しません。接続先データベースは、レジストリの ORACLE_SID キー[1] または環境変数 ORACLE_SID で指定します。なお、Windows 環境ではレジストリに自動的にデータベースの SID が設定されるため、複数のデータベースを使い分ける場合を除き、ローカル接続の接続先を設定する必要はありません。

コンテナデータベースにローカル接続すると、コンテナデータベースの CDB ルートに接続されます。

※ 1　HKEY_LOCAL_MACHINE¥SOFTWARE¥ORACLE¥KEY_OraDB19Home1
　　　同じマシンに Oracle 19c を複数インストールした場合、末尾の数字が 2、3、……となる場合があります。

　以下の手順で SQL*Plus を起動し、CDB ルートにローカル接続してみましょう。

1. コマンドプロンプトを起動する

　スタートメニュー→「Windows システムツール」→「コマンドプロンプト」とたどって、コマンドプロンプトを起動できます。

▶図 2-19　コマンドプロンプトを起動する

2. コマンドを入力して、SQL*Plus を起動する

　以下のコマンドを入力して、SQL*Plus を起動します。プロンプト「SQL>」が表示され、コマンド入力待ちの状態になります。

▶構文　SQL*Plus の起動

```
sqlplus /nolog
```

◉ 図 2-20　SQL*Plus を起動する

3. 接続するユーザー名とパスワードを指定して CONNECT コマンドを実
行し、コンテナデータベースの CDB ルートに接続する

　ここでは、事前作成済みの管理ユーザー SYSTEM で接続します。CONNECT
コマンドは SQL*Plus からデータベースに接続するコマンドです。後述する
リモート接続用の文字列（「@」ではじまる文字列）を指定しないと、ロー
カル接続になります。

◉ 構文　CONNECT コマンド（ローカル接続）

```
CONNECT <ユーザー名>[/<パスワード>]
```

　パスワードには、インストール時またはデータベース作成時に指定した値
を指定してください。ここでは、「Password1」を指定しています。パスワ
ードの指定を省略すると、パスワードの対話的な入力が求められます。
　コンテナデータベースにローカル接続すると、コンテナデータベースの
CDB ルートに接続される点に注意してください。

◉ 図 2-21　CONNECT コマンドで CDB の CDB ルートにローカル接続する

　SQL*Plus の起動と同時にコンテナデータベースの CDB ルートに接続することも可能です。その場合は、以下のコマンドを使用します。なお、パスワードの指定を省略すると、パスワードの対話的な入力が求められます。

▶ 構文　SQL*Plus の起動と同時に CDB の CDB ルートにローカル接続

```
sqlplus <ユーザー名>[/<パスワード>]
```

　このコマンドは、コマンドラインにパスワードが含まれているので、コマンドの履歴や起動プロセスの一覧を表示した際にパスワードが漏えいする危険性があります。本番環境など厳重なパスワードの管理が必要な環境で操作する場合は、注意して使用してください。

▶ 図 2-22　SQL*Plus の起動時に CDB の CDB ルートにローカル接続

Linux ／ UNIX での環境設定

　Linux ／ UNIX 環境では、データベースに接続する前に、いくつかの環境変数を設定する必要があります。環境変数とは、Linux ／ UNIX でよく使われる機能で、起動するプログラムに対していわゆるパラメータ形式の設定（変数＝値）を適用するために使います。

● 表 2-3　Linux ／ UNIX 環境で設定すべき環境変数

環境変数	説明
ORACLE_BASE	Oracle ソフトウェアインストール時の「インストール場所の指定」画面において、「Oracle ベース」に指定したディレクトリパスを指定します。
ORACLE_HOME	Oracle ソフトウェアインストール時に、ZIP 形式のインストールファイルを展開したディレクトリを指定します。
ORACLE_SID	今回の手順では、指定したグローバル・データベース名における、データベース名の部分を指定します。 なお、DBCA を用いてデータベースを作成した場合など、明示的に「SID」を指定した場合は、その値を指定します。
PATH	"<ORACLE_HOME に指定したディレクトリパス >/bin" を追加します。

● 実行結果 2-1　環境変数を設定して Oracle に接続する

```
$ export ORACLE_BASE=/u01/app/oracle
$ export ORACLE_HOME=/u01/app/oracle/product/19.0.0/dbhome_1
$ export ORACLE_SID=orcl
  # PATH環境変数に<ORACLE_HOME>/binを現在のPATH環境変数の値に追加する
  # ${環境変数名}は、環境変数の値を参照するシェルの構文です。
$ export PATH=${ORACLE_HOME}/bin:$PATH
$ sqlplus system/Password1

SQL*Plus: Release 19.0.0.0.0 - Production on 火 3月 15 15:37:02 2022
Version 19.3.0.0.0

Copyright (c) 1982, 2019, Oracle.  All rights reserved.

最終正常ログイン時間: 火 3月   15 2022 15:36:47 +09:00


Oracle Database 19c Enterprise Edition Release 19.0.0.0.0 - Production
Version 19.3.0.0.0
に接続されました。
SQL>
```

● 構文　環境変数の設定

```
export <環境変数名>=<値>
export <環境変数名>="<値>"     -- 値に空白文字が含まれる場合
```

　Oracle に接続するたびに環境変数を設定するのは面倒です。また、誤設定などの意図しないトラブルの原因にもなるので、通常は、Oracle を使用

するユーザーの ~/.bash_profile などのシェル初期化ファイルに環境変数を
設定するコマンドを記載します。すると、ログイン時に自動的に設定される
ため、データベースへの接続が便利になります。以下に ~/.bash_profile の
記載例を示します。

◉ リスト 2-1　~/.bash_profile の記載例

```
# インストール、データベース構築時に指定した内容に合わせて設定する
export ORACLE_BASE=/u01/app/oracle
export ORACLE_HOME=/u01/app/oracle/product/19.0.0/dbhome_1
export ORACLE_SID=orcl
export PATH=${ORACLE_HOME}/bin:$PATH
```

Windows での環境設定

　Windows 環境では、ORACLE_HOME や ORACLE_SID などの設定項目
が、インストールやデータベース作成時にレジストリに設定されます。
Windows 版 Oracle は、環境変数が未設定の場合、レジストリの設定を使用
するため、一部の例外[1] を除き環境変数を設定する必要はありません。

> ┌ Column
>
> ### 接続時にエラーが発生した場合の対処法
>
> 　データベースに接続しようとしたとき、ORA-01034 や ORA-27101
> というエラーが発生して、接続できないことがあるかもしれません。その
> 場合、以下のような原因が考えられます。
>
> ・データベースが起動していない
> ・環境変数 ORACLE_SID の指定が正しくない
>
> 　データベースに接続するには、データベースを起動してから、または、
> 環境変数 ORACLE_SID に正しい値を設定してから、再度 CONNECT コ
> マンドを実行してみてください。データベースの起動方法は、「コンテナ
> データベースを起動する」（P.57）で説明しています。

※1　複数のインストール環境（ORACLE_HOME）を使い分ける場合、同じインストール環境
　　（ORACLE_HOME）で複数のデータベースを使い分ける場合

▶ 実行結果 2-2　CONNECT コマンド実行時に ORA-01034、ORA-27101 が発生

```
SQL> connect system/Password1
ERROR:
ORA-01034: ORACLE not available
ORA-27101: shared memory realm does not exist
プロセスID: 0
セッションID: 0、シリアル番号: 0
```

データベースへの接続を切断する

SQL*Plus で EXIT コマンドを実行すると、データベースへの接続を切断してから、SQL*Plus を終了します。

▶ 実行結果 2-3　SQL*Plus を終了し、データベースへの接続を切断する

```
SQL> exit
Oracle Database 19c Enterprise Edition Release 19.0.0.0.0 - Production Version
19.3.0.0.0との接続が切断されました。

C:\Users\oracle>
```

なお、データベースへの接続を切断しても、データベースは起動したままです。

PDB にリモート接続する

次に、PDB に接続します。今回作成した CDB には「orclpdb」という名前の PDB があるので、これに接続します。

PDB に接続するには、リモート接続という接続方法を使用します。PDB にはローカル接続できません[※2]。リモート接続は、ネットワークを介して Oracle に接続する方法です。リモート接続では、ユーザー名およびパスワードの後に、「@」に続けて接続先データベースの情報（ここでは簡易接続ネーミングメソッドを使用）を指定します。リモート接続および簡易接続ネ

[※2] 一部の管理用ユーザー（接続先 PDB における SET CONTAINER 権限を持つ共通ユーザー）は、ALTER SESSION CONTAINER 文を用いて PDB へのローカル接続と似た動作を実現できます。詳細はマニュアル「管理者ガイド」を参照してください。

ーミングメソッドの詳細については、6.5 節の「ネットワーク環境／本番環境で Oracle に接続する」を参照してください。

◉ 構文　CONNECT コマンド（リモート接続、簡易接続ネーミングメソッド）

```
CONNECT <ユーザー名>[/<パスワード>]@<ホスト名>:<ポート番号>/<サービス名>
```

◉ 構文　SQL*Plus の起動時にデータベースに接続する
　　　　（リモート接続、簡易接続ネーミングメソッド）

```
sqlplus <ユーザー名>[/<パスワード>]@<ホスト名>:<ポート番号>/<サービス名>
```

　サービス名は、リモート接続におけるデータベースおよびコンテナの識別子です。CDB ルートに対応するサービス名は、デフォルトで CDB のグローバルデータベース名となります。また、PDB に対応するサービス名は、デフォルトで PDB 名となります。

　以下の例は、CONNECT コマンドを使用して、PDB orclpdb にリモート接続し、切断しているものです。

◉ 実行結果 2-4　PDB にリモート接続（CONNECT コマンド）

```
C:\Users\oracle>sqlplus /nolog

SQL*Plus: Release 19.0.0.0.0 - Production on 木 3月 10 19:02:06 2022
Version 19.3.0.0.0

Copyright (c) 1982, 2019, Oracle.  All rights reserved.

SQL> connect system/Password1@localhost:1521/orclpdb ❶
接続されました。
SQL> exit ❷
Oracle Database 19c Enterprise Edition Release 19.0.0.0.0 - Production
Version 19.3.0.0.0との接続が切断されました。
```

❶接続するユーザー名・パスワード・接続先 PDB の情報を指定して CONNECT コマンドを実行し、PDB にリモート接続しています。
　・ユーザー名に事前作成済みの管理ユーザー SYSTEM を、パスワードに「Password1」を指定しています。

・簡易接続ネーミングメソッドを用いて接続先 PDB の情報を指定して
います。
　・ホスト名：localhost（自分自身を示す特殊なホスト名）
　・ポート番号：1521（Oracle のデフォルトのポート番号）
　・サービス名：orclpdb
❷EXIT コマンドを実行して、PDB への接続を切断してから SQL*Plus を
終了します。

　なお、事前作成済みの管理ユーザー SYSTEM は、CDB 内のすべてのコ
ンテナで有効です。このようなユーザーを「共通ユーザー」と呼びます。共
通ユーザーについては、4.7 節の「管理ユーザー SYS、SYSTEM と共通ユ
ーザー」を参照してください。

2.3 データベースを起動／停止する

　データベース作成直後の状態では、データベースはすでに起動しています
が、それ以外の状況では、データベースが停止している場合もあるでしょう。
その場合は、データベースを起動する必要があります。

　コンテナデータベースを起動または停止するためには、SYS ユーザーで
データベースの CDB ルートに接続して、STARTUP または SHUTDOWN
コマンドを実行します。

SYS ユーザーで CDB ルートにローカル接続する

　2.2 節では、SYSTEM ユーザーでコンテナデータベースの CDB ルートに
ローカル接続しましたが、ここでは、最も強力な権限を持つ SYS ユーザー
でローカル接続します。SYSTEM ユーザー、SYS ユーザーはデータベース
を作成すると自動的に作成される管理用のユーザーです。

　SYS ユーザーは、データベースの起動／停止を実行できる最も強力な権
限（SYSDBA 権限）を持っています。なお、2.2 節で利用した SYSTEM ユ
ーザーは、SYSDBA 権限を持っていないので、データベースの起動／停止
を実行できません。

　SYS ユーザーでコンテナデータベースの CDB ルートにローカル接続する
には、以下のコマンドを使います。

● 構文　SYS ユーザーでコンテナデータベースの CDB ルートにローカル接続

```
--SQL*Plus起動後にCONNECTコマンドで接続する場合
CONNECT sys/<パスワード> as sysdba

--SQL*Plus起動と同時に接続する場合
sqlplus sys/<パスワード> as sysdba
```

　SYS ユーザーでデータベースに接続する場合は、「as sysdba」（大文字小
文字可）という句を指定する必要があります。すこし奇妙な構文ですが、「SYS
ユーザーでの接続時は、as sysdba をつける」と覚えてしまってください。

　なお、Oracle をインストールした OS ユーザーで SQL*Plus を実行する場
合は、ユーザー名 SYS とパスワードを省略できます。これは OS 認証と呼
ばれます。

　ここでは、Windows ユーザー「oracle」で Oracle をインストールしたため、
Windows ユーザー「oracle」で SQL*Plus を実行すると、ユーザー名とパス
ワードを省略して、SYS ユーザーでデータベースにローカル接続できます。
以下はその実行例です。

◉ 実行結果 2-5　OS 認証を使用して SYS ユーザーで CDB ルートにローカル接続

```
C:¥Users¥oracle>echo %USERNAME%
oracle

C:¥Users¥oracle>sqlplus / as sysdba ❶

SQL*Plus: Release 19.0.0.0.0 - Production on 火 3月 15 16:25:04 2022
Version 19.3.0.0.0

Copyright (c) 1982, 2019, Oracle.  All rights reserved.



Oracle Database 19c Enterprise Edition Release 19.0.0.0.0 - Production
Version 19.3.0.0.0
に接続されました。
SQL>
```

❶ OS 認証により「sys」とパスワードの省略が可能

コンテナデータベースを停止する

　データベース作成直後の状態でコンテナデータベースはすでに起動してい
るので、先にコンテナデータベースを停止する方法を説明します。

　Oracle を停止してバックアップを取る場合や、Oracle にパッチを適用す

る場合、なんらかの理由で OS をシャットダウン／再起動する場合は、コンテナデータベースを停止する必要があります。また、学習用途で Oracle を使っている場合、余計な負荷でほかの作業を邪魔しないために、データベースを使わないときは停止しておくほうがよいでしょう。

　コンテナデータベースを停止するには、SQL*Plus からコンテナデータベースの CDB ルートに SYS ユーザーで接続し、SHUTDOWN コマンドを実行します。コンテナデータベース全体（CDB および CDB に含まれるすべての PDB）が停止します。SHUTDOWN コマンドの書式は、以下のとおりです。

▶ 構文　SHUTDOWN コマンド（SQL*Plus）

```
SHUTDOWN [ NORMAL | IMMEDIATE | ABORT ]
```

　SHUTDOWN コマンドにはオプションを指定できます。オプションでは、「データベースの停止処理を実行する前に、なにをどれだけ待つか」を指定します。

▶ 表 2-4　SHUTDOWN コマンドのオプション

オプション	説明	すでに確立されている接続の扱い	実行中の SQL の扱い
NORMAL	接続がすべて切断されるまで待機し、停止処理を行う オプション未指定時のデフォルト	ユーザーが接続を切断するまで待機する	なにもしない
IMMEDIATE	実行していた処理を取り消したうえで、停止処理を行う	切断される	取り消す
ABORT	実行中の処理に対する取り消し処理を実行せず、強制的に停止する	切断される	強制停止（取り消し処理を実行しない）

　デフォルトのオプションは、NORMAL オプションです。確立済みのすべての接続がユーザーにより切断されるまで、データベース停止処理は実行されません。しかし、SHUTDOWN コマンドを実行するときは、「即座に」データベースを停止したい場合が多いでしょう。通常は、デフォルトの NORMAL オプションではなく、IMMEDIATE オプションを指定します。

　ABORT オプションは、データベースを強制終了するオプションです。不具合などによる Oracle の異常終了と同様の動作なので、なんらかの特別な

事情がある場合を除き、ABORT オプションは使用しないでください。

▶ 図 2-23　SHUTDOWN IMMEDIATE を実行して CDB を停止する

　なお、Windows 版 Oracle はサービス（Windows サービス）にコンテナ
データベースが含まれる構造になっているので、サービスを停止するとコン
テナデータベースも停止されます。このデータベース停止は、デフォルトで
IMMEDIATE オプションと同じ動作です。サービスを停止する場合は、サ
ービスのプロパティ画面から「停止」をクリックしてください。

コンテナデータベースを起動する

　停止しているコンテナデータベースを起動するには、SYS ユーザーでコ
ンテナデータベースの CDB ルートに接続し、STARTUP コマンドを実行し
ます。コンテナデータベースが正常に起動すると、SYS ユーザー以外のユ
ーザーが CDB ルートに接続できるようになります。ただし、CDB 内の
PDB はクローズされたままであることに注意してください[1]。

▶ 構文　STARTUP コマンド（SQL*Plus）

```
STARTUP
```

※ 1　ALTER PLUGGABLE DATABASE SAVE STATE 文を実行して、自動的に PDB をオー
　　　プンにするように構成することも可能です。詳細はマニュアル「管理者ガイド」を参照し
　　　てください。

● 図 2-24　STARTUP コマンドでコンテナデータベースを起動する

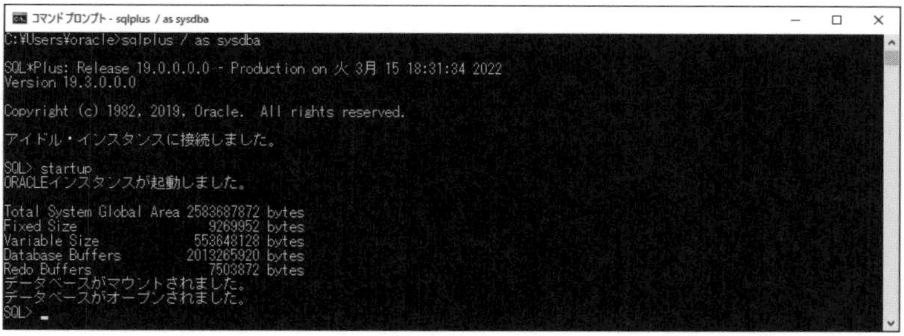

　なお、Windows 環境では、サービス（Windows サービス）を起動すると
自動的にコンテナデータベースが起動するため、STARTUP コマンドでコ
ンテナデータベースを起動する状況はほとんどありません。

　また、Windows 環境においては、データベースに対応したサービスが起
動していない状態で、SYS ユーザーでデータベースに接続しようとすると、
エラー（ORA-12560）が発生して接続に失敗します。Windows 版 Oracle で
は、まずサービスを起動してから、データベースに接続してください。以下
の実行例は、データベースに対応したサービスが起動していない状況で、デ
ータベースへの接続を試みてエラーが発生した例です。

● 実行結果 2-6　CONNECT コマンド実行時に ORA-12560 が発生

```
C:¥Users¥oracle>sqlplus /nolog

SQL*Plus: Release 19.0.0.0.0 - Production on 火 3月 15 18:35:12 2022 Version 19.3.0.0.0

Copyright (c) 1982, 2019, Oracle.  All rights reserved.

SQL> connect / as  sysdba
ERROR:
ORA-12560: TNS: プロトコル・アダプタ・エラーが発生しました


SQL>
```

STARTUP コマンドのオプション

STARTUP コマンドにはオプションを指定できます。しかし、一般的な用途ではオプションを指定する必要はなく、デフォルトの OPEN オプションで OK です。

STARTUP コマンドのオプションは、データベースを障害から復旧する場合など、特殊な状況で使用します。オプションの種類は以下のとおりです。

● 表 2-5 STARTUP コマンドのオプション

オプション	説明	接続できるユーザー
NOMOUNT	データベースの常駐部分（インスタンス）が起動します。初期化パラメータファイルが読み込まれますが、制御ファイル、データファイル、オンライン REDO ログファイルはまだ読み込まれていません。	SYS ユーザーのみ[※1]
MOUNT	制御ファイルが読み込まれます。	SYS ユーザーのみ[※1]
OPEN	制御ファイルに加えて、データファイル、オンライン REDO ログファイルが読み込まれて、データベースに格納されたデータの参照／更新ができるようになります。	すべてのユーザー

PDB をオープンする

PDB を使用するには、PDB をオープンする必要があります。PDB をオープンするには、PDB を含むコンテナデータベースが起動した状態で、SYS ユーザーで ALTER PLUGGABLE DATABASE OPEN 文または SQL*Plus の STARTUP コマンドを実行します。

■ ALTER PLUGGABLE DATABASE OPEN 文

ALTER PLUGGABLE DATABASE OPEN 文では、指定した PDB のみ、または全 PDB をオープンできます。

※1 厳密には以下の特殊な権限を持つ管理ユーザーが接続できます。
　　SYSDBA 権限、SYSOPER 権限、SYSBACKUP 権限、SYSDG 権限、SYSKM 権限

▶ **構文　ALTER PLUGGABLE DATABASE OPEN 文**

```
ALTER PLUGGABLE DATABASE [ <PDB名> ¦ ALL ]  OPEN;
```

・PDB 名を指定すると、その PDB がオープンされます。この構文は CDB ルートまたは対象 PDB で実行できます。
・ALL を指定すると、CDB 内のすべての PDB がオープンされます。この構文は CDB ルートで実行できます。

　以下の例は、SYS ユーザーで CDB ルートに接続し、PDB orclpdb をオープンする例です。

▶ **実行結果 2-7　ALTER PLUGGABLE DATABASE OPEN 文による PDB のオープン**

```
C:\Users\oracle>sqlplus / as sysdba ❶

 (中略)

Oracle Database 19c Enterprise Edition Release 19.0.0.0.0 - Production
Version 19.3.0.0.0
に接続されました。
SQL> show pdbs

    CON_ID CON_NAME                       OPEN MODE  RESTRICTED
---------- ------------------------------ ---------- ----------
         2 PDB$SEED                       READ ONLY  NO
         3 ORCLPDB                        MOUNTED ❷

SQL> ALTER PLUGGABLE DATABASE orclpdb OPEN; ❸
プラガブル・データベースが変更されました。

SQL> show pdbs

    CON_ID CON_NAME                       OPEN MODE  RESTRICTED
---------- ------------------------------ ---------- ----------
         2 PDB$SEED                       READ ONLY  NO
         3 ORCLPDB                        READ WRITE NO ❹
```

❶ SYS ユーザーで CDB ルートに接続します。

❷SHOW PDBS コマンドを実行して、CDB 内の PDB の状態を確認して
います。ここで、PDB orclpdb は「MOUNTED」状態（未オープン状態）
です。

❸ALTER PLUGGABLE DATABASE OPEN 文を実行し、PDB orclpdb
をオープンします。

❹PDB orclpdb がオープンされ、「READ WRITE」状態（通常のオープン
状態、読み書き可能モード）に遷移しました。

■ **SQL*Plus の STARTUP コマンド**

PDB に SYS ユーザーでリモート接続して STARTUP コマンドを実行す
ると、PDB をオープンできます。以下に実行例を示します。

▶ 実行結果 2-8　startup コマンドによる PDB のオープン

```
C:¥Users¥oracle>sqlplus sys/Password1@localhost:1521/orclpdb as sysdba ❶

(中略)

Oracle Database 19c Enterprise Edition Release 19.0.0.0.0 - Production
Version 19.3.0.0.0
に接続されました。
SQL> startup ❷
プラガブル・データベースがオープンされました。
```

❶SYS ユーザー（SYSDBA 権限を持つ共通ユーザー）で PDB orclpdb に
リモート接続します。ここでは、簡易接続ネーミングメソッド（< ホスト
名 >:< ポート番号 >/< サービス名 >）を用いて、リモート接続しています。

❷STARTUP コマンドを実行し、PDB orclpdb をオープンします。

PDB をクローズする

コンテナデータベースの起動中に PDB をクローズするには、SYS ユー
ザーで ALTER PLUGGABLE DATABASE CLOSE 文または SQL*Plus の
SHUTDOWN コマンドを実行します。

PDB をクローズすると、SHOW PDBS コマンドなどで確認できる OPEN
MODE は「MOUNTED」となります。

■ ALTER PLUGGABLE DATABASE CLOSE 文

ALTER PLUGGABLE DATABASE CLOSE 文では、指定した PDB のみ、または全 PDB をクローズできます。

▶ 構文　ALTER PLUGGABLE DATABASE CLOSE 文

```
ALTER PLUGGABLE DATABASE [ <PDB名> ¦ ALL ] CLOSE [ IMMEDIATE ¦ ABORT ];
```

- PDB 名を指定すると、その PDB をクローズします。この構文は CDB ルートまたは対象 PDB で実行できます。
- ALL を指定すると、CDB 内のすべての PDB（シード PDB を除く）をクローズします。この構文は CDB ルートで実行できます。
- CLOSE キーワードに続けてクローズ動作を指定できます。
    - デフォルト：PDB を通常モードでクローズします。非 CDB における SHUTDOWN NORMAL に相当します（既存の接続が切断されるまで待機）
    - IMMEDIATE：PDB を即時モードでクローズします。非 CDB における SHUTDOWN IMMEDIATE に相当します（実行中トランザクションをロールバック、接続中セッションを切断）
    - ABORT：PDB を強制停止します。実行中トランザクションは強制停止されます。チェックポイント処理（データファイルに書き込まれていない変更済みブロックを書き込む処理）は実行しません。

■ SQL*Plus の SHUTDOWN コマンド

PDB に SYS ユーザーで接続して SHUTDOWN コマンドを実行すると、接続先の PDB をクローズできます。

▶ 構文　SHUTDOWN コマンド（PDB のクローズ）

```
SHUTDOWN [ NORMAL ¦ IMMEDIATE ¦ ABORT ];
```

- モード指定と動作の関係は以下のとおりです。
    - 指定なし、NORMAL: 通常モードでクローズ

・IMMEDIATE: 即時モードでクローズ
・ABORT: 強制停止

Column

PDB へのリモート接続が失敗するケース

PDB をオープンしていない状態で、SYS 以外のユーザーで PDB へのリモート接続を試みると、エラー（ORA-01109）で接続に失敗します。この場合、PDB をオープンしてからリモート接続する必要があります。

```
SQL> CONNECT system/Password1@localhost:1521/orclpdb
ERROR:
ORA-01109: データベースがオープンされていません。
```

Column

CDB ルートで実行する必要がある操作

本書で説明する操作の多くは、対象となる PDB に接続して実行します。ただし、本書で説明する操作のうち、以下の操作は CDB ルートに接続して実行する必要があります。

・コンテナデータベースの起動（STARTUP コマンド）
・コンテナデータベースの停止（SHUTDOWN コマンド）
・すべての PDB のオープン（ALTER PLUGGABLE DATABASE ALL OPEN）
・接続中の PDB 以外を指定した PDB のオープン
・すべての PDB のクローズ（ALTER PLUGGABLE DATABASE ALL CLOSE）
・接続中の PDB 以外を指定した PDB のクローズ
・共通ユーザーの作成など、共通ユーザーおよび共通ロールに関連する多くの操作（4.7 節「管理ユーザー SYS、SYSTEM と共通ユーザー」参照）
・コンテナデータベースのバックアップ（6.2 節「バックアップを取ってデータを守る」参照）
・初期化パラメータの設定（PDB レベルを除く、6.3 節「データベースのメンテナンス」参照）

2.4　学習用ユーザーを作成する

　ここからは、学習用として PDB orclpdb に test ユーザーを作成し、この
ユーザーを用いて、PDB への接続やテーブルの作成、データの操作を行い
ます。

　なお、CDB ルートにはデータ管理用ユーザーを作成したり、データを格
納したりしてはいけません。CDB ルートはデータベース全体の管理にのみ
使用します。本書で説明する各種コマンドについても、特に断りがない限り、
CDB ルートではなく PDB に接続して実行します。

● 図 2-25　本書で使用する test ユーザー

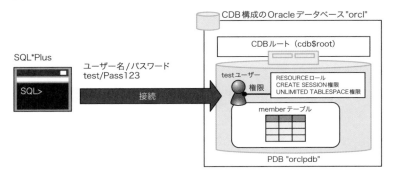

　これまでは、SYS ユーザーと SYSTEM ユーザーでデータベースに接続し
ました。しかし、これらのユーザーは管理用の特殊なユーザーであり、強力
な権限を持っているので、データベースにあるほぼすべてのデータにアクセ
スできますし、ほとんどの管理タスクを実行できてしまいます。このため、
これらのユーザーを常に使うと、秘密として扱うべきデータが見えてしまっ
たり、誤ってデータベースを停止してしまうような事態が発生しかねません。

　通常は、必要最小限の権限を持つユーザーを作成し、このユーザーをアプリケーション処理などに使用して、セキュリティの向上や誤操作の防止を図ります。

▶ 図 2-26　管理用ユーザーの不適切な利用と適切な利用

✕ すべての用途に管理用ユーザーのみを使う

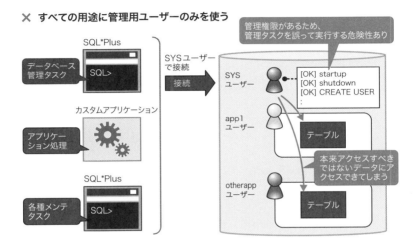

◯ 管理タスクとそれ以外で適切なユーザーを使い分ける

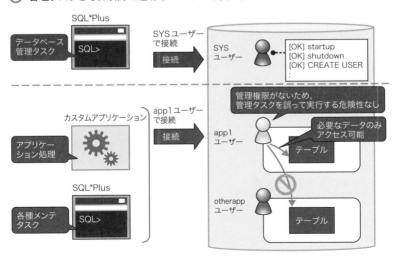

test ユーザーを作成する

　では、さっそく PDB orclpdb に test ユーザーを作成しましょう。ユーザーの作成には、CREATE USER 文を使用します。ここで作成するユーザーは、対象の PDB でのみ有効なローカルユーザーです。ローカルユーザーは PDB でのみ作成可能で、CDB ルートには作成できません。ローカルユーザーの詳細は 4.5 節「セキュリティ機構の基礎となるユーザー機能」で説明します。

● 構文　CREATE USER 文（SQL）

```
CREATE USER <ユーザー名> IDENTIFIED BY <パスワード>;
```

　以下の実行結果では、いったん SYSTEM ユーザーで PDB orclpdb にリモート接続し（❶）、ユーザー名「test」、パスワード「Pass123」のユーザーを作成しています（❷）。

　さらに GRANT 文を実行して、CREATE SESSION 権限、RESOURCE ロール、UNLIMITED TABLESPACE 権限を test ユーザーに付与しています（❸）。付与した権限は PDB orclpdb でのみ有効です。これらの権限の役割は以下のとおりです。

● 表 2-6　test ユーザーに付与した権限の役割

ロール／権限	説明	
RESOURCE ロール	テーブルなどのオブジェクトの作成を可能とする権限のセットです	
CREATE SESSION 権限	データベース（コンテナ）への接続を許可するシステム権限です この権限がないとデータベースに接続できません	
UNLIMITED TABLESPACE 権限	無制限に領域を使用できる権限です	

　最後に、CONNECT コマンドを用いて test ユーザーで PDB orclpdb にリモート接続しています（❹）。

● 実行結果 2-9　test ユーザーの作成と接続

```
SQL> CONNECT system/Password1@localhost:1521/orclpdb ❶
接続されました。
SQL> CREATE USER test IDENTIFIED BY Pass123; ❷
```

```
ユーザーが作成されました。

SQL> GRANT CREATE SESSION TO test;

権限付与が成功しました。

SQL> GRANT RESOURCE TO test;

権限付与が成功しました。                          ❸

SQL> GRANT UNLIMITED TABLESPACE TO test;

権限付与が成功しました。

SQL> CONNECT test/Pass123@localhost:1521/orclpdb ❹
接続されました。

SQL> show con_name ❺

CON_NAME
------------------------------
ORCLPDB
```

❶ system ユーザーで PDB orclpdb にリモート接続しています。パスワードにはデータベース作成時に指定した Password1 を指定しています。

❷ test ユーザーを作成しています。パスワードには Pass123 を指定しています。

❸ test ユーザーに権限を付与しています。GRANT 文は権限を付与する SQL です。

❹ test ユーザーで PDB orclpdb にリモート接続しています。パスワードにはユーザー作成時に指定した Pass123 を指定しています。

❺ SHOW CON_NAME コマンドを実行して、接続先のコンテナを表示しています。今回は PDB orclpdb に接続しているため、「ORCLPDB」が表示されます。

なお、SQL の最後には「;」（セミコロン）を入力する必要があるので、注

意してください。「;」を入力しないと、「SQL が次の行に続いている」と判断され、コマンドが実行されません。

CONNECT コマンドおよび SHOW CON_NAME コマンドの最後には「;」がついていませんが、これらのコマンドは SQL ではなく、SQL*Plus のコマンドであるためです。SQL*Plus コマンドでは、最後の「;」は不要です。本書で使用する SQL*Plus コマンドは、コラム「SQL*Plus コマンドと SQL」（P.68）を参照してください。

また、ユーザー作成の詳細、ユーザーの削除方法、権限およびロールについては、4.5 節「セキュリティ機構の基礎となるユーザー機能」（P.171）、4.6 節「ユーザー権限を制御する」（P.179）でくわしく説明します。まずは先に進み、あとで細かいところを理解することにしましょう。

Column

SQL*Plus コマンドと SQL

SQL*Plus コマンドは、SQL とは別物です。SQL は、おもにデータの操作を実行するための文であり、Java や .Net などで作成した SQL*Plus 以外のプログラムから発行することができます。SQL*Plus コマンドは、SQL*Plus 専用のコマンドで、データベース接続や、データベースの起動／停止、SQL*Plus における実行結果の表示を調整するためなどに使います。原則として SQL*Plus 以外のプログラムでは使えません。

▶ 表2-7　本書で使用する SQL*Plus コマンド

コマンド	省略形	説明	
CONNECT	CONN	SQL*Plus を用いてデータベースに接続する	
EXIT		SQL*Plus を終了する。データベースに接続中の場合、切断してから終了する	
SET		変数の値を設定する	
@		SQL スクリプトを実行する	
COLUMN	COL	列の表示設定を変更する	
SHUTDOWN	SHU	データベースを停止する	
STARTUP		データベースを起動する	
SHOW PARAMETERS		初期化パラメータの設定値を表示する	
SHOW CON_NAME		接続先のコンテナを表示する	
SHOW PDBS		PDB の一覧を表示する	

　SQL*Plus コマンドは、SQL と同様に大文字、小文字を区別しません。また、一部の SQL*Plus コマンドは省略形で入力できます。

　表 2-7 以外のコマンドについては、マニュアル「SQL*Plus ユーザーズ・ガイドおよびリファレンス」を参照してください。

2.5 テーブルとデータ操作の基本

テーブルを作る － CREATE TABLE 文

　リレーショナルデータベースでは、データをテーブル（表）に格納します。テーブルは、列（カラム）と行（レコード）から構成される 2 次元表に似た構造をしています。

　また、Excel などの表計算アプリケーションとは違い、リレーショナルデータベースでは、データを格納する前に、まずテーブルを作成する必要があります。テーブルには複数の列を定義して、列の組み合わせがテーブルに格納できるデータの性質（属性）を示します。1 つの行が 1 件のデータに相当します。

◉図 2-27　テーブル

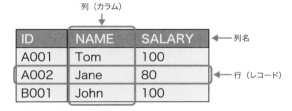

■ CREATE TABLE 文

　テーブルを作成するには、対象の PDB[※1] に接続し、CREATE TABLE 文を実行します。

◉構文　CREATE TABLE 文

```
CREATE TABLE <テーブル名>(<列名> <データ型>,
                        <列名> <データ型>,
                        ・・・
);
```

※1 CDB ルートにもテーブルを作成できます。ただし、アプリケーションを実行するのは PDB であるため、多くの場合、PDB にテーブルを作成することになるはずです。

CREATE TABLE 文では、テーブルに含まれる列の名称や、列に格納できるデータの種類を示すデータ型に関する情報を指定します。また、制約などほかに多くのオプションを指定できますが、これらについては、あとでくわしく説明します。

以下のリストは、ユーザー情報を管理するための member テーブルを作成する CREATE TABLE 文です。

● リスト 2-2　CREATE TABLE 文の例（member テーブル）

```
CREATE TABLE member (id      CHAR(4),
                     name    VARCHAR2(16),
                     salary  NUMBER(10)
);
```

● 表 2-8　member テーブルの列

列名	データ型	説明
id	CHAR(4)	メンバー ID（4 バイト固定長文字列）
name	VARCHAR2(16)	メンバー名（最大 16 バイト可変長文字列）
salary	NUMBER(10)	給与額（最大 10 桁の整数）

実際に test ユーザーで PDB orclpdb に接続して、リスト 2-3 の CREATE TABLE 文を実行してみましょう。

● 実行結果 2-10　test ユーザーによる member テーブルの作成

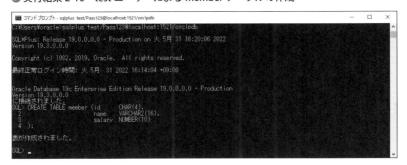

CREATE TABLE 文に改行が含まれますが、そのまま入力してください。

SQL は単語の途中でなければ改行できるので、読みやすいように改行を入れて OK です。

　また、実行結果 2-7 において行頭に表示される数字（「2」、「3」、「4」）は、SQL*Plus が何行目かを示すために表示しているものです。ユーザーが入力するものではありませんのでご注意ください。

　作成した member テーブルは、CREATE TABLE 文を実行したユーザー、すなわち test ユーザーが所有者になります。

■テーブル名、列名に関する制限

　Oracle では、テーブル名と列名に以下のような制限があります。

- 長さは 30 バイト以下（Oracle 12c R1 以前）または 128 バイト以下（Oracle 12c R2 以降）
- 名前の先頭に数字は使用不可
- Oracle の予約語は使用不可
  （ALTER、BY、CHAR、COMMENT、CREATE、DATE、FROM、GRANT、INDEX、LOCK、MODE、NOT、ON、OR、START、USER、VIEW など）
- 英数字、「$」「_」「#」以外の文字を使用する場合は、ダブルクォートで囲んで表記する

　特に 4 つ目の制限には注意してください。テーブル名や列名に日本語を使用する場合は、「CREATE TABLE "社員テーブル"」のようにダブルクォートで囲む必要があります。

｜ データ型とは

　作成したテーブルのそれぞれの列には、データ型を指定する必要があります。データ型は、その列にどのような種類のデータを格納できるかを決めるものです。おもなデータ型は以下のとおりです。

◉表 2-9　おもなデータ型

データ型	型の指定形式	格納できるデータ
NUMBER 型 （数値型）	NUMBER(n)	n 桁の整数。n は 1 〜 38
	NUMBER(n, m)	最大有効桁数（全体の最大桁数）n、小数点以下の最大桁数 m の小数または整数。n は 1 〜 38
	NUMBER	NUMBER 型で対応できる最大の精度を指定したことになります
VARCHAR2 型 （可変長文字列型）	VARCHAR2(n)	最大サイズ n バイトの可変長文字列[1]
	VARCHAR2(n CHAR)	最大サイズ n 文字の可変長文字列
CHAR 型 （固定長文字列型）	CHAR(n)	n バイト固定長の文字列[1]。n バイトよりも小さいサイズの文字列を入力した場合、不足サイズ分の空白文字が自動的に文字列末尾に追加されます
	CHAR(n CHAR)	n 文字固定長の文字列。n 文字よりも小さいサイズの文字列を入力した場合、不足サイズ分の空白文字が自動的に文字列末尾に追加されます
DATE 型	DATE	日時（年、月、日、時、分、秒） 秒は整数のみで、小数の秒は格納できません
TIMESTAMP 型	TIMESTAMP(n)	日時（年、月、日、時、分、秒（小数も可）） n: 秒の小数点以下の桁数、デフォルトは 6
BLOB 型	BLOB	最大約 32TB[2] のバイナリデータを格納できます
CLOB 型	CLOB	最大約 32TB[2] の文字列データを格納できます

　列に文字列データを格納する場合は、CHAR 型（固定長）や VARCHAR2 型（可変長）のデータ型を使います。リスト 2-2（P.71）の member テーブルでは、データサイズが 4 バイト固定の id 列には CHAR 型を、データサイズが可変の name 列には VARCHAR2 型を使っています。なお、データ型に指定する n（データサイズ）については、「文字データ型の扱い」（P.74）で説明します。

　列に数値データを格納する場合は、NUMBER 型を使います。member テーブルでは、給与額を格納する salary 列に NUMBER 型を使っています。

※1　初期化パラメータ NLS_LENGTH_SEMANTICS がデフォルトの BYTE（バイト単位）の場合。初期化パラメータについては、6.3 章の「初期化パラメータを変更する」を参照してください。
※2　データベースのブロックサイズがデフォルトの 8KB の場合。ブロックサイズに応じて最大サイズは 8 〜 128TB となります。

■データ型によるデータの保護

　データ型は、意図しないデータが格納されるのを防ぐのに役立ちます。た
とえば、データ型を数値に設定した場合、その列に文字列が格納されること
を防げますし、日時に設定した場合は、日時以外のデータが格納されること
を防げます。以下は、データ型が異なるためにエラーが発生した例です。

◉ 実行結果 2-11　列のデータ型にマッチしないデータへ更新しようとしたときのエラー

```
SQL> -- NUMBER型のsalary列に対して、
SQL> -- 文字列「A」を設定（UPDATE）しようとしてエラー発生
SQL> UPDATE member SET salary = 'A';
UPDATE member SET salary = 'A'
                           *
行1でエラーが発生しました。：
ORA-01722: 数値が無効です。

SQL> -- DATA型のbirth列に対して、
SQL> -- 数値データ「1」を設定（UPDATE）しようとしてエラー発生
SQL> UPDATE people SET birth = 1;
UPDATE people SET birth = 1
                          *
行1でエラーが発生しました。：
ORA-00932: データ型が一致しません：DATEが予想されましたがNUMBERです。
```

　なお、列への値の設定において実行している「UPDATE」はデータを更
新する SQL です。くわしくは、「データを更新する - UPDATE 文」（P.81）
で説明します。

■文字データ型の扱い

　文字データ型は、バイト単位（デフォルト）で文字列サイズを指定できま
す。文字データ型の列に、サイズを超える文字列を格納しようとするとエラ
ーになります。
　以下の実行例は、最大サイズが 4 バイトに設定されている id 列に、5 バ
イトのデータを更新しようとしてエラーが発生した例です。

● 実行結果 2-12　最大文字列サイズを超えるデータへ更新しようとしたときのエラー

```
SQL> UPDATE member SET id = '12345' WHERE name = 'Tom';
UPDATE member SET id = '12345' WHERE name = 'Tom'
                *
行1でエラーが発生しました。:
ORA-12899: 列"TEST"."MEMBER"."ID"の値が大きすぎます(実際:5、最大: 4)
```

　文字データ型のデータサイズの指定方法には、バイト単位で最大サイズを指定する方法と、文字単位で最大サイズを指定する方法の2つがあります。

● 表 2-10　文字データ型のデータサイズの指定方法

指定方法	指定形式	n の範囲	データの最大サイズ
バイト単位	CHAR(n)[1]	1 〜 2000	n バイト
	VARCHAR2(n)[1]	1 〜 4000 (1 〜 32767[2])	n バイト
文字単位	CHAR(n CHAR)	1 〜 2000	n 文字 ただし 2000 バイトを超えることはできない
	VARCHAR2(n CHAR)	1 〜 4000 (1 〜 32767[2])	n 文字 ただし 4000 バイト (32767 バイト[2]) を超えることはできない

　文字データ型のデータサイズをバイト単位で指定する場合、データサイズには、「最大文字数×1文字あたりの最大バイト数」で決定します。1文字が何バイトになるかは、文字の種類とデータベースキャラクタセット（データベースの文字コード）によって異なる点に注意してください。半角1文字は、主要なデータベースキャラクタセットにおいて常に1バイトです。以下の表では、おもなデータベースキャラクタセットにおいて、全角1文字が何バイトに対応するかをまとめています。

※ 1 デフォルトの場合。初期化パラメータ NLS_LENGTH_SEMANTICS をデフォルトの BYTE（バイト単位）から CHAR（文字単位）に指定した場合、文字列サイズは文字単位で計算されます。
※ 2 Oracle 12c R1 以降で、初期化パラメータ MAX_STRING_SIZE をデフォルトの STANDARD から EXTENDED に変更した場合。

▶ 表 2-11　全角 1 文字のバイト数

データベースキャラクタセット	全角 1 文字のバイト数
AL32UTF8 (Unicode UTF8)	3 [※1]
JA16EUC, JA16EUCTILDE (日本語 EUC)	2
JA16SJIS, JA16SJISTILDE (シフト JIS)	2

　文字データ型のデータサイズを文字単位で指定する場合、データサイズには、最大文字数を指定します。

　SQL に文字列データを指定する場合は、シングルクォート（'）で囲みます。ダブルクォート（"）ではないことに注意してください。ダブルクォートはテーブル名や列名に対して使用します。

■日時データの指定方法

　SQL に日時データを指定する場合は、TO_DATE() ファンクションを使います。TO_DATE() ファンクションは、与えられた文字列を日時フォーマット文字列に基づき DATE 型に変換するファンクションです。

▶ リスト 2-3　TO_DATE() ファンクションによる日時データの指定

```
UPDATE products SET create_date = TO_DATE('2022-08-31 19:05:30',
'YYYY-MM-DD HH24:MI:SS');
```

　このリストでは、日時フォーマット文字列に 'YYYY-MM-DD HH24:MI:SS' を使っていますが、異なる指定も可能です。日時フォーマット文字列に使える文字列については、3.6 節の「日時データの表示を調整する」（P.130）を参照してください。

テーブルの定義を確認する

　テーブルの列名やデータ型などの定義を確認するには、DESCRIBE コマンドを使います。DESCRIBE コマンドの書式は以下のとおりです。

※ 1　一部の特殊な文字については 4 バイト以上のサイズとなる場合があります。

◉ 構文　DESCRIBE コマンド（SQL*Plus）

```
DESCRIBE <テーブル名>
```

　このコマンドは SQL ではありません。SQL*Plus のコマンドです。なお、このコマンドは、「DESC」という省略形でもコマンドを実行できます。このコマンドを使って、実行結果 2-10（P.71）で作成した member テーブルの定義を確認してみましょう。

◉ 実行結果 2-13　DESCRIBE コマンドでテーブル定義を確認する

```
SQL> desc member
 名前                          NULL?    型
 --------------------------- -------- --------------------
 ID                                   CHAR(4)
 NAME                                 VARCHAR2(16)
 SALARY                               NUMBER(10)
```

データを追加する - INSERT 文

　作成したテーブルには、まだデータがありませんので、さっそくデータを追加しましょう。テーブルにデータを追加するには、INSERT 文を使用します。INSERT INTO のあとにデータを追加するテーブルを指定し、VALUES 句の前に列名のリストを、VALUES 句のあとに列名のリストに対応した値のリストを指定します。

◉ 構文　INSERT 文

```
INSERT INTO <テーブル名> [(<列名>, <列名>, ...)]
  VALUES(<値>, <値>, ...);
```

　以下の実行例では、INSERT 文を 3 回実行し、member テーブルに計 3 行（3 件）のデータを追加しています。

◉ 実行結果 2-14　member テーブルにデータを追加する

```
SQL> INSERT INTO member (id, name, salary) VALUES('A001', 'Tom', 100);
```

```
1行が作成されました。

SQL> INSERT INTO member (id, name, salary) VALUES('A002', 'Jane', 80);

1行が作成されました。

SQL> INSERT INTO member (id, name, salary) VALUES('B001', 'John',  100);

1行が作成されました。

SQL> COMMIT;

コミットが完了しました。
```

　なお、最後に実行している COMMIT 文は、変更を確定するための SQL
です。COMMIT 文を実行する前であれば、確定前の変更を取り消すことが
できます。詳細については、3.7 節「トランザクションでデータを安全に更
新する」であらためて説明します。今の段階では、「データを変更する SQL
を実行したあとには、COMMIT 文を実行する」と理解しておいてください。

データを検索する － SELECT 文

　テーブルに格納されたデータを参照／検索するには、SELECT 文を使用
します。SELECT 文の機能は多岐にわたり、構文も非常に複雑です。まずは、
最もシンプルな SELECT 文の構文を説明します。以下の構文では、指定し
たテーブルのすべての行について、SELECT 句のあとに指定した列の値が
返されます。

▶ 構文　基本的な SELECT 文

```
SELECT <列名> [, <列名>, ...] FROM <テーブル名>;
```

　以下の実行例では、member テーブルのすべての行について、id 列と
name 列の値を返しています。

● 実行結果 2-15　指定した列（id 列と name 列）を出力する

```
SQL> SELECT id, name FROM member;

ID   NAME
---- ----------------
A001 Tom
A002 Jane
B001 John
```

　すべての列を出力したい場合には、SELECT 句のあとに「*」（アスタリスク）を指定します。これは、SELECT 句のあとにすべての列名を並べたときと同じ動作になります。

● 実行結果 2-16　すべての列を出力する

```
SQL> SELECT * FROM member;

ID   NAME              SALARY
---- ---------------- ----------
A001 Tom                  100
A002 Jane                  80
B001 John                 100
```

■条件を指定した絞り込み検索

　指定したテーブルのすべての行ではなく、特定の条件に合致した行のみを出力する場合には、WHERE 句に検索条件を指定します。

● 構文　WHERE 句に検索条件を指定した SELECT 文

```
SELECT <列名> [, <列名>, ...] FROM <テーブル名>
  WHERE <検索条件>;
```

　member テーブルから name 列の値が「Tom」である行のみを出力する例を、以下に示します。

● 実行結果 2-17　等価条件（name='Tom'）を指定した検索

```
SQL> SELECT id, name, salary FROM member
  2    WHERE name = 'Tom';
```

```
ID   NAME              SALARY
---- ---------------- ----------
A001 Tom                  100
```

大小関係で絞り込むこともできます。member テーブルから salary 列の
値が 90 よりも大きい行のみを出力する例を、以下に示します。

▶ 実行結果 2-18　比較条件（salary>90）を指定した検索

```
SQL> SELECT id, name, salary FROM member
  2    WHERE salary > 90;

ID   NAME              SALARY
---- ---------------- ----------
A001 Tom                  100
B001 John                 100
```

WHERE 句にはこれ以外にさまざまな条件を指定できます。これらにつ
いては、3.1 節「データを複雑な条件で検索する」で説明します。

Column

SQL における大文字と小文字の区別

　SQL は、大文字と小文字を区別しません。本書では、見やすさのため、
SELECT や WHERE などの SQL のキーワードを大文字で、列名やテーブ
ル名を小文字で記載していますが、これらをすべて大文字、すべて小文字
で書いても問題ありません（動作に変化はありません）。

　ただし、データとして文字列を指定しているところでは、大文字と小文
字を区別する必要があります。たとえば、実行結果 2-14 の SQL で、
WHERE 句に指定している文字列をすべて大文字に変更すると
（'Tom' → 'TOM'）、得られる結果が異なります（検索にヒットしません）。

▶ 実行結果 2-19　SQL の文字列データ部分では大文字と小文字が区別される

```
SQL> SELECT id, name, salary FROM member
  2    WHERE name = 'TOM';

レコードが選択されませんでした。
```

データを更新する - UPDATE 文

すでにテーブル内にあるデータを更新するには、UPDATE 文を使用します。指定したテーブルのデータのうち、WHERE 句で指定した条件に合致したデータについて、SET 句で指定した更新処理を実行します。

● 構文　UPDATE 文

```
UPDATE <テーブル名> SET <列名> = <値> [, <列名> = <値>, ...]
  WHERE <検索条件>;
```

以下の例では、member テーブルのデータのうち、id 列が A001 であるデータについて、name 列と salary 列を更新しています。

● 実行結果 2-20　データを更新する（UPDATE 文）

```
SQL> UPDATE member SET name = 'Tommy', salary = 1000 WHERE id = 'A001';

1行が更新されました。

SQL> COMMIT;

コミットが完了しました。

SQL> SELECT * FROM member;

ID   NAME              SALARY
---- ---------------- ----------
A001 Tommy               1000
A002 Jane                  80
B001 John                 100
```

UPDATE 文では、WHERE 句を指定しないとテーブルのすべてのデータが更新されてしまうので、注意してください。

データを削除する - DELETE 文

テーブルのデータを削除するには、DELETE 文を使用します。指定したテーブルのデータのうち、WHERE 句で指定した条件に合致したデータを

削除します。

▶ **構文　DELETE文**

```
DELETE FROM <テーブル名> WHERE <検索条件>;
```

　以下の例では、member テーブルのデータのうち、id 列が「A002」であるデータを削除しています。

▶ **実行結果 2-21　条件にマッチしたデータを削除する**

```
SQL> DELETE FROM member WHERE id = 'A002';

1行が削除されました。

SQL> COMMIT;

コミットが完了しました。

SQL> SELECT * FROM member;

ID    NAME              SALARY
----  ----------------  ----------
A001  Tommy               1000
B001  John                 100
```

　DELETE 文では、WHERE 句の指定を省略するとテーブルの全データが削除されてしまうので、注意してください。

すべてのデータを高速に削除する － TRUNCATE TABLE 文

　DELETE 文によるデータの削除では、データ量が多い場合、削除処理に時間がかかってしまいます。TRUNCATE TABLE 文を使うと、テーブルのすべてのデータを高速に削除できます。

▶ **構文　TRUNCATE TABLE 文**

```
TRUNCATE TABLE <テーブル名>;
```

● 実行結果 2-22　データを切り捨てる

```
SQL> TRUNCATE TABLE member;

表が切り捨てられました。
```

　実際のシステムでは、テーブルのすべてのデータを削除する処理が比較的
頻繁に実行されるため、TRUNCATE TABLE 文は非常に重宝するコマン
ドです。しかし、以下の点が DELETE 文とは異なるので、注意してください。

・常にすべてのデータを削除し、一部のデータだけを残すことはできない
・TRUNCATE TABLE 文を実行するだけで変更が確定する（COMMIT 文
　の実行は不要）。このため、誤って TRUNCATE TABLE 文を実行したと
　きに、削除を取り消すことができない

テーブルを削除する - DROP TABLE 文

　テーブル自体を削除するには、DROP TABLE 文を使用します。テーブル
を削除すると、テーブルに格納されたデータもあわせて削除されます。

● 構文　DROP TABLE 文

```
DROP TABLE <テーブル名>;
```

　以下の実行結果では、member テーブルを削除しています。当然ですが、
削除後に member テーブルに対して SELECT 文を発行してもエラーとなり
ます。

● 実行結果 2-23　テーブルを削除する

```
SQL> DROP TABLE member;

表が削除されました。

SQL> SELECT * FROM member;
SELECT * FROM member
         *
```

```
行1でエラーが発生しました。：
ORA-00942: 表またはビューが存在しません。
```

SQL にコメントを入れる

　SQL が複雑な場合など、説明を記載したい場合は、コメント機能を活用できます。コメントとして記述された部分は、Oracle から無視され、実行されません。

　Oracle では、コメントを以下の 2 つの形式で書くことができます。

/* コメント */

　「/*」から「*/」までがコメントになります。コメント内に改行を含むことができます。

-- コメント

　「--」から行末までがコメントになります。コメント内に改行を含むことができません。

● 実行結果 2-24　コメントを含む SQL

```
SQL> /*
SQL>      コメント内に改行が
SQL>      含まれてもOK
SQL> */
SQL> SELECT /* SELECT文中にコメントをいれてもOK */ id
  2     FROM member          -- 行末までがコメントになる
  3     WHERE salary > 90;

ID
----
A001
B001
```

データベースを削除する

　不要になったデータベースは、DBCA で削除できます。インストール時

に使用した OS ユーザーで DBCA を起動後、「データベースの削除」を選択
して、削除対象のデータベースを選択してください。

● 図 2-28　DBCA でデータベースを削除する

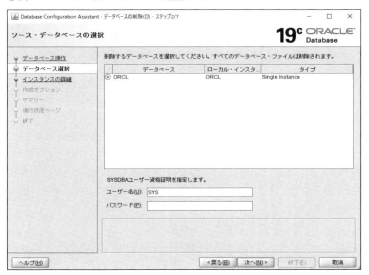

データベースを削除しても、ORACLE_HOME に導入された Oracle ソフ
トウェアはアンインストールされません。このため、データベースの削除後、
ORACLE_HOME にある DBCA を使って再度データベースを作成できます。

Column

Oracle ソフトウェアをアンインストールする

　ORACLE_HOME に導入された Oracle ソフトウェアをアンインストー
ルするには、deinstall ツールを使用します。

　管理者権限でコマンドプロンプトを起動し、<ORACLE_HOME>¥
deinstall¥deinstall.bat[※1]を実行します。表示されたメッセージにしたが
い、削除する ORACLE_HOME、リスナー名、データベース名を指定する
と、アンインストールを実行できます。

※ 1　Linux ／ UNIX では <ORACLE_HOME>/deinstall/deinstall

---Column---

非 CDB 使用時の注意点

　本書は CDB（マルチテナント構成）を前提に記載していますが、非CDB 構成（従来型構成）のデータベースを使用することもあるかもしれません。本書で取り上げた内容を元に、非 CDB 構成のデータベース（以下「非 CDB」と記載）を使用するときの注意点をまとめます。

・DBCA でデータベースを作成するときに「コンテナデータベースとして作成」にチェックを入れないと、非 CDB が作成されます。
・非 CDB にはコンテナに相当する概念はありません。
・非 CDB は、CDB における CDB ルートの役割と PDB の役割を兼ねます。よって、管理権限を持つユーザーで非 CDB に接続して、データベース管理作業を実行可能です。また、管理権限を持たない一般ユーザーで非 CDB に接続して、アプリケーションのためのデータ保管およびデータ処理を実行可能です。
・非 CDB には共通ユーザーは存在しません。
・非 CDB では、CREATE SESSION 権限を持つすべてのユーザーがローカル接続可能です（CDB では、CDB ルートにおける CREATE SESSION 権限を持つ共通ユーザーだけがローカル接続可能です。このとき、接続先コンテナは CDB ルートになります）。

▶図 2-29　CDB と非 CDB の比較イメージ

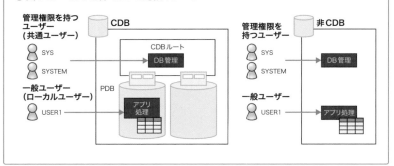

第 3 章

より高度な
データ操作を学ぶ

<table>
<tr><td>3.1</td><td>データを複雑な条件で検索する</td></tr>
</table>

3.1 データを複雑な条件で検索する

　第 2 章では SELECT 文、INSERT 文、UPDATE 文、DELETE 文をはじめとする、SQL の基本的な使用方法について説明しました。本章では、より高度な SELECT 文の使用方法を説明します。

　なお、本章の SQL は PDB に接続して実行します。

テストデータを準備する

　ここでは、次に示す 2 つのテーブルおよびデータを使用していきます。emp は従業員データを格納するテーブル、dept は部署データを格納するテーブルです。

▶ 表 3-1　本章で使用するテストデータ

emp テーブルのデータ

EMPNO	ENAME	JOB	SAL	AGE	DEPTNO
1001	本山三郎	営業	720	34	2
1002	中村次郎	総務	720	29	2
1003	山田花子	総務	600	31	1
1004	三田海子	技術	720	58	3
1005	山本太郎	技術	900	36	1
1006	山田一太	総務	510	22	1

dept テーブルのデータ

DEPTNO	DNAME	TELNO
2	流通部	0312345678
1	金融部	0312345679
3	公共部	0312345670
4	特別部	0312345677

テーブルおよびテストデータは、以下の SQL で作成できます。いずれか
の PDB で実行してください。必要な権限[1] があるユーザーであれば、どの
ユーザーで実行してもかまいません。もし、第 2 章で PDB orclpdb に test
ユーザーを作成しているなら、必要な権限がすでに割り当てられているため、
このユーザーを使うことをおすすめします。

● リスト 3-1　テストデータを作成する SQL

```
CREATE TABLE emp  ( empno  NUMBER(4),
                    ename  VARCHAR2(4 CHAR),
                    job    VARCHAR2(2 CHAR),
                    sal    NUMBER(6),
                    age    NUMBER(3),
                    deptno NUMBER(4));
CREATE TABLE dept ( deptno NUMBER(4),
                    dname  VARCHAR2(3 CHAR),
                    telno  VARCHAR2(10));

INSERT INTO emp VALUES( 1001, '本山三郎', '営業', 720, 34, 2);
INSERT INTO emp VALUES( 1002, '中村次郎', '総務', 720, 29, 2);
INSERT INTO emp VALUES( 1003, '山田花子', '総務', 600, 31, 1);
INSERT INTO emp VALUES( 1004, '三田海子', '技術', 720, 58, 3);
INSERT INTO emp VALUES( 1005, '山本太郎', '技術', 900, 36, 1);
INSERT INTO emp VALUES( 1006, '山田一太', '総務', 510, 22, 1);

INSERT INTO dept VALUES(   2, '流通部','0312345678');
INSERT INTO dept VALUES(   1, '金融部','0312345679');
INSERT INTO dept VALUES(   3, '公共部','0312345670');
INSERT INTO dept VALUES(   4, '特別部','0312345677');

COMMIT;
```

列の表示名を変更する

SELECT 文を実行してデータを表示したとき、列のヘッダーには、テー
ブルの列名が表示されます。列の表示名を変えたい場合は、以下のようにし
て、列名のあとに指定します。

※ 1　CREATE SESSION 権限および CREATE TABLE 権限と UNLIMITED TABLESPACE
権限または表領域のクォータ（QUOTA）割り当て。詳細は 4.6 節「ユーザー権限を制御
する」（P.179）を参照してください。

89

● 構文　列の表示名を指定する

```
SELECT <列名> [AS] <列の表示名>, ... FROM <テーブル名>;
```

　列名と列の表示名との間に、キーワード AS をつけることもできますが、省略しても OK です。

　以下の実行結果では、dname 列の表示名を「部署名」に変更しています。英数字、「$」「_」「#」以外の文字を使っているため、ダブルクォートで囲む必要があることに注意してください。

● 実行結果 3-1　dname 列の表示名を変更した例

```
SQL> SELECT dname "部署名" FROM dept;

部署名
------------
流通部
金融部
公共部
特別部
```

検索結果をソートする – ORDER BY 句

　SELECT 文を実行してテーブルから読み出されたデータは、デフォルトではソートされていません。しかし、実際のシステムでデータを表示する場合は、ID 番号順や、名前のアルファベット順など、なにか特定の並び順にしたがって表示するはずです。

　データを特定の並び順でソートして表示するには、ORDER BY 句を使用します。ORDER BY に続けて、ソートの基準となる列を指定します。

● 構文　ORDER BY 句を指定して特定の列で並び替える（昇順）

```
SELECT <列名>, ... FROM <テーブル名> ORDER BY <列名>;
```

　以下の実行結果では、dept テーブルのデータを、deptno で昇順にソートして表示しています。

● 実行結果 3-2　データを昇順にソートして表示する

```
SQL> SELECT deptno, dname FROM dept ORDER BY deptno;

    DEPTNO DNAME
---------- ------------
         1 金融部
         2 流通部
         3 公共部
         4 特別部
```

　ORDER BY 句を指定しない場合、データは特にソートされません。ORDER BY 句を指定せずにデータがソートされて表示できたとしても、それは「たまたま」です。データの内部的な格納状態が変化すると、データがソートされず表示されることがあります。データをソートして表示したい場合は、ORDER BY 句をつけることを忘れないようにしましょう。

● 実行結果 3-3　ORDER BY を指定しない場合の例

```
SQL> SELECT deptno, dname FROM dept;

    DEPTNO DNAME
---------- ------------
         2 流通部
         1 金融部
         3 公共部
         4 特別部
```

■ソート順を指定する（昇順と降順）

　デフォルトのソート順は昇順ですが、ソート順を指定することもできます。降順にソートして表示したい場合は、列名に続けて DESC を指定します。昇順でソートしたい場合は ASC を指定します。

● 構文　ORDER BY 句を指定して特定の列で並び替える（並び順を指定）

```
SELECT <列名> FROM <テーブル名> ORDER BY <列名> [ DESC | ASC ];
```

▶実行結果 3-4　データを降順でソートして表示する

```
SQL> SELECT deptno, dname FROM dept ORDER BY deptno DESC;

    DEPTNO DNAME
---------- ------------
         4 特別部
         3 公共部
         2 流通部
         1 金融部
```

■複数の列でソートする

　同じ値が複数存在する場合など、複数の列を基準としてソートしたい場合があります。たとえば、emp テーブルのデータを、まず sal 列で、次に age 列でソートしたい場合などです。

　複数の列でソートして表示するには、ORDER BY に続けて複数の列を指定します。

▶構文　ORDER BY 句を指定して複数の列で並び替える

```
SELECT <列名> FROM <テーブル名>
  ORDER BY <列名1> [ DESC | ASC ], <列名2> [ DESC | ASC ], ...  ;
```

　以下の実行例では、まず sal 列で降順にソートし、sal 列の値が同じである同順位のデータについては、age 列で昇順にソートして表示しています。

▶実行結果 3-5　sal 列と age 列でソート（sal 列が同じデータは age 列で昇順にソート）

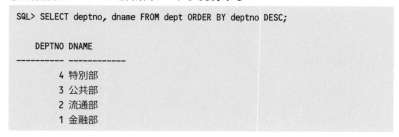

```
SQL> SELECT ename, sal, age FROM emp ORDER BY sal DESC, age ASC;

ENAME                   SAL        AGE
---------------- ---------- ----------
山本太郎                 900         36
中村次郎                 720         29
本山三郎                 720         34    ❶
三田海子                 720         58
山田花子                 600         31
山田一太                 510         22

6行が選択されました。
```

❶ sal 列 =720 である複数のデータについて、age 列で昇順にソートして
います。

さまざまな条件でデータを絞り込む

2.5 節の「データを検索する‐SELECT 文」で WHERE 句について説明
しましたが、そこでは、列の値がある値に等しい（＝）条件と、ある値より
も大きい（＞）条件をとりあげました。このような条件は、それぞれ等価条
件、比較条件と呼ばれます。

しかし、WHERE 句には、等価条件や比較条件以外のさまざまな条件を
指定できます。おもな条件を以下の表にまとめました。これらの条件を使い
こなすと、データをより複雑に絞り込めます。

❍ 表 3-2　WHERE 句に指定できるおもな条件

条件の種類	条件が真となる状況	WHERE 句での記載例
等価条件	列値が値（右辺値）と等しい	col1 = 1
非等価条件	列値が値（右辺値）と異なる	col1 != 1
比較条件	列値が値（右辺値）よりも大きい 列値が値（右辺値）よりも大きいか、等しい 列値が値（右辺値）よりも小さい 列値が値（右辺値）よりも小さいか、等しい	col1 > 1 col1 >= 1 col1 < 1 col1 <= 1
LIKE 条件	列値がパターン文字列にマッチする	col1 LIKE 'X%'
IN 条件	列値が列挙された値のいずれかに等しい	col1 IN (1, 2, 3)
範囲条件	列値が値 1 と値 2 の間に含まれる	col1 BETWEEN 1 AND 10
NULL 条件	列値が NULL	col1 IS NULL

これらの条件は、WHERE 句のあとに記載します。SELECT 文に条件を
含む WHERE 句を指定すると、データ 1 件 1 件に対して条件が成り立つか
どうかチェックされ、条件が成り立つデータのみが返されます。条件が成り
立つことを「条件が真（TRUE）となる」といい、逆に条件が成り立たない
ことを「条件が偽（FALSE）となる」といいます。

■非等価条件

列値と指定した値が異なる場合、条件が真となります。

▶ 実行結果 3-6　「山本太郎」以外の従業員を検索（非等価条件）

```
SQL> SELECT ename FROM emp WHERE ename != '山本太郎';

ENAME
------------------
本山三郎
中村次郎
山田花子
三田海子
山田一太
```

■文字列のあいまい検索（LIKE 条件）

文字列型の列に対して、あいまいな条件で検索する時には、LIKE 条件を使用します。文字列がパターン文字列にマッチした場合に、LIKE 条件が真となります。たとえば、特定の文字を含む従業員を検索するような状況で使用できます。

▶ 構文　LIKE 条件

```
<列名> LIKE '<パターン文字列>'
```

パターン文字列には、以下の特殊文字を使用できます。

▶ 表 3-3　パターン文字列で使用できる特殊文字

特殊文字	パターンにマッチする条件
%（パーセント）	任意の文字列（空文字を含む）
_（アンダースコア）	任意の 1 文字

パターン文字列を指定して検索する 3 つの例を以下に示します。

▶ 実行結果 3-7　文字列の先頭に「山」が含まれる従業員（前方一致のあいまい検索）

```
SQL> SELECT empno, ename FROM emp WHERE ename LIKE '山%';
```

```
     EMPNO ENAME
---------- ----------------
      1003 山田花子
      1005 山本太郎
      1006 山田一太
```

◉ 実行結果 3-8　文字列の最後に「郎」がある従業員（後方一致のあいまい検索）

```
SQL> SELECT empno, ename FROM emp WHERE ename LIKE '%郎';

     EMPNO ENAME
---------- ----------------
      1001 本山三郎
      1002 中村次郎
      1005 山本太郎
```

◉ 実行結果 3-9　2 文字目に「田」、4 文字目に「子」がある従業員（任意の 1 文字にマッチするあいまい検索）

```
SQL> SELECT empno, ename FROM emp WHERE ename LIKE '_田_子';

     EMPNO ENAME
---------- ----------------
      1003 山田花子
      1004 三田海子
```

■ 否定条件（NOT 条件）

これまで説明した条件が「真でない」データを検索したい場合には NOT 条件を使用できます。

以下に、条件に否定条件を適用する例を示します。

◉ 表 3-4　否定条件を適用した各種条件

否定条件を適用した条件	適用例	意味
LIKE 条件の否定	col1 NOT LIKE 'X%'	'X%' のパターンにマッチしない文字列
IN 条件の否定	col1 NOT IN (1, 2, 3)	1、2、3 以外の値
範囲条件の否定	col1 NOT BETWEEN 1 AND 10	1 未満または 10 より大きい値
NULL 条件の否定	col1 IS NOT NULL	NULL でない値

■ AND 条件／ OR 条件

これまでに説明した条件を複数組み合わせて、複雑な条件をつくれます。
条件を組み合わせるには、AND 条件と OR 条件の 2 つがあります。

▶ 表 3-5　AND 条件と OR 条件

複合条件	複合条件が真となる場合	複合条件の例
AND 条件	2 つの条件が両方とも真	col1 = 'XXX' AND col2 = 2
OR 条件	2 つの条件のいずれかが真	col1 = 'XXX' OR col2 = 2

AND 条件を日本語で表現すると「条件 1 かつ 条件 2」です。

以下に、「sal 列が 700 よりも大きく、かつ、age 列が 30 よりも大きい」
従業員を検索する例を示します。

▶ 実行結果 3-10　AND 条件による検索

```
SQL> SELECT ename, sal, age FROM emp
  2    WHERE sal > 700 AND age > 30;

ENAME                   SAL        AGE
---------------- ---------- ----------
本山三郎                 720         34
三田海子                 720         58
山本太郎                 900         36
```

OR 条件を日本語で表現すると「条件 1 または 条件 2」です。

以下に、「sal 列が 700 よりも大きい、または、age 列が 30 よりも大きい」
従業員を検索する例を示します。

▶ 実行結果 3-11　OR 条件による検索

```
SQL> SELECT ename, sal, age FROM emp
  2    WHERE sal > 700 OR age > 30;

ENAME                   SAL        AGE
---------------- ---------- ----------
本山三郎                 720         34
中村次郎                 720         29
山田花子                 600         31
```

| 三田海子 | 720 | 58 |
| 山本太郎 | 900 | 36 |

AND 条件や OR 条件を用いて作成した複合条件を、さらに AND 条件や OR 条件で組み合わせることもできます。

■複数候補から検索（IN 条件）

あらかじめリストアップした複数の値のいずれかに等しい行を検索する場合、IN 条件を使用します。列値が、リストアップした複数の値のいずれかに等しい場合、IN 条件が真となります。

● 構文　IN 条件

```
WHERE <列名> IN (<値1> [ , <値2>, <値3>, ...] );
```

以下の例は、「job 列が '営業' または '技術' である従業員」を検索した結果です。

● 実行結果 3-12　IN 条件を使用した検索結果

```
SQL> SELECT ename, job FROM emp
  2    WHERE job IN ('営業', '技術');

ENAME            JOB
---------------- --------
本山三郎          営業
三田海子          技術
山本太郎          技術
```

IN 条件は、OR 条件を使って書き直すこともできます。実行結果 3-12 を OR 条件を使って書き直すと以下のようになります。

● リスト 3-2　IN 条件を使った SQL を OR 条件を使って書き直した例

```
SELECT ename, job FROM emp
  WHERE job = '営業'
    OR job = '技術';
```

　ただし、上記のリストはやや冗長であり、一般的には、IN 条件のほうが処理内容を理解しやすいでしょう。このため、通常は IN 条件を使うことをおすすめします。

■範囲条件（BETWEEN 条件）

　ある特定の範囲に含まれるデータ値を検索する場合には、BETWEEN 条件を使用します。指定した上限値と下限値の範囲に列値が含まれる場合、BETWEEN 条件が真となります。

◯ 構文　範囲条件（BETWEEN 条件）

```
WHERE <列名> BETWEEN <下限値> AND <上限値>
```

　以下に「sal 列が 600 以上 700 以下である従業員」を検索した例を示します。

◯ 実行結果 3-13　範囲条件検索

```
SQL> SELECT ename, sal FROM emp
  2    WHERE sal BETWEEN 600 AND 700;


ENAME                SAL
---------------- ----------
山田花子              600
```

　BETWEEN 条件は、AND 条件を使って書き直すこともできます。実行結果 3-13 を AND 条件を使って書き直すと、以下のようになります。

◯ リスト 3-3　BETWEEN 条件を使った SQL を AND 条件を使って書き直した例

```
SELECT ename, sal FROM emp
  WHERE 600 <= sal  AND sal <= 700;
```

3.2 データを加工／集計する

　これまで説明した SQL の実行例では、データを表示したり検索したりするとき、特にデータを加工していませんでした。しかし、実際のアプリケーション処理では、かけ算や足し算などの数値処理をしたり、文字列の先頭部分のみを取り出すなどの文字列処理をしたりしてから、データを表示／検索したい場合があります。また、合計や平均などの集計処理を実行したい場合もあるでしょう。

　これらのデータ処理を実行するには、演算子やファンクション（関数）を使用します。

演算子とファンクション

　SQL には、データ処理をするための演算子やファンクションが用意されています。演算子は特別な意味を持つ記号で、一般的に演算子の左右に記載された2つのデータに対して数値計算や文字列処理を行います。ファンクションは、特定の処理をひとまとめにして名前を付けたもので、カッコ内にパラメータとして指定されたデータに対して処理を実行します。パラメータの個数はファンクションごとに異なります。パラメータを1つのみとるファンクションもありますし、3つ以上のパラメータをとるファンクションもあります。

　以下の表では、おもな演算子とファンクションをまとめました。

● 表 3-6　おもな演算子

演算子	説明
+	左辺値と右辺値を足す
-	左辺値から右辺値を引く
*	左辺値に右辺値をかける
/	左辺値を右辺値で割る
||	左辺値と右辺値を文字列として結合する

● 表 3-7　おもなファンクション

分類	ファンクション	説明
数値ファンクション	ABS(n)	数値 n の絶対値を返す
	FLOOR(n)	数値 n 以下の最も大きい整数を返す
	CEIL(n)	数値 n 以上の最も小さい整数を返す
文字ファンクション	LOWER(string)	文字列 string を小文字に変換する
	UPPER(string)	文字列 string を大文字に変換する
	REPLACE(string, search [, replace])	文字列 string に含まれる文字列 search を文字列 replace に置換する
		replace を指定しない場合は、文字列 search が削除される
	SUBSTR(string, n [, length])	文字列 string の n 文字目から length 文字分の文字列を抜き出して返す
		length を指定しない場合は、文字列 string の最後まで n 文字目から最後まで抜き出して返す

　SQL には、これ以外にも多くの演算子とファンクションが用意されています。くわしくは、マニュアル「Oracle Database SQL 言語リファレンス」を参照してください。

　以下に、文字列を結合する演算子「||」と、文字列を置換する「REPLACE ファンクション」を使った SQL の実行例を示します。

● 実行結果 3-14　文字列結合演算子と REPLACE ファンクションを使用した SELECT 文
　　　　　　　　の実行例

```
SQL> SELECT dname || ' : ' || REPLACE(telno, '031234', '03-1234-') tel
  2    FROM dept;


TEL
-----------------------------------------
流通部 : 03-1234-5678
金融部 : 03-1234-5679
公共部 : 03-1234-5670
特別部 : 03-1234-5677
```

　telno 列の文字列データを REPLACE ファンクションで「031234」から
「03-1234-」へ文字列置換してから、dname 列の文字列データ、「：」、置換
した文字列データの 3 つを結合しています。

● 図 3-1　実行結果 3-14 の SELECT 文の処理イメージ

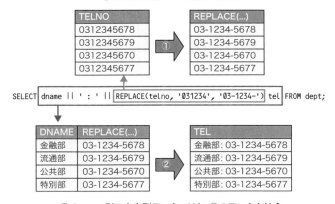

② dname 列の文字列データ、':' と、① のデータを結合

■集計ファンクション

　データを集計するには、集計ファンクション[※1] と呼ばれる特殊なファンクションを使用します。

　集計ファンクションを使用すると、合計や平均といった複数のデータの集計値を求めることができます。以下の表に、おもな集計ファンクションをまとめました。

● 表 3-8　おもな集計ファンクション

集計ファンクション	説明
SUM()	合計を求める
AVG()	平均値を求める
MAX()	最大値を求める
MIN()	最小値を求める
COUNT()	データの件数（行数）を数える

データを合計する － SUM()

　集計ファンクション SUM() を使って、給与額の合計を求める例を示します。この SQL では、emp テーブルの全データについて、sal 列のデータを合計しています。

● 実行結果 3-15　sal 列の合計を求める

```
SQL> SELECT SUM(sal) FROM emp;

  SUM(SAL)
----------
      4170
```

　なお、SUM() などの集計ファンクションを使用すると、返されるデータの件数が 1 件になることに注意してください。これまで説明した SELECT 文では、検索条件に合致した行が 3 行だった場合、返されるデータも 3 件でした。しかし、集計ファンクションを使用すると、検索条件に合致した行が何件だったとしても、1 件だけ集計データが返されます。この動作は、図 3-2

※1　集約ファンクション、グループファンクションなどと呼ばれる場合もあります。

のような流れをイメージすると理解しやすいでしょう。

● 図3-2　集計ファンクションを使ったSELECT文の処理イメージ

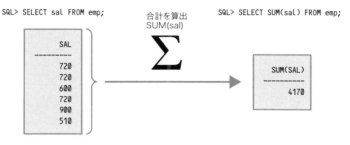

このため、集計ファンクションを使用した場合は、それぞれの行の列値を確認することはできません。たとえば、実行結果3-15のSQLにename列を追加すると、エラー（ORA-00937）が発生します。

● 実行結果3-16　集計ファンクションと列名を指定した場合のエラー（ORA-00937）

```
SQL> SELECT ename, SUM(sal) FROM emp;
SELECT ename, SUM(sal) FROM emp
       *
行1でエラーが発生しました。：
ORA-00937: 単一グループのグループ関数ではありません。
```

エラーメッセージが少しわかりにくいですが、エラーの原因は集計ファンクションと一緒にename列を指定していることです。

データの平均値、最大値、最小値を得る - AVG()、MAX()、MIN()

ある列値の平均値、最大値、最小値を求めるには、それぞれ、集計ファンクション AVG()、MAX()、MIN() を使います。

以下の例は、emp テーブルの全データについて、sal列の平均値、最大値、最小値を求めています。

● 実行結果 3-17　複数の集計ファンクションを使用する

```
SQL> SELECT AVG(sal), MAX(sal), MIN(sal) FROM emp;

  AVG(SAL)   MAX(SAL)   MIN(SAL)
---------- ---------- ----------
       695        900        510
```

　実行結果 3-17 からわかるとおり、SELECT 句のあとには、複数の集計ファンクションを指定できます。

データの件数を数える – COUNT(*)

　テーブルのデータの件数（行数）を数えるには、集計ファンクション COUNT(*) を使います。

　通常の用途では、引数に「*」（アスタリスク）を指定します。引数に列名を指定することもできますが、若干動作が異なります。くわしくは、「NULL と IS NULL 条件」で説明します。

　以下の SQL では、emp テーブルに格納されているデータの件数を数えています。

● 実行結果 3-18　テーブル emp のデータの件数を数える

```
SQL> SELECT COUNT(*) FROM emp;

  COUNT(*)
----------
         6
```

種類ごとにデータを集計する － GROUP BY 句、HAVING 句

　集計ファンクションを用いた集計では、検索条件（WHERE 句）に合致したデータを「1 つのグループとして」集計処理を実行します。しかし、データの種類ごとに分類（グループ分け）してから集計したい場合もあるでしょう。その場合には、GROUP BY 句／ HAVING 句を使用します。

■ GROUP BY 句

　データをある列の値にしたがってグループ分けして、それぞれのグループごとに集計を行う場合には、GROUP BY 句を使用します。

● 構文　GROUP BY 句を使ったグループごとの集計

```
SELECT <列名1> [, <列名2>, ... ]
    , <集計ファンクションを使った式1>
    [, <集計ファンクションを使った式2>, ... ]
  FROM <テーブル名>
  GROUP BY <列名1> [, <列名2>, ...]
```

　たとえば、job 列の各値（職種）ごとの従業員数を数えるには、以下のような SQL を実行します。

● 実行結果 3-19　従業員数を職種ごとにカウントする

```
SQL> SELECT job, COUNT(*) FROM emp GROUP BY job;

JOB      COUNT(*)
-------- ----------
総務         3
営業         1
技術         2
```

　GROUP BY 句に指定した job 列でデータをグループ化し、グループごとに件数をカウントしています。

◉ 図 3-3　GROUP BY 句を使った SQL の処理イメージ

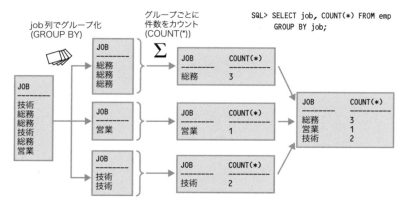

■ WHERE 句による集計前のデータの絞り込み

WHERE 句でデータを絞り込んだあとに、GROUP BY 句を使ってグループごとの集計を行うこともできます。

たとえば、sal 列が 700 より大きい従業員について、job 列ごとの人数を求めるときは、以下の SQL を実行します。

◉ 実行結果 3-20　WHERE 句と GROUP BY 句を使った SQL

```
SQL> SELECT job, COUNT(*) FROM emp WHERE sal > 700 GROUP BY job;

JOB       COUNT(*)
--------  ----------
総務             1
営業             1
技術             2
```

実行結果 3-20 では、WEHRE 句で「sal > 700」となるデータを先に絞り込み、GROUP BY 句で職種ごとにグループ分けをして、人数をカウントしています。

◉ 図 3-4　WHERE 句と GROUP BY 句を使った SQL の処理イメージ

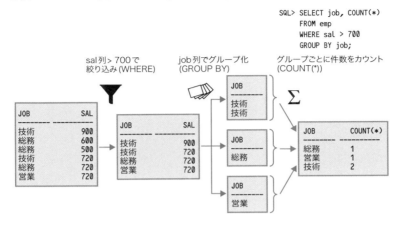

WHERE 句による絞り込みは、GROUP BY 句によるグループごとの集計の前に実行されるので、WHERE 句には、GROUP BY 句とともに指定した集計ファンクションを指定することはできません。たとえば、実行結果 3-20 の場合、GROUP BY 句とともに指定した「COUNT(*)」は、WHERE 句には指定できません。WHERE 句は、GROUP BY 句によるグループごとの集計の前に、集計対象となるデータを絞り込むために使用してください。

GROUP BY 句によるグループごとの集計のあとにデータを絞り込むには、次に説明する HAVING 句を使います。

■ HAVING 句による集計後のデータ絞り込み

GROUP BY 句によるグループごとの集計のあとにデータを絞り込む場合は、HAVING 句を使用します。HAVING 句には、GROUP BY 句とともに指定した集計ファンクションを指定できます。

以下の実行結果 3-21 では、まず従業員数を職種ごとにカウントし（❶）、従業員数が 1 よりも大きい職種のデータのみを表示しています（❷）。

● 実行結果 3-21　GROUP BY 句と HAVING 句を使った SQL

```
SQL> SELECT job, COUNT(*) FROM emp    ❶
  2    GROUP BY job
  3    HAVING COUNT(*) > 1;    ❷


JOB       COUNT(*)
--------- ----------
総務              3
技術              2
```

　この例では、カウントした従業員数（COUNT(*) の集計結果）を使用して
絞り込み処理を行いたいため、HAVING 句を使用することになります。

● 図 3-5　GROUP BY 句と HAVING 句を使った SQL の処理イメージ

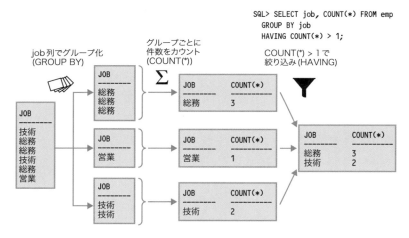

■ WHERE 句と HAVING 句の処理の違い

　WHERE 句と HAVING 句のデータ絞り込み処理における大きな違いは、
絞り込み処理が実行されるタイミングです。WHERE 句による絞り込みは、
GROUP BY 句によるグループごとの集計の前に実行されます。一方、
HAVING 句による絞り込みは、GROUP BY 句によるグループごとの集計の
後に実行されます。このため、HAVING 句による絞り込みでは、グループ
ごとの集計結果を使用できます。

● 表 3-9　WHERE 句と HAVING 句のデータ絞り込み処理の比較

絞り込み処理の句	絞り込みが実行されるタイミング	絞り込み条件に GROUP BY 句とともに指定した集計ファンクションを指定できるかどうか
WHERE 句	GROUP BY によるグループ化処理の前	指定できない
HAVING 句	GROUP BY によるグループ化処理の後	指定できる

　つまり、実行したい絞り込み処理において、グループごとの集計結果を使用する必要があるかどうかで、WHERE 句と HAVING 句を使い分けます。集計結果を使用して絞り込み処理を行いたい場合は、HAVING 句を使用し、逆に集計結果を使用せずに絞り込み処理を行いたい場合は、WHERE 句を使用します。

3.3　NULL と IS NULL 条件

　リレーショナルデータベースでは、データを追加／更新するときに、列に値を設定しないことが許されます。このとき、列には「NULL」という特殊な値が設定されます。NULL は「値が未設定である」、「値が空である」という意味を持ちます。

　NULL は、通常のデータと取り扱いが異なるため注意が必要です。できる限り、テーブルのすべての列にはなんらかの値を設定して、NULL を使用しないことをおすすめします。

　なお、Oracle では空文字列（長さゼロの文字列）は、NULL として扱います[※1]。

列に NULL を設定する

　NULL の使用自体はおすすめしませんが、NULL はトラブルの原因になることが多いため、NULL の動作についてしっかりと理解しておくべきです。ここではまず、NULL の設定方法を説明します。以下のいずれかの処理を実行すると、列に NULL が設定されます。

・列値に NULL 値を指定して、UPDATE 文または INSERT 文を実行する
　（❶、❷）
・列および列値の指定を省略して INSERT 文を実行する　（❸）
・列値に空文字列を指定して、UPDATE 文または INSERT 文を実行する
　（❹、❺）

※ 1　これは Oracle 特有の動作です。Oracle 以外の RDBMS 製品ではこのような動作になりません。

● 実行結果 3-22　列に NULL を設定する SQL

```
SQL> CREATE TABLE tbl_null (i number, s varchar(16));

表が作成されました。

SQL> INSERT INTO tbl_null (i, s) VALUES(1, 'AAA');

1行が作成されました。

SQL> UPDATE tbl_null SET s = NULL WHERE i = 1; ❶

1行が更新されました。

SQL> INSERT INTO tbl_null (i, s) VALUES(2, NULL); ❷

1行が作成されました。

SQL> INSERT INTO tbl_null (i) VALUES(3); ❸

1行が作成されました。

SQL> INSERT INTO tbl_null (i, s) VALUES(4, 'BBB');

1行が作成されました。

SQL> UPDATE tbl_null SET s = '' WHERE i = 4; ❹

1行が更新されました。

SQL> INSERT INTO tbl_null (i, s) VALUES(5, ''); ❺

1行が作成されました。


SQL> SELECT i,s FROM tbl_null;

         I S
---------- --------
         1
         2                    ❻
         3
         4
         5
```

❶ s 列の列値に NULL 値を指定して UPDATE 文を実行し、s 列に NULL
を設定しています。NULL 値を指定するには、SQL に直接 NULL と記載
します。文字列データと異なり、シングルクォートで囲まないことに注
意してください。

❷ s 列の列値に NULL 値を指定して INSERT 文を実行し、s 列に NULL を
設定しています。

❸ s 列の指定を省略して INSERT 文を実行し、s 列に NULL を設定してい
ます。

❹ s 列の列値に空文字列を指定して UPDATE 文を実行し、s 列に NULL を
設定しています。

❺ s 列の列値に空文字列を指定して INSERT 文を実行し、s 列に NULL を
設定しています。

❻ すべての行の s 列に NULL が設定されています。デフォルトでは、
NULL は空白として表示されます（なにも表示されない）。

　空文字列を指定すると、列値に NULL が設定されることに注意してくだ
さい。これは Oracle 特有の動作で、よくトラブルになります。

NULL を検索する － IS NULL 条件

　列の値が NULL であるデータを検索するには、NULL 専用の条件である
IS NULL 条件を使用します。NULL を空文字列と比較しても、列の値が
NULL であるデータを検索できませんので、注意してください。

▶ 構文　IS NULL 条件

```
WHERE <列名> IS NULL
```

　以下に、IS NULL 条件を使った検索の実行例を示します。

▶ 実行結果 3-23　IS NULL 条件による列値が NULL である行の検索

```
SQL> SELECT * FROM tbl_null WHERE s = ''; ❶
```

```
レコードが選択されませんでした。

SQL> SELECT * FROM tbl_null WHERE s IS NULL; ❷

        I S
---------- --------
         1
         2
         3
         4
         5
```

❶ 列 s を空文字列（''）と比較しても、列 s の値が NULL であるデータは得
　られません。
❷ 列 s を IS NULL 条件で検索すると、列 s の値が NULL であるデータを
　得られます。

　また、NULL に対して IS NULL 条件以外の条件を適用すると、常に条件
が偽（FALSE）となります[1]。このため、論理的に正反対な2つの条件で検
索しても、いずれの条件も偽となるので、ともに該当データを得られず、直
観に反する動作となります。この動作は、トラブルになりがちです。

◉ 実行結果 3-24　NULL に対する直観に反する検索動作

```
SQL> SELECT count(*) FROM tbl_null;

  COUNT(*)
----------
         5

SQL> SELECT * FROM tbl_null WHERE s = 'AAA'; ❶

レコードが選択されませんでした。

SQL> SELECT * FROM tbl_null WHERE s != 'AAA'; ❷
```

※1　正確には偽ではなく、UNKNOWN（不明）になります。UNKNOWN は、偽とほぼ同じ挙
　　動ですが厳密には異なります。詳細はマニュアル「SQL 言語リファレンス」を参照してく
　　ださい。

レコードが選択されませんでした。

❶ 列 s が文字列 'AAA' と等しいデータを検索しましたが、該当データが得られません。
❷ 列 s が文字列 'AAA' と等しくないデータを検索しても、該当データが得られません。

　この動作は、実行結果 3-24 で確認したとおり、tbl_null にある 5 件のデータは、s 列に NULL が格納されているためです。くり返しになりますが、「NULL を検索するには IS NULL 条件を使用すべき」という点に、くれぐれも注意してください。

▌演算子、ファンクション、文字列連結と NULL

　NULL に対して演算子やファンクションを適用すると、一般に、結果はNULL になります。しかし、文字列連結については、一部例外があります。
　NULL と空文字ではない文字列を連結した場合に限り、結果は NULL ではなく、指定した文字列になります。以下に実行結果を示します。

⏵ **実行結果 3-25　NULL に対して文字列連結処理を適用した場合**

```
SQL> SELECT NULL || 'ABC' FROM DUAL; ❶

NUL
---
ABC

SQL> SELECT NULL || NULL FROM DUAL; ❷

N
-
```

❶ NULL と空文字ではない文字列 'ABC' を連結しています。結果は 'ABC'です。

❷ NULL と NULL を連結しています。結果は NULL です。

なお、実行結果 3-25 で使用している DUAL については、コラム「DUAL 表」
を参照してください。

Column

DUAL 表

DUAL 表は、データベース作成時に自動的に作成される、データを 1 行
だけ含むテーブルです。DUAL 表は SQL を使って計算するときに便利です。
実行結果 3-25 のように、FROM に DUAL 表を指定し、SELECT 句のあ
とに計算式を指定すると、計算結果を得ることができます。

DUAL 表のデータ自体には、特に意味はありません。重要なのは、デー
タが 1 行だけ含まれる点です。これにより、問い合わせ結果が 1 行だけに
なります。

集計ファンクションと NULL

集計ファンクションの引数に指定した列に NULL が含まれる場合、NULL
は集計対象外となります。

以下の例では、col1 列に NULL を含む行が 1 行あるときに、col1 列と
col2 列のそれぞれに対して、集計ファンクション SUM() と AVG() を実行し
ています。

▶ 実行結果 3-26　集計ファンクションでの NULL の扱い

```
SQL> SELECT * FROM tab1;

     COL1       COL2
---------- ----------
                   0 ❶
         1         1
         2         2

SQL> SELECT SUM(col1), SUM(col2) FROM tab1;      ❷
```

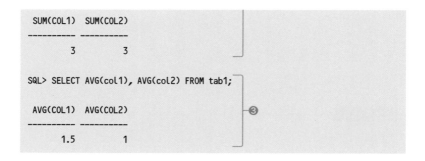

```
 SUM(COL1)  SUM(COL2)
---------- ----------
         3          3

SQL> SELECT AVG(col1), AVG(col2) FROM tab1;

 AVG(COL1)  AVG(COL2)
---------- ----------
       1.5          1
```

❶ col1 列の値が NULL である行が 1 行あります。

❷ SUM(col1) の結果は 1 ＋ 2 ＝ 3 です。NULL を除いた 2 件のデータか
ら合計値を算出しています。SUM(col2) の結果は 0 ＋ 1 ＋ 2 ＝ 3 です。
3 件のデータから合計値を算出しています。

❸ AVG(col1) の結果は（1 ＋ 2）÷ 2 ＝ 1.5 です。NULL を除いた 2 件の
データの平均値を算出しています。AVG(col2) の結果は（0 ＋ 1 ＋ 2）
÷ 3 ＝ 1 です。3 件のデータから平均値を算出しています。AVG
(col1) の結果と AVG(col2) の結果が異なる点に注意してください。

COUNT() と NULL

　集計ファンクション COUNT() についても同様に、NULL は集計対象外（件
数カウントの対象外）となります。ただし、引数に「*」（アスタリスク）を
指定した場合は、NULL であっても件数カウントの対象に含めます。

◉ 表 3-10　COUNT() の引数による動作の違い

COUNT()	説明
COUNT(*)	データの件数（行数）をカウントする。
COUNT(< 列名 >)	データの件数（行数）をカウントする。ただし、指定した列の値が NULL である行はカウント対象から除外する。

　以下では、col1 列に NULL を含む行が 1 行あるときに、引数の指定を変
えて COUNT() を使用したときの実行例を示します。

● 実行結果 3-27　NULL を列値に含む場合の COUNT() の実行結果の違い

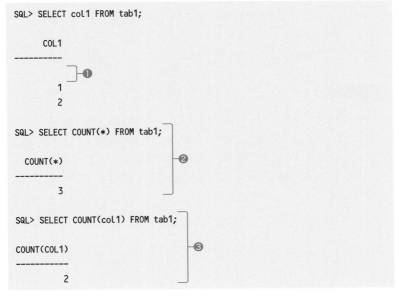

```
SQL> SELECT col1 FROM tab1;

      COL1
----------
               ●
         1
         2

SQL> SELECT COUNT(*) FROM tab1;

  COUNT(*)
----------                   ❷
         3

SQL> SELECT COUNT(col1) FROM tab1;

COUNT(COL1)
----------                   ❸
         2
```

❶ col1 列の値が NULL である行が 1 行あります。

❷ COUNT(*) は、col1 列の値が NULL である行を含めて件数を「3」とカ
ウントしています。

❸ COUNT(col1) は、col1 列の値が NULL である行を除いて件数を「2」
とカウントしています。

NULL の注意点

　これまで説明したとおり、NULL は通常の値と動作が大きく異なるため、
取り扱いに注意が必要です。特に、NULL を含むデータを検索する場合は、
NULL 専用の条件である IS NULL 条件を使用する必要があります。直観的
に理解しにくい動作なので、想定どおりに SQL が動作しないトラブルの原
因となりがちです。

　このため、できる限り列値に NULL や空文字列を設定せず、数値であれ
ば「0」、文字列であれば「未使用」という文字列など、NULL 以外のデータ
を設定することをおすすめします。

　また、Oracle では空文字列（長さゼロの文字列）が NULL として扱われることについてもあわせて注意してください。

　なお、列への NULL の設定を禁止することもできます。詳細は 4.3 節の「NOT NULL 制約」を参照してください。

Column

SQL*Plus での NULL 表示

　SQL*Plus において、値が NULL である列は、デフォルトでは単なる空白として表示されます。この動作を変更したい場合は、SET NULL コマンドを使用します。SET NULL コマンドは SQL ではなく、SQL*Plus のコマンドです。

◉構文　SET NULL コマンド（SQL*Plus）

```
SET NULL '<NULLとして表示したい文字列>'
```

　以下に、NULL を文字列「NULL」として表示する例を示します。

◉実行結果 3-28　SET NULL コマンド

```
SQL> SET NULL 'NULL'
SQL> SELECT * FROM tbl_null WHERE s IS NULL;

        I S
---------- --------
        1 NULL
        2 NULL
        3 NULL
        4 NULL
        5 NULL
```

3.4 SELECT 文と SELECT 文を組み合わせる

SQL では、1 つの SQL に SELECT 文を埋め込むことができます。埋め込まれた SELECT 文をサブクエリ（副問い合わせ）と呼びます。

たとえば、給与額（sal 列）が平均を上回る従業員をリストアップすることを考えます。給与額の平均は「SELECT AVG(sal) FROM emp」という SELECT 文で得られます。これをサブクエリとしてカッコでくくって SELECT 文に埋め込むと、1 つの SQL で目的のデータを得られます。

● 実行結果 3-29　サブクエリの実行例

```
SQL> SELECT AVG(SAL) FROM emp;

  AVG(SAL)
----------
       695

SQL> SELECT ename, sal FROM emp WHERE sal > (SELECT AVG(SAL) FROM emp);

ENAME                  SAL
---------------- ----------
本山三郎                720
中村次郎                720
三田海子                720
山本太郎                900
```

ただし、サブクエリが返す結果にその結果を受け取る側が対応していないと、エラーが発生する場合があります。

たとえば、仕事（job）が「総務」である従業員が所属する部署名（dname）をリストアップすることを考えます。仕事（job）が「総務」である従業員が所属する部署番号（deptno）は、以下の SELECT 文で得られます。

```
SELECT deptno FROM emp WHERE job = '総務'
```

これを、「SELECT dname FROM dept WHERE deptno = ...」にサブク
エリとして埋め込むと、エラーが発生します。以下は、その実行結果です。

●実行結果 3-30　不適切なサブクエリ

```
SQL> SELECT deptno FROM emp WHERE job = '総務';

    DEPTNO
----------
         2
         1
         1

SQL>  SELECT dname FROM dept
  2      WHERE deptno = (SELECT deptno FROM emp WHERE job = '総務');
   WHERE deptno = (SELECT deptno FROM emp WHERE job = '総務')
                  *
行2でエラーが発生しました。:
ORA-01427: 単一行副問合せにより2つ以上の行が戻されます
```

　エラーの発生原因は、サブクエリが返す結果とその結果を受け取る側が対
応していないことです。サブクエリは3つの値を返していますが、その結果
を受け取る側（WHERE deptno =...）は、1つの値が返ってくることを期待
しているので、エラーとなってしまいました。
　このような場合は、結果を受け取る側が複数の値を受け取れるように修正
します。具体的には、以下の例のように、IN 句を使用します。

●実行結果 3-31　IN 句とサブクエリ

```
SQL> SELECT dname FROM dept
  2      WHERE deptno IN (SELECT deptno FROM emp WHERE job ='総務');

DNAME
------------
流通部
金融部
```

　IN 句は複数の値を右辺にとることができるので、SQL を正常に実行でき
ます。

3.5 テーブルを結合する

内部結合

さて突然ですが、以下のような従業員一覧画面を作りたいとします。

● リスト 3-4　従業員一覧画面における出力データのイメージ

```
従業員番号 従業員名         部署名
---------- ---------------- ------------
      1001 本山三郎         流通部
      1002 中村次郎         流通部
      1003 山田花子         金融部
      1004 三田海子         公共部
      1005 山本太郎         金融部
      1006 山田一太         金融部
```

この画面表示の元となるデータは、emp テーブルと dept テーブルに格納されています（表3-1、P.88）。これらのデータを元にして、従業員一覧画面を作るためには、以下の問題を解決する必要がありそうです。

・3 つの列項目のうち、従業員番号と従業員名は、それぞれ empno 列、ename 列として emp テーブルに格納されているが、部署名は emp テーブルに存在しない
・emp テーブルには部署番号（deptno 列）があるが、部署番号に対応する部署名（dname 列）は、dept テーブルから引っ張ってくる必要がある

これらを解決するには、結合という SQL 処理を行います。SQL では、複数のテーブルから必要なデータを結合できます。JOIN と呼ばれることもあります。

▶ 図 3-6　テーブルの結合の処理イメージ

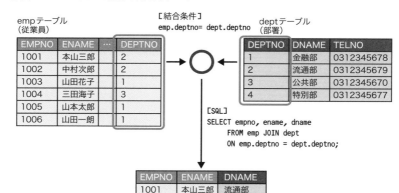

▶ 構文　2 つのテーブルを結合する

```
SELECT <列名1>[, <列名2>, ...] FROM <テーブル1> JOIN <テーブル2>
  ON <テーブル1>.<列A> = <テーブル2>.<列B>;
```

　ON 句には、ほかのテーブルから値を引っ張ってくるときに「たぐり寄せる列と列の関係」を書きます。今回の例でいえば、emp テーブルの deptno 列と、dept テーブルの deptno 列が該当します。これを結合条件と呼びます[1]。

　以下に、emp テーブルと dept テーブルを結合する SQL の実行結果を示します。

▶ 実行結果 3-32　2 つのテーブルを結合する SQL

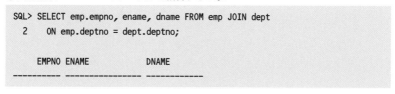

※ 1　複数列の比較や、等しい以外の比較条件など、より複雑な条件を指定することも可能です。

1001	本山三郎	流通部
1002	中村次郎	流通部
1003	山田花子	金融部
1004	三田海子	公共部
1005	山本太郎	金融部
1006	山田一太	金融部

6行が選択されました。

　リレーショナルデータベースを用いたアプリケーション開発では、必要なデータ（列）が複数のテーブルに存在する場合がよくあります。その場合、複数のテーブルを結合するSQLを実行しなければなりません。結合は、リレーショナルデータベースを用いたアプリケーション開発において、非常に重要なものです。

　ここで説明した結合は「内部結合」と呼び、最もシンプルで頻繁に使われるテーブルの結合です。

Column

すべてのデータ（列）を1つのテーブルに格納してはいけないの？

　本文の説明では、従業員一覧画面に必要なデータが、empテーブルとdeptテーブルに分かれて格納されていました。従業員一覧画面に必要なすべてのデータを、empinfoなどのテーブルにいっしょに格納してはいけないのでしょうか？

　そのようなテーブル設計は、リレーショナルデータベースでは原則として行いません。empテーブルには従業員に関する情報だけを、deptテーブルには部署に関する情報だけを格納するようにします。このようにすることで、データの不整合を避けることができます。くわしくは、第5章「テーブル設計の基本を知る」（P.197）で説明します。

左外部結合

　先ほどのリスト3-4のデータに少し修正を加え、従業員一覧に社長のデータを追加することにしましょう。

● 実行結果 3-33　emp テーブルに社長のデータを追加する

```
SQL> INSERT INTO emp VALUES(1, '藤原頼朝', '社長', 2000, 52, NULL);

1行が作成されました。

SQL> COMMIT;

コミットが完了しました。
```

　社長は、いずれの部署にも所属していません。したがって、社長のデータの deptno には、NULL を設定します。この状態で、実行結果 3-32 で従業員一覧画面を作成するために使った SQL をもう 1 度実行してみます。

● 実行結果 3-34　社長のデータを追加したあとの結合 SQL の実行結果

```
SQL> SELECT emp.empno, ename, dname FROM emp JOIN dept
  2    ON emp.deptno = dept.deptno;

    EMPNO ENAME            DNAME
---------- ---------------- ------------
     1001 本山三郎          流通部
     1002 中村次郎          流通部
     1003 山田花子          金融部
     1004 三田海子          公共部
     1005 山本太郎          金融部
     1006 山田一太          金融部

6行が選択されました。
```

　期待に反して、社長（ename='藤原頼朝'）のデータが表示されませんでした。内部結合では、結合条件（ここでは emp.deptno = dept.deptno）を満たしたデータのみを表示するため、deptno が NULL である社長のデータが表示されないのです（P.113 で説明したとおり、NULL に条件を適用すると、常に偽になります）。結合条件を満たしていないデータも表示したい場合は、外部結合を使用します。

　外部結合は、結合条件を満たすデータに加えて、結合条件を満たさないデータも表示する結合方法です。結合条件を満たさないデータをどちらのテーブルから持ってくるかで、左外部結合と右外部結合に分類されます。

■左外部結合

　左外部結合は、結合対象として指定したテーブルのうち、左側のテーブル
について、結合条件を満たしていないデータも含めて、すべてのデータを表
示します。左外部結合は、LEFT OUTER JOIN と呼ばれることがあります。
　ここでは、結合の左側である emp テーブルの「ename='藤原頼朝'」とい
う結合条件を満たしていないデータを表示したいので、左外部結合を使いま
す。

◉ 図 3-7　左外部結合の動作イメージ

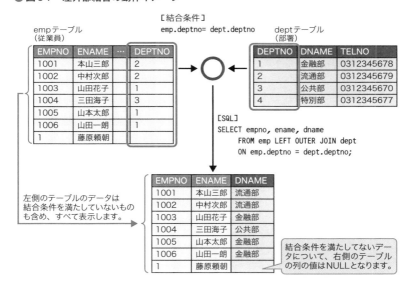

◉ 構文　左外部結合（LEFT OUTER JOIN）

```
SELECT <列名1>[, <列名2>, ...] FROM <テーブル1> LEFT OUTER JOIN <テーブル2>
  ON <テーブル1>.<列名A> = <テーブル2>.<列名B>;
```

　以下に、左外部結合の実行結果を示します。

◉ 実行結果 3-35　左外部結合（LEFT OUTER JOIN）

```
SQL> SELECT empno, ename, dname FROM emp LEFT OUTER JOIN dept
  2    ON emp.deptno = dept.deptno;
```

125

```
    EMPNO ENAME            DNAME
---------- ---------------- -------------
     1002 中村次郎          流通部
     1001 本山三郎          流通部
     1006 山田一太          金融部
     1005 山本太郎          金融部
     1003 山田花子          金融部
     1004 三田海子          公共部
        1 藤原頼朝                      ❶

7行が選択されました。
```

❶ 結合対象の左側のテーブル（emp テーブル）について、結合条件を満た
していないデータを表示しています。

右外部結合

「左」があれば、もちろん「右」もあります。右外部結合は、結合対象と
して指定したテーブルのうち、右側のテーブルについて結合条件を満たして
いないデータも含め、すべてのデータを表示します。右外部結合は、
RIGHT OUTER JOIN と呼ばれることがあります。

▶ 構文　右外部結合（RIGHT OUTER JOIN）

```
SELECT <列名1>[, <列名2>, ...] FROM <テーブル1> RIGHT OUTER JOIN <テーブル2>
  ON <テーブル1>.<列名A> = <テーブル2>.<列名B>;
```

右外部結合の実行例を以下に示します。所属する社員がいない「特別部」
を dept テーブルから表示しています。

▶ 実行結果 3-36　右外部結合（RIGHT OUTER JOIN）

```
SQL> SELECT empno, ename, dname FROM emp RIGHT OUTER JOIN dept
  2    ON emp.deptno = dept.deptno;

    EMPNO ENAME            DNAME
---------- ---------------- -------------
```

```
1001 本山三郎        流通部
1002 中村次郎        流通部
1003 山田花子        金融部
1004 三田海子        公共部
1005 山本太郎        金融部
1006 山田一太        金融部
                    特別部 ❶
```

7行が選択されました。

❶ 結合対象の右側のテーブル（dept テーブル）について、結合条件を満た
していないデータを表示しています。

Column

Oracle 独自の外部結合構文

本文で説明した外部結合構文は、SQL 標準にしたがった構文です。しか
し、バージョン 8i 以前の Oracle では、SQL 標準に準拠した構文をサポー
トせず、「(+)」を用いた Oracle 独自の構文のみがサポートされていました。
このため、古いシステムでは、Oracle 独自の外部結合構文を見ることが
あるかもしれません。

「左外部結合」で説明した実行結果 3-35 の SQL を、Oracle 独自の外部
結合構文を用いて書き直すと、以下のようになります。

▶ リスト 3-5　SQL 標準準拠の構文と Oracle 独自構文

```
SELECT empno, ename, dname FROM emp LEFT OUTER JOIN dept
  ON emp.deptno = dept.deptno;
```

↓

```
SELECT empno, ename, dname FROM emp, dept
  WHERE emp.deptno = dept.deptno(+);
```

なお、(+) を用いた Oracle 独自構文を使うことは、現在推奨されていま
せん。本文で説明した SQL 標準の外部結合構文を使うようにしましょう。

<table>
<tr><td>3.6</td><td># データの表示画面に
こだわる</td></tr>
</table>

　SQL*Plus で多くの行や列があるデータを参照すると、ターミナルの画面
に入りきらなかったり、改行されてしまったりする場合があります。
SQL*Plus では、表示形式の設定を変更し、表示行数や幅を調整することで、
出力結果を見やすくできます。また、それぞれの列値の表示フォーマットを
調整することもできます。

改行／改ページの動作を調整する

　さっそく、見づらい画面出力の例を見てみましょう。以下の画面は、デフ
ォルトの状態の SQL*Plus で、ある SELECT 文を実行したものです。

● 図 3-8　見づらい画面出力の例

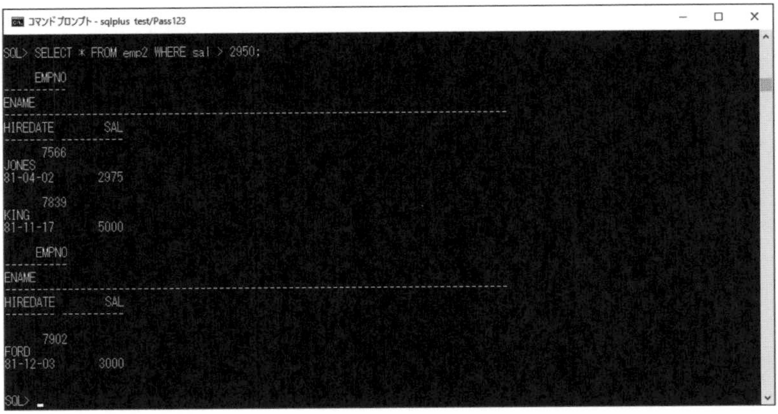

　これを見ると、次の点が気になるのではないでしょうか。

・コマンドプロンプトでは右側に余白スペースがあるのに、1つの行のデータ表示が改行されている
・データ表示の途中で列見出しが出力されている

　これらの問題点は、SQL*Plus の LINESIZE 設定、PAGESIZE 設定を変更すると解決できます。

● 構文　LINESIZE システム変数の設定（SQL*Plus）

```
SET LINESIZE <1行の文字数>
```

　LINESIZE システム変数に大きな値を設定することで、1つの行データを改行せずに1行で表示できます。
　なお、SET LINESIZE は「SET LINES」とコマンドを短縮できます。

● 構文　PAGESIZE システム変数の設定（SQL*Plus）

```
SET PAGESIZE <1ページあたりに表示する行数>
```

　PAGESIZE システム変数で、1ページあたりに表示する行数を設定できます。行数カウントには、列見出し、列見出しとデータを区切る「---」や空白行が含まれます。PAGESIZE システム変数のデフォルトは14で、1ページあたり14行を表示します。
　紙に固定行数で印刷する場合には有用な機能ですが、画面出力時は、データの中に列見出しが混在して、邪魔になる場合が多いです。PAGESIZE システム変数に大きな値を指定すると、データと列見出しの混在を避けられます。
　なお、SET PAGESIZE は「SET PAGES」とコマンドを短縮できます。
　以下に、SQL*Plus の LINESIZE と PAGESIZE を設定したときの実行結果画面を示します。だいぶ見やすくなりましたね。

● 図 3-9　LINESIZE と PAGESIZE を設定

列データの表示幅を調整する

改行／改ページを調整しましたが、列データの表示にもこだわってみましょう。まず、ename 列の不要な余白をスッキリさせましょう。

文字列データ表示の列幅を調整するためには、SQL*Plus の COLUMN コマンドを使用します。

● 構文　COLUMN コマンドによる文字列データの列幅の指定（SQL*Plus）

```
COLUMN <列名> FORMAT A<バイト数>
```

COLUMN コマンドは、「COL」とコマンドを短縮できます。

実行結果の例は、次項の図 3-10「列データの表示を改善した例」を参照してください。

日時データの表示を調整する

次に、hiredate 列の日時の年表示が下 2 桁であり、時刻が表示されていない点を変更してみましょう。

しかし、日時表示フォーマットの調整は、じつは SQL*Plus の設定で対応できません。Oracle の設定である、NLS_DATE_FORMAT 初期化パラメータ[1]を使用します。

※ 1　初期化パラメータは Oracle の動作設定を行うパラメータです。くわしくは 6.3 節の「Oracle を構成する初期化パラメータとは」（P.302）で説明します。ALTER SESSION SET 文を実行すると、このセッションでのみ、初期化パラメータを変更できます。

● **構文　NLS_DATE_FORMAT 初期化パラメータの設定（セッションレベル）**

```
ALTER SESSION SET NLS_DATE_FORMAT='<日時フォーマット文字列>';
```

　日時フォーマット文字列には、以下の表 3-11 の書式要素を組み合わせます。

● **表 3-11　日時のフォーマット文字列で一般に使用される書式要素**

書式要素	説明
YYYY	年
YY	年の下 2 桁
RR	年の下 2 桁（上 2 桁を柔軟に判断[2]）
MM	月 (1 ～ 12)
MONTH	月の名前[3]
MON	月の名前の省略形[3]
DD	日 (1 ～ 31)
D	曜日番号 (1 ～ 7、1 は日曜日[4])
DAY	曜日名[3]
DY	曜日名の省略形[3]
HH24	時 (24 時間表記)
MI	分
SS	秒
FF	秒の小数部
TZH	タイムゾーンの時間

　これらの方法を使用すると、列データの表示を以下のように改善できます。

※ 2　指定された年と現在の年の下 2 桁が 00 から 49 の範囲か、50 から 99 の範囲かに応じて、年の上 2 桁を柔軟に判断する。詳細はマニュアル「Oracle Database SQL 言語リファレンス」を参照ください。

※ 3　NLS_LANGUAGE または NLS_DATE_LANGUAGE の設定に従い、言語にあわせた月名および曜日名となる

※ 4　NLS_TERRITORY の地域設定により一部例外あり

● 図 3-10　列データの表示を改善した例

　NLS_DATE_FORMAT のデフォルト値は「RR-MM-DD」であるため、データに時刻が含まれていても、表示上は時刻が出力されません。このため、日時データを参照する場合は、図 3-10 のように、NLS_DATE_FORMAT を設定することをおすすめします。

　なお、列のデータ型が TIMESTAMP 型の場合は、NLS_DATE_FORMAT ではなく、初期化パラメータ NLS_TIMESTAMP_FORMAT に、日時フォーマット文字列を指定します。

文字列データの日時型への暗黙的な変換

　第2章で日時データを得る方法として、TO_DATE() ファンクションを使用する方法を説明しました。この方法が一般的に推奨されますが、本節で説明した NLS_DATE_FORMAT 初期化パラメータを使うと、TO_DATE() ファンクションを使わずに文字列データを DATE 型に変換できます。これを暗黙的な変換と呼びます。

▶ 実行結果 3-37　日時リテラルの暗黙的な変換

```
SQL> ALTER SESSION SET NLS_DATE_FORMAT='YYYY/MM/DD HH24:MI:SS';
セッションが変更されました。

SQL> INSERT INTO tab0 VALUES('2022/01/01 23:30:30');
1行が作成されました。
```

　ただし、暗黙的な変換を正常に実行するためには、SQL に含まれる文字列データと NLS_DATE_FORMAT 初期化パラメータとの間で、書式が対応している必要があります。対応していないと、エラー（ORA-01861）が発生して、変換に失敗します。

▶ 実行結果 3-38　日時リテラルの暗黙的な変換に失敗した例

```
SQL> SHOW PARAMETER NLS_DATE_FORMAT

NAME                                 TYPE        VALUE
------------------------------------ ----------- ----------------------------
nls_date_format                      string      RR-MM-DD

SQL> INSERT INTO tab0 VALUES('2022/01/01 23:30:30');
INSERT INTO tab0 VALUES('2022/01/01 23:30:30')
                       *
行1でエラーが発生しました。:
ORA-01861: リテラルが書式文字列と一致しません
```

3.7 トランザクションでデータを安全に更新する

Oracle を含めた多くの RDBMS は、格納されたデータを守るために、トランザクションという機能を持っています。ここでは、トランザクションの重要性とトランザクションの使用方法について説明します。

なぜトランザクションが重要か

データベースに格納されたデータは、決して失われてはならない貴重なものです。ただ、単純にデータが失われなければよいかというと、そうではありません。データがあっても、整合性がなく、その内容を信頼できないなら、そのデータにはまったく意味がありません。トランザクションがあれば、データの整合性を維持できます。逆にトランザクションがないと、データの整合性を維持することは極めて困難です。

たとえば、account（口座）テーブルのデータについて考えてみましょう。口座に預金が追加されると、account テーブルのデータの更新が行われます。しかし、データの更新中になんらかのエラーが発生してしまった場合、トランザクションがないと、一部のデータが更新され、残りのデータが更新されないという中途半端な状態が発生し、データの整合性が失われてしまいます。

● 図3-11 データの更新中にエラーが発生してしまった場合

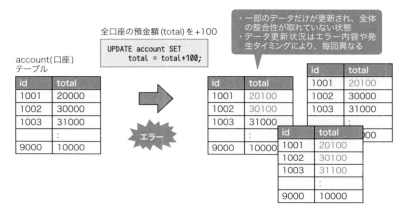

上記の図3-11は、あくまで1つの例です。エラーの発生によって、どのデータが更新され、どのデータの更新が中断してしまったのかは、エラーの内容や発生タイミングにより、毎回異なります。

データの整合性が失われた場合、データの状態をチェックして、状況に応じた対処策を判断し、実行しなければなりません。このような対応は、10件や100件のデータ量ならまだしも、1万件や10万件になると、人間の手で対処することは極めて困難でしょう。

トランザクションがあれば、このような事態にはなりません。

トランザクションの「ALL or NOTHING」特性

トランザクションによるデータ整合性維持の鍵となるのが、トランザクションの「ALL or NOTHING」特性です。これは、「一連の更新処理を1つのまとまりとして扱い、更新途中の中途半端な状態の発生を防ぐ機能」です。

トランザクションのこの特性により、大量のデータを更新している途中でエラーが発生した場合でも、一部のデータだけが更新されたような中途半端な状態にはならず、一連の更新処理を実行する前の状態に戻ることが保証されます。「ALL or NOTHING」は、データが決して中途半端な状態にはならず、処理がすべて（ALL）実行されたか、まったく実行されない（NOTHING）

かのいずれかであることを示しています。

　たとえば、大量のデータを更新するケースを例にとると、UPDATE 文および COMMIT 文がエラーなく正常に実行できた場合、すべての行を正常に更新したことが保証されます。COMMIT 文には、一連の更新処理を確定する役割があります。

　また、万が一エラーが発生した場合は、更新処理をまったく実行していないことが保証されます。

◉図 3-12　トランザクションの「ALL or NOTHING」特性

全口座の預金額 (total) を +100

```
UPDATE account SET
      total = total+100;
COMMIT;
```

account(口座)
テーブル

id	total
1001	20000
1002	30000
1003	31000
:	
9000	10000

処理成功

処理失敗

"ALL":
処理対象の全データが
正常に更新

id	total
1001	20100
1002	30100
1003	31100
:	
9000	10100

"NOTHING":
処理対象の全データが
いっさい更新なし

id	total
1001	20000
1002	30000
1003	31000
:	
9000	10000

　トランザクションがあれば、更新処理が失敗したときの対処はシンプルです。同じ処理を再実行すれば OK です。トランザクションがないと、まず中途半端な状態を修正してデータの整合性を回復しなければ、そもそも処理を再実行できる状態になりません。

● 図 3-13　更新処理が失敗したときの対処

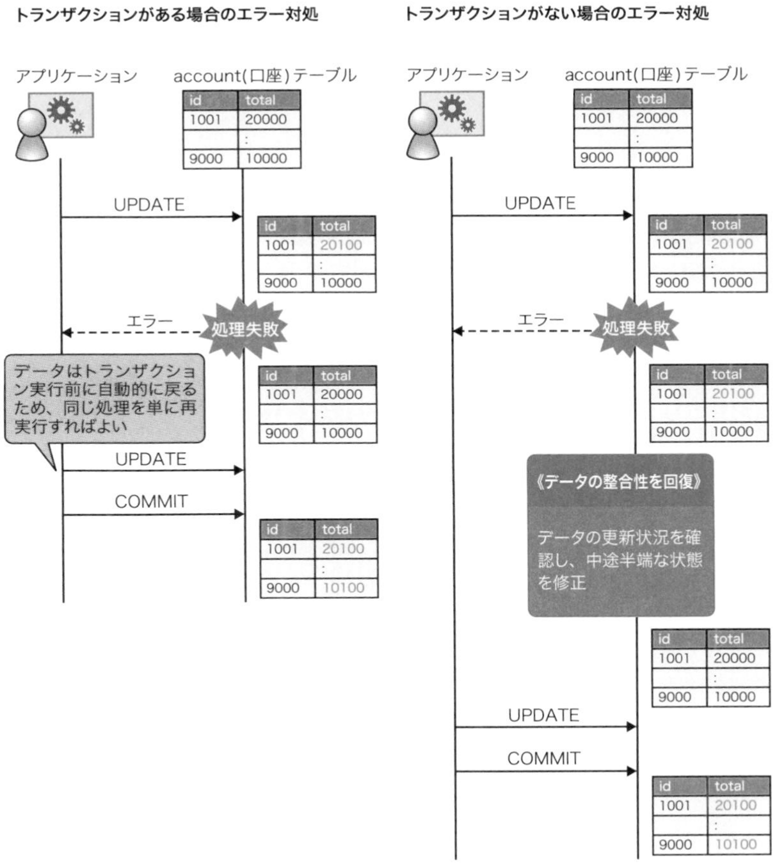

トランザクションがある場合のエラー対処　　トランザクションがない場合のエラー対処

また、複数の更新系 SQL（INSERT 文、UPDATE 文、DELETE 文など）の実行を、まとめて 1 つのトランザクションとすることもできます。一連の SQL を 1 つのトランザクションとして実行すると、すべての SQL の更新処理が正常に実行されるか、まったく実行されないかのいずれか（ALL or NOTHING）であることが保証されます。「一部の SQL の処理だけが実行され、残りの SQL の処理が実行されない」という状態には、決してなりません。

トランザクションを使う

　トランザクションを使うために、特別な準備は不要です。更新処理を行う
SQL（INSERT 文、UPDATE 文、DELETE 文など）を実行すれば、自動
的にトランザクションが開始されます。そのあとに COMMIT 文を実行する
と、トランザクションが終了し、更新が確定します。いったん確定した更新
処理は、原則的に取り消すことができません。

▶ 実行結果 3-39　トランザクションの実行と確定

```
SQL> -- トランザクション開始
SQL> INSERT INTO account (id, total) VALUES (1001, 20000);

1行が作成されました。

SQL> COMMIT;    -- トランザクション終了（確定）

コミットが完了しました。
```

　複数の更新系 SQL を実行してから COMMIT 文を実行すると、COMMIT
文実行前に実行した複数の更新系 SQL が、1 つのトランザクションとして
扱われます。
　以下の例は、ある銀行口座から別の銀行口座への振り込み処理を想定した
例です。2 つの UPDATE 文から構成されるトランザクションを実行し、処
理を確定します。

▶ 実行結果 3-40　複数の更新系 SQL を 1 つのトランザクションとして実行する

```
SQL> SELECT * FROM account;

        ID      TOTAL
---------- ----------
      1001      20000
      1002      30000

SQL> -- トランザクション開始
SQL> UPDATE account SET total = total - 10000 WHERE id = 1001;

1行が更新されました。
```

```
SQL> UPDATE account SET total = total + 10000 WHERE id = 1002;

1行が更新されました。

SQL> COMMIT;    -- トランザクション終了（確定）

コミットが完了しました。

SQL> SELECT * FROM account;

        ID      TOTAL
---------- ----------
      1001      10000
      1002      40000
```

実行中のトランザクションを取り消す - ROLLBACK 文

　いったん確定してしまった更新処理を取り消すことはできませんが、確定する前（COMMIT 文を実行する前）であれば、ROLLBACK 文を実行して更新処理を取り消すことができます。

　以下の例では、振り込み処理を想定したトランザクションの実行中に、ROLLBACK 文を実行して、トランザクションによる更新処理を取り消しています。

▶ 実行結果 3-41　トランザクション実行中に途中でロールバックする

```
SQL> SELECT * FROM account;

        ID      TOTAL
---------- ----------
      1001      10000
      1002      40000

SQL> -- トランザクション開始
SQL> UPDATE account SET total = total - 10000 WHERE id = 1001;

1行が更新されました。

SQL> SELECT * FROM account;
```

```
       ID      TOTAL
---------- ----------
     1001          0
     1002      40000

SQL> ROLLBACK;      ― トランザクション取り消し

ロールバックが完了しました。

SQL> SELECT * FROM account;

       ID      TOTAL
---------- ----------
     1001      10000
     1002      40000
```

┃ トランザクションを開始／終了する方法

　Oracle では、更新処理を実行すると自動的にトランザクションが開始され、COMMIT 文の実行で終了します。たいていの用途では、これだけ覚えておけばよいのですが、トランザクションを開始／終了する方法は、ほかにもあります。

　以下の表3-12 に、トランザクションを開始／終了する条件をまとめました。テーブルを作成する CREATE TABLE 文やテーブルの定義を変更する ALTER TABLE 文を実行すると、COMMIT 文を実行していなくてもトランザクションが自動的に確定されることに、特に注意してください。

● 表 3-12 トランザクションの開始・終了の条件

アクション	条件
トランザクションの開始	・データを更新する SQL（UPDATE 文、DELETE 文、INSERT 文）を実行したとき ・SELECT ... FOR UPDATE 文を実行したとき ・SET TRANSACTION 文または DBMS_TRANSACTION パッケージによってトランザクションが明示的に開始されたとき
トランザクションの終了 (確定・COMMIT)	・COMMIT 文を実行したとき ・接続を正常に終了したとき ・テーブルなどのオブジェクトを作成するまたは定義を変更する SQL（CREATE TABLE 文や ALTER TABLE 文など）を実行したとき
トランザクションの終了 (取り消し・ROLLBACK)	・ROLLBACK 文を実行したとき ・接続が異常終了したとき（Oracle に障害が発生した場合も含む）

　なお、トランザクションが正常に終了していれば、すなわち、COMMIT 文や接続終了などがエラーなく正常に実行できたあとであれば、エラーや障害が発生しても、トランザクションで実行した更新処理は失われません。データの整合性は維持されています。

　逆に、トランザクションがまだ終了していない状態、すなわち、COMMIT 文などを実行する前に、エラーや障害が発生した場合、トランザクションで実行した更新処理は破棄され、データはトランザクション実行前の状態に戻ります。もちろん、この場合でも、データの整合性は維持されます。データが破損したり整合性を失うことはありません。単にデータが元の状態に戻るだけです。

　以下の図 3-14 では、データベースサーバーに一時的な障害が発生した場合、トランザクションによる更新処理が失われないケースと失われるケースを示しています。データベースサーバーにおける障害発生前に COMMIT 文を正常終了していれば、すなわち、トランザクションが正常終了していれば、更新処理は失われません。

◉ 図3-14 トランザクションが正常終了していれば、更新処理は失われない

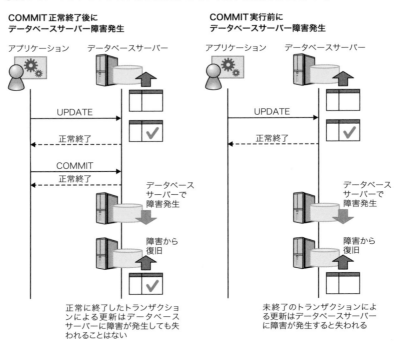

くり返しになりますが、トランザクション実行中（COMMIT 文の実行前）
にデータベースサーバーで一時的な障害が発生すると、更新処理は失われて
も、データの整合性はきちんと維持されている点に注意してください。この
ため、データベースの利用者がデータの整合性を回復する作業は不要です。
このケースでは、アプリケーションから同じ処理を再実行すれば、障害が発
生しなかったときと同じ結果を得られます。

> Column

SQL の種類

SQL にはさまざまな文がありますが、これらは 3 つに分類されます。

◉ 表 3-13　SQL の種類

種類	用途	おもな SQL 文
DML (Data Manipulation Language)	テーブルに格納されたデータの参照・変更	SELECT INSERT UPDATE DELETE
トランザクション制御文	DML 文の実行によるトランザクションの管理	COMMIT ROLLBACK
DDL (Data Definition Language)	テーブルなどのオブジェクトの作成・削除・定義の変更 権限の管理	ALTER CREATE DROP GRANT REVOKE

● DML（Data Manipulation Language：データ操作言語）

テーブル内のデータを操作する SQL を、DML といいます。DML に分類される SQL を以下の表に記載します。

◉ 表 3-14　DML に分類される SQL

SQL	機能
SELECT	テーブルに格納された行データを検索する
INSERT	テーブルに行データを追加する
UPDATE	テーブルに格納された行データを更新する
DELETE	テーブルに格納された行データを削除する

Oracle のマニュアルでは、表 3-14 の SQL から SELECT 文を除いた、データを "変更する" SQL である、INSERT 文、UPDATE 文、DELETE 文を DML と呼ぶ場合があります。まぎらわしいですが、前後関係に注意して区別してください。

●トランザクション制御文

DML の実行によるトランザクションの制御を行う SQL を、トランザクション制御文といいます。これに分類される SQL は、以下のとおりです。

3.7 節で説明した COMMIT 文、ROLLBACK 文が該当します。

◉ 表 3-15　トランザクション制御文に分類される SQL

SQL	機能
COMMIT	実行中のトランザクションを確定する
ROLLBACK	実行中のトランザクションを取り消す

● DDL（Data Definition Language：データ定義言語）

　テーブルなどのオブジェクトの作成／削除／定義の変更／権限の管理をする SQL を、DDL といいます。DDL に分類される SQL は以下のとおりです。

◉ 表 3-16　DDL に分類される SQL

SQL	機能
ALTER	テーブルやインデックスなどの定義情報を変更する
CREATE	テーブルやインデックスなどのオブジェクトを作成する
DROP	テーブルやインデックスなどのオブジェクトを削除する
GRANT	ユーザーに権限を付与する
REVOKE	ユーザーの権限を取り消す

　SQL は、上記以外にもたくさんあります。Oracle でサポートされるすべての SQL については、マニュアル「Oracle Database SQL 言語リファレンス」で確認できます。マニュアルはオラクル社の Web サイトから閲覧／ダウンロードできます。

・オラクル社の Web サイトの製品マニュアルページ
　https://www.oracle.com/jp/documentation/manual.html

第 4 章

データをより高速に／
安全に扱うしくみ

4.1 検索処理を高速化する インデックス

なぜインデックスが必要か

　ある検索条件にマッチするデータだけを得たいとき、テーブルのデータを全件読み出して1件ずつ調べるのは、とても非効率です。検索を効率化するしくみがないと、データ件数が増えるにしたがって処理時間が増加し、データベースが実用に耐えないものになってしまいます。

　検索を効率化するためには、インデックス（索引）を作成します。テーブルの列に対してインデックスを作成すると、その列を検索条件に含む検索を効率化し、処理時間を短縮できます。逆にインデックスがないと、データを1件だけ参照したい場合でも、テーブル内のデータを全件読み出して調べるので、膨大な時間がかかってしまいます。大量のデータを格納したテーブルに対して検索処理を実行する場合は、インデックスが必要不可欠です。

▶図4-1　インデックスによる高速なアクセス

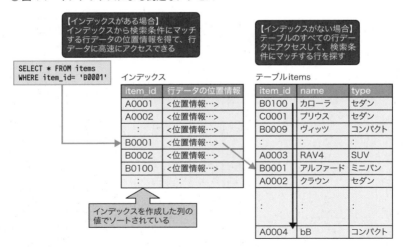

ただし、インデックスをうまく使いこなすためには、その特性を理解する必要があります。特性をふまえてインデックスを作成しないと、検索処理を思ったように高速化できない場合があります。

インデックスのしくみ

インデックスは、「ある列値を持つ行データがテーブルのどの場所にあるか」という情報を管理しています。

インデックスのしくみは、本の索引と同じです。本の索引は、ある用語がどのページにあるかを示しています。本に索引がないと、ある用語が記載されたページを探すとき、1ページ目から順番にすべてのページを読んでいく必要があるので、非常に時間がかかります。

テーブルも同様です。インデックスがないと、ある列値を持つ行データを検索するとき、テーブルの先頭からすべての行データを読み出して探す必要があり、データ量が多い場合は非常に時間がかかります。データベースのインデックスは、インデックスを作成した列について、ソートした列値と、その列値を持つ行データの場所を保持しているため、ある列値を持つ行データに速くアクセスできます。

ここで注目するポイントは、列値をあらかじめソートしておき、テーブルとは別の場所に保管してあることです。この点も、本の索引と同じしくみになっています。本の索引では、本文に出てくる用語を読み仮名でソートして、別途巻末に記載しています。用語が読み仮名でソートされているので、用語を速く探すことができます。そして、用語が記載されている本文のページ番号が記載されているため、そのページへ速くアクセスできます。

■インデックスのツリー構造

インデックスにより検索を高速化できるポイントは、ソートされた列値が保管されていることです。しかし、インデックスは列値をソートするだけでなく、構造上でさらに工夫が凝らされています。単にソートした列値を並べておくのではなく、階層的なツリー構造にしておくことで、より効率的にアクセスできるようにしているのです。

◉図 4-2　インデックスのツリー構造

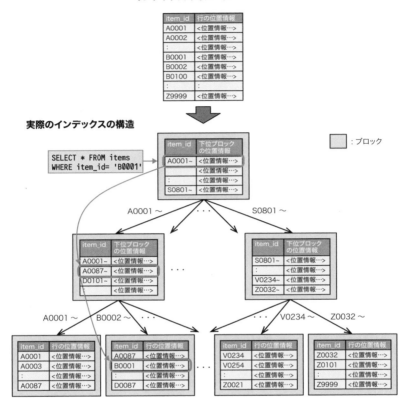

最下位のブロック[1]には、ソートされた列値と行の位置情報が保管されており、上位のブロックには、下位のブロックがカバーする列値の範囲と、下位のブロックの位置情報が保管されています。図 4-2 のように、最上位のブロックから、列値の範囲にしたがって下位のブロックをたどることで、少ないデータアクセス量で対象の列値にアクセスできます。

これを本の索引に言い換えるならば、用語一覧を「あ行」、「か行」などにグループ化していることに相当するでしょう。「きりん」を探すとき、用語

※1　ブロックは、Oracle がストレージ領域を割り当てる基本単位です。サイズは固定で、通常8KB です。

一覧を上からたどるのではなく、まず「か行」のところにいってから「きりん」を探せるので、効率的です。

インデックスを作成する – CREATE INDEX 文

インデックスは、一般に、WHERE 句で検索条件に指定される列に対して作成します。インデックスを作成するには、対象の PDB[※2] に接続し、以下の構文のとおり、インデックスを設定したい列名を入れて、CREATE INDEX 文を実行します。

◉ 構文　CREATE INDEX 文

```
CREATE INDEX <インデックス名> ON <テーブル名>(<列名1>[,<列名2>...]);
```

複数の列にインデックスを作成することも可能です。インデックスを作成した列は、索引列と呼びます。

インデックスを使う

SELECT 文による検索でインデックスを使うとき、特別な操作は必要ありません。WHERE 句の検索条件に索引列が含まれていれば、Oracle の判断により自動的にインデックスが使用されます。

ただし、テーブルのデータ量が極めて少ない場合など、「インデックスを使用しないほうが効率的」と Oracle が判断した場合は、インデックスがあっても使用されないことがあります。

インデックスを使える検索条件

インデックスは、一般に WHERE 句で検索条件に指定される列に対して作成します。ただし、すべての検索条件でインデックスを使えるわけではありません。インデックスは、検索条件が等価条件や範囲検索、LIKE 条件を用いた文字列の先頭一致条件の場合に使われます。以下の表に、インデック

※2　CDB ルートにもインデックスを作成できます。ただし、アプリケーションを実行するのは PDB であるため、多くの場合は、PDB にインデックスを作成することになるはずです。

スを使える検索条件と使えない検索条件をまとめました。

● 表 4-1　検索条件とインデックスの使用

インデックスを使える検索条件	インデックスを使えない検索条件
等価条件 < 索引列 > = 500 < 文字列型の索引列 > = 'AB'	非等価条件 < 索引列 > != 500 索引列に対して計算式を適用 < 数値型の索引列 > * 20 = 10000 索引列に対してファンクションを適用 substr(< 文字列型の索引列 >,1,2)= 'AB'
範囲検索（比較条件） < 索引列 > > 100 AND < 索引列 > < 200	
先頭一致の LIKE 条件 < 文字列型の索引列 > LIKE 'AB%'	中間一致の LIKE 条件 < 文字列型の索引列 > LIKE '%AB%' 末尾一致の LIKE 条件 < 文字列型の索引列 > LIKE '%AB'
	NULL 条件 < 索引列 > IS NULL

　検索条件に指定しない列については、原則的にインデックスを作成する必要はありません。あまり多くのインデックスを作成すると、テーブルのデータを更新するときにインデックスをメンテナンスする負荷が増えてしまいます。

　なお、主キー制約と一意制約[1] を設定した列には、自動的にインデックスが作成されるため、別途インデックスを作成する必要はありません。

Column

さまざまなインデックス

　本文では、最も頻繁に使用される B ツリーインデックスについて説明しました。Oracle のデフォルトでは、このインデックスが使用されます。

　しかし、Oracle には B ツリーインデックス以外にも、ビットマップインデックス、ファンクションインデックスなどのインデックスがあります。これらのインデックスについては、マニュアル「Oracle Database SQL チューニング・ガイド」または「Oracle Database パフォーマンス・チューニング・ガイド」を参照してください。

※ 1　制約は、データの整合性を保護するため、テーブルの列に対して設定されるルールです。くわしくは 4.3 節「不正なデータの混入を防ぐ制約」（P.157）で説明します。

4.2 SELECT 文をシンプルにまとめるビュー

なぜビューが必要か

　第 3 章で学んだように、SELECT 文に用意されているさまざまな機能を駆使すれば、かなり複雑な条件でも検索を実行できます。ただし、当然ながら、検索したいことが複雑になればなるほど、SELECT 文は複雑になり、文の長さも長くなります。SQL を発行するアプリケーションの立場からすると、複雑で長い SELECT 文は扱いにくいところがあります。複雑で長い SELECT 文をビューとして定義しておくことで、アプリケーションが発行する SQL をシンプルにできます。

　以下の図では、sales テーブル、products テーブル、customers テーブル、countries テーブルを結合する長い SELECT 文を、ビュー view0 として定義しています。アプリケーションがビューに「SELECT * FROM view0」という SELECT 文を発行すると、内部的に SELECT 文は sales テーブル、products テーブル、customers テーブル、countries テーブルを結合する長い SELECT 文に置き換えられ、これが実行されます。

◉ 図 4-3　複雑で長い SELECT 文をビューとして定義し、アプリケーションが発行する
SELECT 文をシンプルにできる

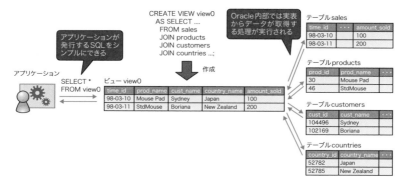

　ビューに SELECT 文を発行して得られるデータは、列と行がある表形式
のデータです。つまり、ビューはテーブルと同じようなものと考えられ、仮
想的なテーブルといえます。ただし、ビューは自分自身でデータを保持して
いません。ビューの元となるテーブル（実表）が、データを保持しています。
　図 4-3 の例では、sales テーブル、products テーブル、customers テーブル、
countries テーブルが実表となります。ビューに対して SELECT 文を発行す
ると、内部的には、実表に対して問い合わせを行う SELECT 文が実行され、
実表からデータが取得されます。

ビューを作成する - CREATE VIEW 文

　ビューを作成するには、対象の PDB[1] に接続し CREATE VIEW 文を実
行します。

◉ 構文　CREATE VIEW 文

```
CREATE VIEW <ビュー名> AS <実表へのSELECT文>;
```

　以下の実行例では、emp テーブルと dept テーブルを結合する SELECT

※ 1　CDB ルートにもビューを作成できます。ただし、アプリケーションを実行するのは PDB
　　であるため、多くの場合、PDB にビューを作成することになるはずです。

文をビューとして定義しています。

● 実行結果 4-1　ビューで SELECT 文を抽象化する

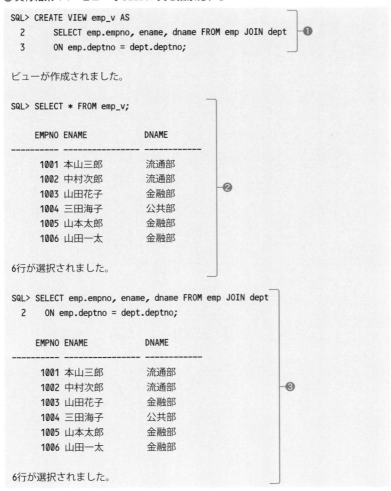

```
SQL> CREATE VIEW emp_v AS
  2      SELECT emp.empno, ename, dname FROM emp JOIN dept
  3      ON emp.deptno = dept.deptno;
```
❶

ビューが作成されました。

```
SQL> SELECT * FROM emp_v;

    EMPNO ENAME            DNAME
---------- ---------------- ------------
     1001 本山三郎          流通部
     1002 中村次郎          流通部
     1003 山田花子          金融部
     1004 三田海子          公共部
     1005 山本太郎          金融部
     1006 山田一太          金融部
```
❷

6行が選択されました。

```
SQL> SELECT emp.empno, ename, dname FROM emp JOIN dept
  2    ON emp.deptno = dept.deptno;

    EMPNO ENAME            DNAME
---------- ---------------- ------------
     1001 本山三郎          流通部
     1002 中村次郎          流通部
     1003 山田花子          金融部
     1004 三田海子          公共部
     1005 山本太郎          金融部
     1006 山田一太          金融部
```
❸

6行が選択されました。

❶ CREATE VIEW 文で emp テーブルと dept テーブルを結合するビュー
emp_v を作成しています。

❷ ビュー emp_v からは、emp テーブルと dept テーブルを結合した結果
が得られます。

❸ CREATE VIEW 文に指定した emp テーブルと dept テーブルを結合する SELECT 文を実行すると、❷と同じ結果が得られます。

ビューを使うメリット

アプリケーションが発行する SELECT 文をシンプルにできることのほかにも、ビューにはいくつかのメリットがあります。

まず、SELECT 文とテーブルの関係性を弱くすることができます（疎結合）。たとえば、テーブルの列の名称を変更すると、そのテーブルを参照する SELECT 文を変更する必要があります。しかし、ビューを使用すると、ビューを変更しさえすれば、SELECT 文を変更する必要はありません。

▶ 図 4-4　ビューと実表の列名変更

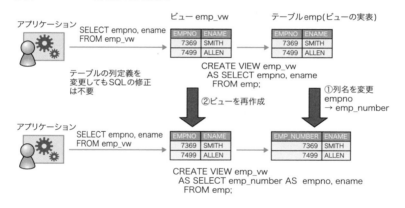

また、ビューを使うとデータを保護することもできます。4.6 節で説明しますが、Oracle には、オブジェクトに対して実行できる操作を限定するしくみ（オブジェクト権限）があります。ユーザーに、ビューの実表への参照権限を与えずに、ビューへの参照権限のみを付与すると、アクセスできるデータを、ビューとしてアクセス可能な範囲に限定できます。たとえば、下図の例では、ユーザーはビューに含まれる empno 列、ename 列、job 列にはアクセスできますが、ビューに含まれない sal 列にはアクセスすることはできず、sal 列のデータを保護することができます。

● 図4-5　ビューによるデータの保護[1]

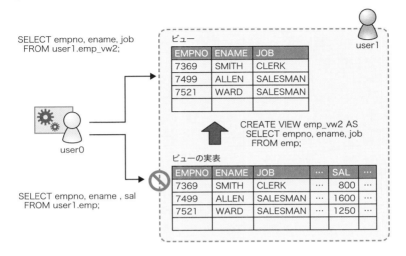

　ビューはうまく使うと便利ですが、ビューの実体は、あくまでも
SELECT 文です。ビューを参照するたびに SELECT 文が実行されるため、
その SELECT 文の負荷が高いと、データを参照するのに時間を要したり、
データベース全体の負荷が高くなったりするため、注意してください。

※ 1　user1.emp_vw2 や user1.emp は、それぞれユーザー user1 が所有するビュー emp_vw2、
　　　テーブル emp を示しています。詳細は 4.5 節の「オブジェクト所有者としてのユーザー／
　　　スキーマ」（P.176）を参照してください。

Column

マテリアライズドビュー

　ビューの代わりにマテリアライズドビューを使うと参照時の負荷を軽減できます。ビューは SELECT 文の実行結果をデータとして保持していませんが、マテリアライズドビューはデータとしてあらかじめ保持しています。このため、実表に問い合わせることなくデータを参照でき、負荷を軽減できます。その反面、データを適切なタイミングで最新にする必要があります。

　マテリアライズドビューは、大量のデータに対して複雑な SQL を発行するデータ分析用途のデータベース（データウェアハウス）で、特に役立ちます。

　マテリアライズドビューの詳細については、マニュアル「Oracle Database データ・ウェアハウス・ガイド」を参照してください。

4.3 不正なデータの混入を防ぐ制約

なぜ制約が必要か

データベースに格納されたデータは、一定期間保管され、さまざまな用途で使用されます。データには、間違いがあってはいけません。このため、データベースに不正なデータが格納されることを防ぐ必要があります。制約は、テーブルの列に対して設定されたルールであり、ルールに違反するデータが格納されることを禁止できます。制約を適切に定義すると、データベースに誤ったデータが格納されることを防げます。

Oracle には、以下の 5 種類の制約があります。

▶ 表 4-2　制約の一覧

制約	内容
NOT NULL 制約	列に NULL（空の値）が設定されることを禁止します。
チェック制約 （CHECK 制約）	列（または列の組み合わせ）に指定されたチェック条件を満たさない値が設定されることを禁止します。
一意制約 （UNIQUE KEY 制約）	列（または列の組み合わせ）に重複値が設定されることを禁止します。
主キー制約 （PRIMARY KEY 制約）	列（または列の組み合わせ）に重複値または NULL が設定されることを禁止します。 1 つのテーブルに対して 1 つのみ設定可能です。
外部キー制約（FOREIGN KEY 制約、参照整合性制約）	列（または列の組み合わせ）の値が、関連する表の一意キーまたは主キーの値と一致することを保証します。（一致しない値をとることを禁止します）

NOT NULL 制約

NOT NULL 制約は、制約を適用した列に必ず値を設定することを強制する制約です。NOT NULL 制約を設定した列に対して NULL を設定しようとするとエラーになります。

　NULL とは、「値がない」「値が未定である」ことを示す特殊な値で、3.3 節「NULL と IS NULL 条件」で説明したとおり、取り扱いに注意が必要です。NOT NULL 制約を列に設定しておくと、その列に NULL が設定されることを防ぐことができます。

●構文　NOT NULL 制約

```
[CONSTRAINTS <制約名>] NOT NULL
```

　CONSTRAINTS 句を使うと制約に名前をつけられます。また、CONSTRAINTS 句を省略すると、制約には自動的に「SYS_C< 数字 >」という名前がつけられます。これは、NOT NULL 制約以外の制約でも同じです。

●実行結果 4-2　NOT NULL 制約を設定した列に NULL を挿入しようとした場合

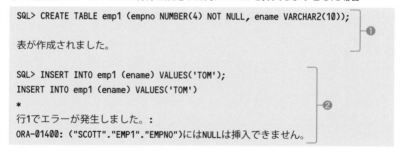

```
SQL> CREATE TABLE emp1 (empno NUMBER(4) NOT NULL, ename VARCHAR2(10));

表が作成されました。

SQL> INSERT INTO emp1 (ename) VALUES('TOM');
INSERT INTO emp1 (ename) VALUES('TOM')
*
行1でエラーが発生しました。:
ORA-01400: ("SCOTT"."EMP1"."EMPNO")にはNULLは挿入できません。
```

❶empno 列に NOT NULL 制約を設定したテーブル emp1 を作成しています。NOT NULL 制約は、CONSTRAINTS 句の指定を省略しています。

❷empno 列への値の指定を省略した INSERT 文を実行しましたが、この INSERT 文は empno 列に NULL を設定するものであるため、NOT NULL 制約に違反するとしてエラー（ORA-01400）が発生しています。

主キー制約（プライマリーキー制約）と主キー

■キーとは

キーは、テーブルにおいて非常に重要な概念です。キーとは、テーブルに格納されたそれぞれの行データを識別する役割を持つ列です。最も基本となるキーが主キーで、原則的にすべてのテーブルに主キー列を設けます。主キーとなる列は、通常「○○ ID」、「×× NO」、「△△番号」という列名にすることが多いです。

たとえば、以下のエリアテーブルでは、主キー列としてエリア ID という列を設け、エリア ID の値を用いて、行データを識別できるようにしています。

◉ 図4-6　主キーと行データの識別

■なぜ主キー制約が必要か

主キーは行データを識別するために重要ですが、主キーが適切に機能するためには、それぞれの行データに対して重複しない一意の値を設定しておかなくてはなりません。複数の行データについて、この列に同じ値が設定されていると、それぞれの行データを識別できなくなるためです。

たとえば、以下の実行例では、テーブル emp1 から従業員番号「1」のデータ（empno=1）を参照して、2件のデータが返されています。しかし、本来であれば、従業員番号で識別される従業員は 1 人であるべきなので、これは想定された動作ではありません。この原因は、テーブル emp1 に従業員番号「1」のデータが 2 件格納されていることです。

◉ 実行結果 4-3　重複した値が格納されているため、行データを識別できない例

```
SQL> SELECT * FROM emp1 WHERE empno = 1;
```

```
      EMPNO ENAME
---------- ----------
         1 TOM
         1 JANE
```

　このような状況を防ぐため、主キーとする列には、主キー制約を設定します。主キー制約を設定すると、異なる行データに対して同じ列値を設定することが禁止されます。また、その列に値を設定することが強制され、値の設定を省略する、すなわち NULL を設定することが禁止されます。

■主キー制約を設定する

　主キー制約を設定するには、主キーとなる列に以下の指定を行います。なお、主キー制約は 1 つのテーブルに対して 1 つしか設定できません。

● 構文　主キー制約

```
〔CONSTRAINTS <制約名>〕 PRIMARY KEY
```

　以下の実行例では、empno 列に主キー制約を設定したテーブルを作成し、empno 列に重複した値を設定しようとしてエラーが発生しています。

● 実行結果 4-4　主キー制約が設定された列に重複した値を設定しようとした場合

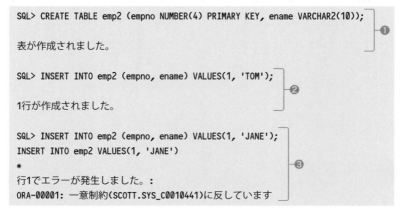

```
SQL> CREATE TABLE emp2 (empno NUMBER(4) PRIMARY KEY, ename VARCHAR2(10));

表が作成されました。                                                        ❶

SQL> INSERT INTO emp2 (empno, ename) VALUES(1, 'TOM');
                                                                            ❷
1行が作成されました。

SQL> INSERT INTO emp2 (empno, ename) VALUES(1, 'JANE');
INSERT INTO emp2 VALUES(1, 'JANE')
*                                                                           ❸
行1でエラーが発生しました。:
ORA-00001: 一意制約(SCOTT.SYS_C0010441)に反しています
```

❶ empno 列に主キー制約を設定したテーブル emp2 を作成しています。

❷ empno=1 のデータを追加する INSERT 文を実行しています。

❸ empno=1 のデータを追加する INSERT 文を実行しましたが、すでに empno=1 のデータが格納済みであるため、主キー制約に違反するとしてエラー（ORA-00001）[※1] が発生しています。

主キー制約を設定すると、その列に対して自動的にインデックスが作成されます。このため、主キーを検索条件に指定した検索を高速に実行できます。

一意制約（ユニーク制約）と一意キー

■一意キーとは

主キーはデータベースのキーの中で最も基本的かつ重要なキーですが、主キー以外にもいくつかのキーがあります。

一意キーは、テーブル内でその列の各行の値が一意であるものです。列の値がほかの行と重複しないため、一意キーの列の値で行データを識別できます。

▶ 図4-7 主キーと一意キー

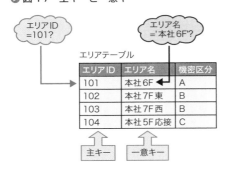

一意キーとする列には一意制約を設定します。一意制約を設定すると、異なる行データに対して同じ列値が設定されることを禁止できます。主キー制

※1 エラーメッセージには「一意制約」と表示されます。これは、主キー制約が Oracle 内で「一意制約と NOT NULL 制約の組み合わせ」として扱われるためと考えられます。一意制約についてはのちほど説明します。

約と非常に似ていますが、以下の表4-3のような違いがあります。

● 表 4-3　主キー制約と一意制約の比較

	1 つのテーブルに設定可能な個数	NULL 禁止
主キー制約	1 つのみ	禁止
一意制約	複数可能	禁止しない

　主キー制約と同様に、一意制約を設定すると、その列に対して自動的にインデックスが作成されます。

■一意制約を設定する

　一意制約を設定するには、一意キーとなる列に以下の指定を行います。なお、主キー制約は1つのテーブルに対して1つしか設定できませんが、一意制約は1つのテーブルに対して複数設定できます。

● 構文　一意制約

```
[CONSTRAINTS <制約名>] UNIQUE KEY
```

外部キー制約（参照整合性制約）と外部キー

■外部キーとは

　3.5 節「テーブルを結合する」で説明したように、テーブルの結合では、特定の列の値をもとにして、複数のテーブルのデータを結びつけます。

　以下の図 4-8 の結合例では、部署テーブルのエリア ID 列とエリアテーブルのエリア ID 列をもとにして、データを結びつけます。言い換えると、「部署テーブルのエリア ID 列は、エリアテーブルの対応する行を識別する役割を持っている」といえます。このため、部署テーブルのエリア ID 列を、「関連する外部のテーブルのデータに対するキーである」と考え、外部キーと呼びます。

● 図4-8 外部キーの例

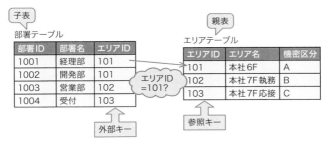

　外部キーは、「テーブルとテーブルの親子関係を示している」と考えることもできます。図4-8の例では、エリアテーブルの行データ1件に対して、部署テーブルの行データを複数件を対応付けられるので、エリアテーブルと部署テーブルが親子関係にあるというわけです。このため、外部キーを基準にして、外部キーを設定したテーブル（図4-8では部署テーブル）を子表といい、参照するテーブル（図4-8ではエリアテーブル）を親表といいます。また、外部キーが参照する列（図4-8ではエリアテーブルのエリアID列）を参照キーと呼びます。

■外部キー制約（参照整合性制約）とは

　図4-8の例で、部署テーブルのエリアID列が外部キーとして適切に機能するためには、「部署テーブルのエリアID列の値」と「エリアテーブルのエリアID列の値」が対応していなければなりません。エリアテーブルのエリアID列に101、102、103という値が存在する場合、部署テーブルのエリアID列に101、102、103以外の値が存在してはいけません。この対応関係を維持するための制約を、外部キー制約（参照整合性制約）と呼びます。

　外部キー制約を設定すると、親表の参照キーにないデータを子表の外部キーに格納することが禁止されます。

▶ 図4-9　外部キー制約（参照整合性制約）

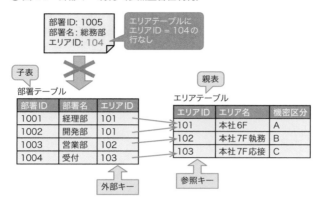

　上の図4-9は、親表（エリアテーブル）の参照キー（エリアID）に存在しない「エリアID＝104」というデータを、子表（エリアテーブル）に追加しようとしても、外部キー制約に違反するため追加できないことを示しています。

■**外部キー制約を設定する**

　外部キー制約を設定するには、外部キーとなる列に以下の指定を行います。

▶ 構文　外部キー制約（参照整合性制約）

```
〔CONSTRAINTS <制約名>〕REFERENCES <親表となるテーブル名>
    （<参照キーとなる列名1>〔, <参照キーとなる列名2>..〕）
```

　なお、外部キー制約を設定するには、参照キーに一意制約または主キー制約が設定されていることが必要です。ただし、この条件は特別に意識しなくてもたいてい満たされているはずです。参照キーには行を識別する役割があり、このような列には、通常、一意制約または主キー制約を設定するためです。

　以下に、外部キー制約を持つテーブルを定義し、制約に反しないデータと反するデータをINSERTした場合の実行例を示します。

● 実行結果 4-5　外部キー制約を設定したテーブルとデータの追加例

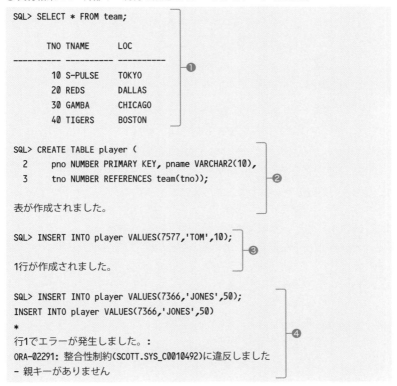

```
SQL> SELECT * FROM team;

       TNO TNAME      LOC
---------- ---------- ----------
        10 S-PULSE    TOKYO
        20 REDS       DALLAS
        30 GAMBA      CHICAGO
        40 TIGERS     BOSTON

SQL> CREATE TABLE player (
  2     pno NUMBER PRIMARY KEY, pname VARCHAR2(10),
  3     tno NUMBER REFERENCES team(tno));

表が作成されました。

SQL> INSERT INTO player VALUES(7577,'TOM',10);

1行が作成されました。

SQL> INSERT INTO player VALUES(7366,'JONES',50);
INSERT INTO player VALUES(7366,'JONES',50)
*
行1でエラーが発生しました。:
ORA-02291: 整合性制約(SCOTT.SYS_C0010492)に違反しました
- 親キーがありません
```

❶ 親表となるテーブル team のデータを参照しています。tno=10、20、
30、40 のデータが格納されています。

❷ tno 列に外部キー制約を設定したテーブル player を作成しています。外
部キー制約の参照キーはテーブル team の tno 列です。

❸ テーブル player に tno=10 であるデータを追加しています。親表となる
テーブル team に tno=10 のデータが存在するため、追加に成功します。

❹ テーブル player に tno=50 であるデータを追加しています。親表となる
テーブル team に tno=50 のデータが存在しないため、外部キー制約違
反でエラー（ORA-02291）が発生しています。

なお、外部キー制約のみでは、外部キーに NULL が設定されることを禁

止できません。NULL が設定されると、子表のデータに対応する親表のデータが存在しないことになります。これを禁止したい場合は、外部キー制約に加えて、NOT NULL 制約を設定します。

チェック制約

　チェック制約とは、指定した条件にマッチする値のみを設定可能にする制約です。チェック制約に指定できる条件は、WHERE 句へ指定できる条件と同じです。このため、データに対して複雑な制約を設定できます。

　以下に、2つの比較条件を AND 条件で組み合わせたチェック条件（100以上かつ 5000 以下）を指定する例を示します。

● 実行結果 4-6　チェック制約を設定したテーブルとデータの追加例

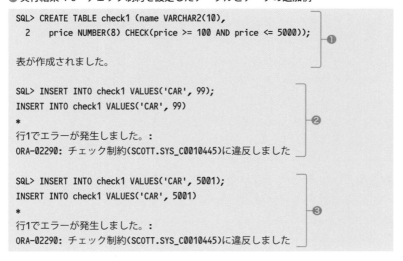

```
SQL> CREATE TABLE check1 (name VARCHAR2(10),
  2    price NUMBER(8) CHECK(price >= 100 AND price <= 5000));       ❶

表が作成されました。

SQL> INSERT INTO check1 VALUES('CAR', 99);
INSERT INTO check1 VALUES('CAR', 99)
*                                                                   ❷
行1でエラーが発生しました。：
ORA-02290: チェック制約(SCOTT.SYS_C0010445)に違反しました

SQL> INSERT INTO check1 VALUES('CAR', 5001);
INSERT INTO check1 VALUES('CAR', 5001)
*                                                                   ❸
行1でエラーが発生しました。：
ORA-02290: チェック制約(SCOTT.SYS_C0010445)に違反しました
```

❶ price 列に「price >= 100 AND price <= 5000」という条件のチェック制約を設定して、テーブル check1 を作成しています。
❷ price 列の値に 99 を指定する INSERT 文を実行しましたが、チェック制約に違反するため、エラー（ORA-02290）が発生しています。
❸ price 列の値に 5001 を指定する INSERT 文を実行しましたが、チェック制約に違反するため、エラー（ORA-02290）が発生しています。

　チェック制約には、複数の列に対する条件も設定できます。くわしくは、次項の「複数の列に対して制約を設定する」を参照してください。

複数の列に対して制約を指定する

　これまで説明した各制約の指定方法は、列定義内に制約を指定する方法でした。これを「列定義内指定」と呼びます。1つの列に対する制約の場合は、通常、列定義内指定を使用します。

　しかし、複数の列に対して制約を指定する場合は、列定義内指定が使用できません。この場合は、列定義に続けてカンマで区切る形で制約を指定します。これを「列定義外指定」と呼びます[※1]。

　以下の例は、複数の列に対して主キー制約とチェック制約を指定した場合の実行結果です。

● 実行結果 4-7　制約の列定義外指定（複数の列に対する主キー制約とチェック制約）

```
SQL> CREATE TABLE pk_outofline (year NUMBER(4), month NUMBER(2),
  2        PRIMARY KEY(year, month));

表が作成されました。

SQL> CREATE TABLE ck_outofline (name VARCHAR2(10), normal_price NUMBER(8),
  2        sale_price NUMBER(8),
  3        CHECK(normal_price > sale_price));

表が作成されました。
```

　なお、5つある制約のうち、NOT NULL制約については、列定義外指定で設定できません。列定義内指定を使用する必要があります。

[※1] Oracle のマニュアルでは「表内指定」「表外指定」という用語が使われていますが、誤解を招きやすいため、本書では「列定義内指定」「列定義外指定」という用語を使います。

4.4 連番を振り出すシーケンス

なぜシーケンスが必要か

　主キーや一意キーとなる列は、テーブルに格納された行データを識別するための列です。そのため、それぞれの列値には、一意の値を設定する必要があります。一意の値として、ある列に対して連番（連続した数値）を設定するケースがよくあります。シーケンスを使うと、連番を振り出す処理をかんたんに実現できます。

　シーケンスは、取引データなどの都度発生するデータをテーブルにINSERT するときによく使用されます。

▶図 4-10　シーケンスを使用した連番の振り出し

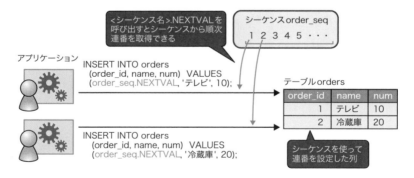

シーケンスを作成して連番を取得する

シーケンスを作成するには、対象の PDB[※1] に接続し CREATE SEQUENCE 文を実行します。

●構文　CREATE SEQUENCE 文

```
CREATE SEQUENCE <シーケンス名> [START WITH <初期値>]
    [INCREMENT BY <増分値>];
```

初期値、増分値のデフォルト値は 1 です。

シーケンスから連番を取得するには、シーケンスの NEXTVAL を参照します。

以下にシーケンスを作成し、シーケンスから取得した連番を列の値として使用し、データを INSERT する例を示します。

●実行結果 4-8　シーケンスの連番を使用したデータの INSERT

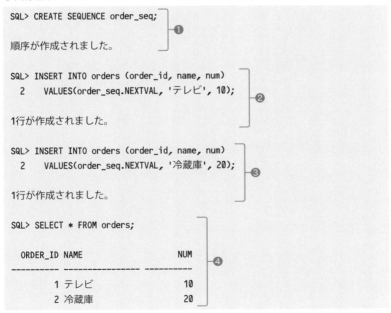

```
SQL> CREATE SEQUENCE order_seq;                         ❶

順序が作成されました。

SQL> INSERT INTO orders (order_id, name, num)
  2     VALUES(order_seq.NEXTVAL, 'テレビ', 10);        ❷

1行が作成されました。

SQL> INSERT INTO orders (order_id, name, num)
  2     VALUES(order_seq.NEXTVAL, '冷蔵庫', 20);        ❸

1行が作成されました。

SQL> SELECT * FROM orders;

  ORDER_ID NAME                    NUM                   ❹
---------- ---------------- ----------
         1 テレビ                   10
         2 冷蔵庫                   20
```

※1　CDB ルートにもシーケンスを作成できます。ただし、アプリケーションを実行するのは PDB であるため、多くの場合、PDB にシーケンスを作成することになるはずです。

❶ シーケンス order_seq を作成しています。START WITH、INCREMENT
　 BY を指定していないため、初期値と増分値はデフォルトの 1 となります。

❷ order_id 列の値に order_seq.NEXTVAL を指定して INSERT 文を実行
　 しています。order_seq の初期値は 1 であるため、追加されたデータの
　 order_id 列の値は 1 となります。

❸ order_id 列の値に order_seq.NEXTVAL を指定して INSERT 文を実行
　 しています。order_seq の増分値は 1 であるため、追加されたデータの
　 order_id 列の値は 2 となります。

❹ 追加したデータを参照しています。

　シーケンスが付与する連番には空きが発生することがあります。これは、
シーケンスは動作の高速性を重視しているためです。空きのない連番を振り
出す必要がある場合、シーケンスを使用することはできません[1]。

※ 1　空きのない連番を振り出すには、連番を管理するテーブルを用意し、そのテーブルから連
　　　番を取得するようにします。ただし、この方法では処理の並列化が難しいため、シーケン
　　　スを使用する場合よりも動作が遅くなることに注意してください。

4.5　セキュリティ機構の基礎となるユーザー機能

　Windows などの OS にユーザー機能があるのと同様に、Oracle においてもユーザー機能があります。この機能は、データを安全に扱うセキュリティの観点で欠かせません。これまでの学習で、いくつかのユーザーでデータベースに接続し、さまざまな作業をしてきましたが、ここで、あらためてOracle のユーザー機能について学びましょう。

マルチテナント環境におけるユーザー

　マルチテナント環境におけるユーザーは、以下の2つに分けられます。

・ローカルユーザー　：特定の PDB でのみ有効
・共通ユーザー　　　：CDB 全体で有効

　アプリケーション処理やデータ管理のために一般的に使用するのは、ローカルユーザーです。このため、4.5 節と 4.6 節では、ローカルユーザーを対象に説明します。
　ローカルユーザーは PDB ごとに独立です。以下の図の USER1 のように、別の PDB に同名のユーザーが存在しても、これらのユーザーはまったく別のユーザーとして扱われます。このため、別の PDB に同名のユーザーが存在しても、意図して同じ構成にしない限り、パスワード、権限の付与状態、所有オブジェクトは PDB ごとに異なるものになります。

◉ 図 4-11　マルチテナント環境におけるユーザー

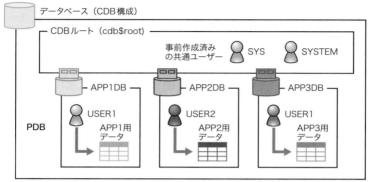

　なお、データベース管理などの目的で CDB および CDB 内の全コンテナ
に対して操作を実行したい場合は、共通ユーザーを使用します。事前作成済
みの SYS、SYSTEM は共通ユーザーです。SYS、SYSTEM は CDB および
CDB 内の全コンテナに対して管理操作を実行できます。管理ユーザー SYS、
SYSTEM と共通ユーザーについては、4.7 節で説明します。

Oracle のユーザー機能の役割

　Oracle のユーザー機能の役割は、以下の表のとおり 3 つに整理できます。

◉ 表 4-4　Oracle のユーザー機能の役割

役割	説明
データベース接続時の認証	データベースに接続するには Oracle のユーザー名と正しいパスワードを指定する必要があります。 誤ったパスワードを指定した場合はデータベースに接続できません。
権限制御の対象	ユーザーに対して権限を付与できます。 権限は特定の操作に対応しており、権限があるとその操作を実行可能になります。 それぞれのユーザーに必要な権限のみを割り当てることで、意図しない操作の実行を禁止できます。
オブジェクトの所有者	オブジェクトは、一部の例外を除き、いずれかのユーザーに所有されます。 オブジェクト作成時、特に所有ユーザーを指定しないと、オブジェクト作成を実行したユーザーがそのオブジェクトの所有者となります。 特に権限を付与しなくても、自分が所有するオブジェクトに対してはすべての操作が実行可能です。逆にほかのユーザーが所有するオブジェクトに操作を行うには対応する権限が必要です。

ユーザーはパスワードで保護された認証の対象であり、実行可能な操作が権限で制御されます。また、テーブルやインデックスなどのオブジェクトの所有者でもあります。

ユーザーを作成する - CREATE USER 文

PDB にローカルユーザーを作成するには、PDB に接続して、CREATE USER 文を実行します。

なお、4.5 節および 4.6 節において説明する SQL は、対象の PDB に接続して実行するものとします。また、ローカルユーザーは単にユーザーと表記します。

● 構文　CREATE USER 文

```
CREATE USER <ユーザー> IDENTIFIED BY <パスワード>
    [DEFAULT TABLESPACE <デフォルト表領域> ]
    [TEMPORARY TABLESPACE <デフォルト一時表領域>]
    [QUOTA <割り当てサイズ> ON <表領域> ... ];
```

CREATE USER 文で指定するパラメータの説明は以下となります。

パラメータ	説明
ユーザー	新規に作成するユーザー名。
パスワード	Oracle に接続するときに指定するパスワード。 パスワードがアルファベット以外の文字で始まる場合、英数字、アンダースコア（_）、ドル記号（$）および番号記号（#）以外の文字を含む場合は、パスワードを二重引用符（"）で囲む必要があります。
デフォルト表領域	格納先表領域を指定せずにオブジェクトを作成した場合に格納先となる表領域[※1]。 指定を省略した場合、データベースのデフォルト表領域（USERS）が、ユーザーのデフォルト表領域となります。
デフォルト一時表領域	大量のデータ処理（ソートなど）を実行するときに使用される一時表領域。 指定を省略した場合、データベースのデフォルト一時表領域（TEMP）が、ユーザーのデフォルト一時表領域となります。
QUOTA 句の指定	表領域を使用できるサイズの上限（クォータ、表領域の割当て制限）。 なお、サイズとして UNLIMITED を指定した場合、その表領域を無制限に使用できます。

※1　表領域とは、データを格納するための Oracle のストレージ領域です。くわしくは、5.4 節の「Oracle がオブジェクトにストレージ領域を割り当てるしくみ」（P.232）で説明します。

◉ 実行結果 4-9　ユーザーの作成

```
SQL> CREATE USER appuser IDENTIFIED BY password
  2  DEFAULT TABLESPACE APPTBS1
  3  TEMPORARY TABLESPACE TEMP
  4  QUOTA unlimited ON APPTBS1
  5  QUOTA 100M ON APPTBS2;

ユーザーが作成されました。
```

　なお、CDB ルートでローカルユーザーを作成する CREATE USER 文を
実行すると、エラー（ORA-65096）で失敗します。エラーの理由は、ローカ
ルユーザーが作成できるのは PDB のみであるためです。

ユーザーを削除する － DROP USER 文

　ユーザーを削除するには DROP USER 文を使用します。
　ユーザーがオブジェクトを所有している場合は、あらかじめオブジェクト
を削除しておくか、CASCADE オプションを指定します。CASCADE オプ
ションを指定すると、そのユーザーが所有するオブジェクトも共に削除しま
す。

◉ 構文　DROP USER 文

```
DROP USER <ユーザー> [CASCADE];
```

◉ 実行結果 4-10　ユーザーの削除

```
SQL> DROP USER user1;
DROP USER user1
*
行1でエラーが発生しました。:
ORA-01922: USER1'を削除するにはCASCADEを指定する必要があります ❶


SQL> DROP USER user1 CASCADE; ❷

ユーザーが削除されました。
```

❶ ユーザー user1 を削除しようとして、エラー（ORA-01922）が発生しています。エラーの原因はユーザー user1 が所有するオブジェクトが存在していたためです。

❷ CASCADE オプションを指定したため、ユーザーの削除に成功しました。ユーザー user1 が所有するオブジェクトはユーザーと一緒に削除されます。

アカウントをロックする

ユーザーの使用を一時的に停止する場合は、アカウントをロックして、そのユーザーでログインできないようにします。ロックを解除すると、再度そのユーザーでログインできるようになります。

● 構文　アカウントのロックとロック解除

```
ALTER USER <ユーザー> ACCOUNT LOCK;
ALTER USER <ユーザー> ACCOUNT UNLOCK;
```

アカウントのロックは、ユーザーの削除とは異なり、ユーザーが所有するオブジェクトやユーザーへの権限付与状態が失われないため、一時的な使用停止に向いています。

Column

事前作成済みユーザーの削除は厳禁

Oracle データベースには、多くのユーザーがデフォルトで定義されています。これらのユーザーは、Oracle の特定の機能や内部動作に関連するユーザーなので、原則的に削除してはいけません。もし、ユーザーを使用しない場合は、削除する代わりに、アカウントをロックしましょう。

パスワードを変更する

ユーザーのパスワードを変更する場合は、以下の ALTER USER 文を実行します。

● 構文　パスワードの変更

```
ALTER USER <ユーザー> IDENTIFIED BY <パスワード>;
```

　Oracle 11g 以降のバージョンでは、パスワードを変更してから180日が
経過すると、パスワードは期限切れになります。パスワードが期限切れにな
った場合、ログイン時にエラー（ORA-28002、ORA-28001）が発生するので、
新しいパスワードを設定してください。

Column

パスワードの大文字／小文字の区別

　Oracle 11g 以降のバージョンでは、セキュリティ強化の観点から、パ
スワードの大文字・小文字が区別されるようになりました。ただし、以下
の場合は例外的にパスワードの大文字・小文字が区別されません。

・初期化パラメータ「SEC_CASE_SENSITIVE_LOGON」が FALSE
　に設定されている場合（ただし、Oracle 12c 以降では FALSE 設
　定は非推奨）
・バージョン 11g にアップグレードしたデータベースで、アップグレ
　ード前に作成したユーザーでログインする場合

┃ オブジェクト所有者としてのユーザー／スキーマ

　一部の例外を除き、データベース内のすべてのオブジェクトは、いずれか
のユーザーが所有しています。どのユーザーにも所有されていないオブジェ
クトはありません。では、これまでの学習で作成したテーブルやインデック
ス、ビューの所有者は、どのユーザーでしょうか。
　それは、CREATE xxx 文を実行したユーザーです。所有ユーザーを特に
指定せずに CREATE xxx 文を実行し、テーブルやインデックス、ビューな
どのオブジェクトを作成すると、オブジェクトの所有ユーザーは、
CREATE xxx 文を実行したユーザーになります。
　同様に、所有ユーザーを特に指定せずに SELECT 文や INSERT 文を実行

した場合も、自分が所有するオブジェクトにアクセスすることになります。

なお、自分が所有するオブジェクトについては、すべての操作を実行可能です。特に追加で権限を割り当てる必要はありません。

◉図4-12　自分が所有するオブジェクトへのアクセス

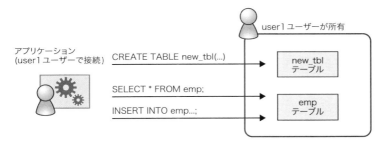

では、ほかのユーザーが所有するオブジェクトにアクセスしたい場合は、どうすればよいのでしょうか。

ほかのユーザーが所有するオブジェクトには、オブジェクト名の前に"<所有ユーザー名>."をつけた名前でアクセスできます[1]。

◉図4-13　オブジェクトへのアクセス（所有ユーザー名指定あり／なし）

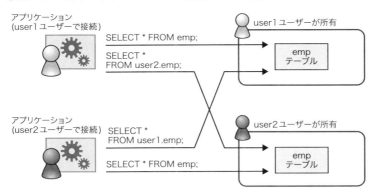

なお、上の図4-13のempテーブルのように、所有ユーザーが違えば同じ

---

[1] ただし、操作に応じた権限が必要です。権限については、4.6節「ユーザー権限を制御する」（P.179）を参照してください。

名前のテーブルを作成できます。このように、オブジェクトは「所有ユーザーごとに別々の“箱”に区分けされて収納されている」と考えることができます。この「ユーザーごとの“箱”」をスキーマと呼ぶことがあります。

4.6 ユーザー権限を制御する

4.5 節でも触れましたが、ユーザー機能は、Oracle におけるセキュリティ機構の基礎になります。セキュリティの向上や誤操作による意図しない処理の実行防止のためには、必要最小限の権限を持つユーザーを作成し、これを使うのが基本的な考え方です。原則的に、システムやアプリケーション単位でユーザーを作成し、必要最小限の権限のみを割り当ててください。

アプリケーション用のユーザーに割り当てる権限を最小限にしておくと、ハッキングなどのセキュリティ問題が発生して、アプリケーション用ユーザーでの Oracle へのアクセスを許してしまった場合でも、影響を最小限にとどめることができます。また、万が一誤操作によりデータベースの停止などの管理コマンドを実行してしまった場合でも、処理の実行を抑止できます。

権限システムの基礎

Oracle に限らず、権限のしくみは理解しにくいところがあります。細かいところは後回しにして、先に基本的な枠組みを理解するのが、おすすめの学習方法です。本節では、まず Oracle の権限システムの基本的な枠組みを説明します。

■システム権限とオブジェクト権限

Oracle の権限はシステム権限とオブジェクト権限に分類されます。

システム権限とは、データベースに対してある操作を実行できるかどうかを決める権限です。逆にいうと、あるシステム権限が付与されていないと、対応する操作を実行できません。たとえば、CREATE SESSION システム権限がないと、データベースに接続できません。また、CREATE TABLE システム権限がないと、テーブルを作成することができません。

オブジェクト権限とは、自分以外のユーザーが所有するオブジェクトに対して、ある SQL を実行できるかどうかを決める権限です。逆にいうと、オブジェクト権限がないと、自分以外のユーザーのオブジェクトに SQL を実行できません。たとえば、tom ユーザーに対して「scott ユーザーが所有するテーブル emp への SELECT 権限」が付与されている場合、tom ユーザーは scott ユーザーのテーブル emp に SELECT 文を実行してデータを参照できます。逆に付与されていない場合、データを参照できません[1]。

なお、自分が所有するオブジェクトについては、特にオブジェクト権限がなくてもすべての SQL を実行できます。

以下に主要なシステム権限とオブジェクト権限を記載します。

● 表 4-5　主要なシステム権限

分類	システム権限名	権限により許可される操作
データベース	ALTER DATABASE	データベースの変更
システム	ALTER SYSTEM	ALTER SYSTEM 文の発行
テーブル	CREATE TABLE	自分のスキーマ内でのテーブルの作成
	CREATE ANY TABLE	任意のスキーマ内でのテーブルの作成。なお、テーブルが設定されるスキーマの所有者は、表領域内にそのテーブルを定義するための割当て制限が必要
	ALTER ANY TABLE	任意のスキーマ内のテーブルまたはビューの変更
	DROP ANY TABLE	任意のスキーマ内のテーブルまたは表パーティションの削除または切り捨て
	SELECT ANY TABLE	任意のスキーマ内のテーブル、ビューまたはマテリアライズド・ビューの問い合わせ
索引	CREATE ANY INDEX	任意のスキーマ内のテーブルに対する索引の作成
	ALTER ANY INDEX	任意のスキーマの索引の変更
	DROP ANY INDEX	任意のスキーマの索引の削除
ユーザー	CREATE USER	ユーザーの作成
	ALTER USER	ユーザーの変更
	DROP USER	ユーザーの削除
セッション	CREATE SESSION	データベースへの接続
	ALTER SESSION	ALTER SESSION 文の発行

※ 1　厳密にいうと、scott ユーザーのテーブル emp に対する SELECT オブジェクト権限がなくても、SELECT ANY TABLE システム権限などの「より強い」権限を持っていれば、参照できます。

● 表 4-6　主要なオブジェクト権限

オブジェクト	オブジェクト権限名	権限により許可される操作
テーブル	SELECT	該当テーブルへ問い合わせ（SELECT 文）
	UPDATE	該当テーブルのデータの変更（UPDATE 文）
	INSERT	該当テーブルへの新しい行の追加（INSERT 文）
	DELETE	該当テーブルの行の削除（DELETE 文）
	ALTER	該当テーブルの定義の変更（ALTER TABLE 文）
ビュー	SELECT	該当ビューへの問い合わせ（SELECT 文）
	UPDATE	該当ビューのデータの変更（UPDATE 文）
	INSERT	該当ビューへの新しい行の追加（INSERT 文）
	DELETE	該当ビューの行の削除（DELETE 文）
プロシージャ／ファンクション／パッケージ	EXECUTE	該当プロシージャ、該当ファンクション、該当パッケージに含まれるプロシージャとファンクション[2]の実行

　なお、新規に作成したユーザーには、これらの権限がまったく付与されていません。CREATE SESSION システム権限すら付与されていませんので、そのユーザーでデータベースに接続することすらできないことに注意してください。

■権限付与は PDB ごとに独立

　異なる PDB に同じ名前のローカルユーザーが存在しても、それぞれのローカルユーザーはまったく別のユーザーとして扱われます。よって、ある PDB のローカルユーザーに権限を付与したとき、権限付与はその PDB でのみ有効です。別の PDB には影響しません。

　なお、共通ユーザーの場合は、権限の付与を CDB 全体に対して有効にできます。詳細は 4.7 節を参照してください。

権限を付与する／取り消す － GRANT 文／ REVOKE 文

　権限をユーザーに付与するには GRANT 文を、権限をユーザーから取り消す（すでに与えていた権限を取り上げる）には REVOKE 文を使用します。

※ 2　プロシージャ、ファンクションは、Oracle データベースに保管されたプログラムです。パッケージは、プロシージャやファンクションなどをまとめた単位です。

▶ 構文　GRANT 文、REVOKE 文を用いたシステム権限の付与と取り消し

```
GRANT <システム権限名> TO <付与対象ユーザー >;
REVOKE <システム権限名> FROM <取り消し対象ユーザー >;
```

▶ 実行結果 4-11　GRANT 文、REVOKE 文を用いたシステム権限の付与と取り消し

```
SQL> GRANT CREATE SESSION TO scott; ❶

権限付与が成功しました。

SQL> REVOKE CREATE SESSION FROM scott; ❷

取消しが成功しました。
```

❶ CREATE SESSION システム権限を scott ユーザーに付与しています。

❷ CREATE SESSION システム権限を scott ユーザーから取り消しています。

▶ 構文　GRANT 文、REVOKE 文を用いたオブジェクト権限の付与と取り消し

```
GRANT <オブジェクト権限名> ON <オブジェクト> TO <付与対象ユーザー >;
REVOKE <オブジェクト権限名> ON <オブジェクト> FROM <取り消し対象ユーザー >;
```

▶ 実行結果 4-12　GRANT 文、REVOKE 文を用いたオブジェクト権限の付与と取り消し

```
SQL> GRANT SELECT ON scott.emp TO hr; ❶

権限付与が成功しました。

SQL> REVOKE SELECT ON scott.emp FROM hr; ❷

取消しが成功しました。
```

❶ scott ユーザーが所有するテーブル emp に対する SELECT オブジェクト権限を hr ユーザーに付与しています。

❷ scott ユーザーが所有するテーブル emp に対する SELECT オブジェクト権限を hr ユーザーから取り消ししています。

　後述しますが、権限を付与したり、取り消したりするためには、そのための権限が必要です。SYS、SYSTEM などの管理ユーザーであれば、この「権限の付与・取消のための権限」を持っています。

複数の権限をグループ化するロール

　ロールは複数の権限をグループ化したものです。ロールを使うと、複数の権限を1つにまとめて扱えるので便利です。たとえば、異なるユーザーに対して同じ組み合わせをもつ複数の権限を割り当てたいとき、複数の権限をロールにまとめておくと、それぞれのユーザーに対してロールを割り当てるだけで、ロールに含まれる権限すべてをユーザーに付与できます。

▶ 図4-14　複数の権限の割り当てと、ロールの効果

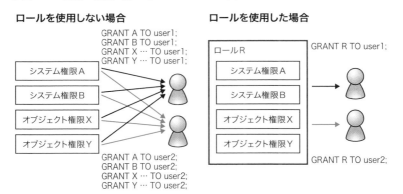

　また、ロールを使うと、ロールを割り当てたすべてのユーザーから権限を取り消すことも、かんたんにできます。ロールを割り当てたすべてのユーザーに対して REVOKE 文を実行するのではなく、ロールから権限を取り消すだけで、すべてのユーザーから権限を取り消すことができます。

● 図 4-15　一部権限のはく奪とロールの効果

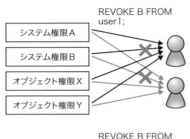
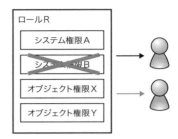

ユーザーに対して、ロールを割り当てるには GRANT 文を、割り当てを解除するには REVOKE 文を使用します。

● 構文　ロールの割り当てと割り当て解除

```
GRANT <ロール> TO <割り当て対象ユーザー >;
REVOKE <ロール> FROM <割り当て解除対象ユーザー >;
```

また、ロールに権限を付与するには、ユーザーに権限を付与するのと同じ構文を使いますが、ユーザーの代わりにロールを指定します。権限を取り消すときも同様です。

● 構文　GRANT 文、REVOKE 文を用いたロールへのシステム権限の付与と取り消し

```
GRANT <システム権限> TO <付与対象ロール>;
REVOKE <システム権限> FROM <取り消し対象ロール>;
```

● 構文　GRANT 文、REVOKE 文を用いたロールへのオブジェクト権限の付与と取り消し

```
GRANT <オブジェクト権限> ON <オブジェクト> TO <付与対象ロール>;
REVOKE <オブジェクト権限> ON <オブジェクト> FROM <取り消し対象ロール>;
```

Oracle でユーザーに権限を付与する場合、ユーザーに対して権限を直接付与するのではなく、ロールを介して権限を間接的に付与することが推奨さ

れます。Oracle には多数の権限がありますので、ユーザーに直接権限を割り当てると、権限の付与状態を管理しにくくなるためです。

■事前定義済みロール

Oracle には、一般的に必要とされるいくつかの権限をグループ化した定義済みロールが用意されています。

● 表 4-7　主要な事前定義済みロール

ロール名	含まれる権限
CONNECT	CREATE SESSION システム権限のみ
RESOURCE	自分が所有するオブジェクトを作成できるシステム権限
DBA	SYSDBA 権限、SYSOPER 権限を除いたすべてのシステム権限
DATAPUMP_EXP_FULL_DATABASE	DataPump を用いてデータをエクスポートできる権限
DATAPUMP_IMP_FULL_DATABASE	DataPump を用いてデータをインポートできる権限

たとえば、新規に作成した管理用ユーザーに対して DBA ロールを付与すると、一般的にデータベース管理に必要とされる権限を一括で付与できます。

Column

CONNECT、RESOURCE、DBA ロールは将来的に廃止される？

表 4-7 では、Oracle の主要なロールを紹介しました。しかし、Oracle のマニュアルには、CONNECT、RESOURCE、DBA ロールは将来的に廃止されるという記載があります。

じつは、この記載はかなり昔からあるものなのですが、これらのロールはいまだに廃止されていません。とはいえ、廃止がいつ実現されるかわからないので、今後新規に開発するシステムで、これらのロールを使用することは避けるべきでしょう。

アプリケーション用ユーザーに付与すべき権限

新規に作成したアプリケーション用のユーザーにはどのような権限を付与

すべきでしょうか。ここでは、一般的に付与すべき権限について説明します。

　なお、権限付与は PDB ごとに独立であるため、対象の PDB に接続した
うえで、権限を付与する GRANT 文を実行する必要がある点に注意してく
ださい。

■ CREATE SESSION システム権限

　Oracle に接続するためには、CREATE SESSION システム権限が必要で
す。この権限がないとアプリケーションからデータベースに接続できません
ので、当然この権限を付与します。

▶ 実行結果 4-13　CREATE SESSION システム権限の付与

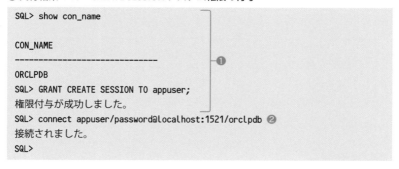

```
SQL> show con_name

CON_NAME
------------------------------
ORCLPDB
SQL> GRANT CREATE SESSION TO appuser;
権限付与が成功しました。
SQL> connect appuser/password@localhost:1521/orclpdb ❷
接続されました。
SQL>
```

❶ PDB orclpdb において、GRANT 文でユーザー appuser に CREATE
SESSION システム権限を付与しています。

❷ ユーザー appuser で PDBorclpdb に接続を試み、CREATE SESSION
システム権限があるため、接続に成功しています。

　ここで、簡易接続ネーミングメソッドを用いたリモート接続で PDB
orclpdb に接続しています。リモート接続および簡易接続ネーミングメソッ
ドの詳細については、6.5 節の「ネットワーク環境／本番環境で Oracle に接
続する」を参照してください。

◉ 実行結果 4-14　CREATE SESSION システム権限がない場合

```
SQL> connect appuser/password@localhost:1521/orclpdb
ERROR:
ORA-01045: ユーザー APPUSERにはCREATE
SESSION権限がありません。ログオンが拒否されました。　─❶


警告: Oracleにはもう接続されていません。
SQL>
```

❶ ユーザー appuser で PDB orclpdb に接続を試み、CREATE SESSION
システム権限がないため、エラー（ORA-01045）で接続に失敗してい
ます。

■**オブジェクトの作成権限**

　自分が所有するオブジェクトを作成するには、オブジェクトに対応した
CREATE xxx システム権限（xxx はオブジェクトの種類）が必要です。ユ
ーザーがテーブルを作成する場合、そのユーザーに CREATE TABLE シス
テム権限を付与します。同様に、ビューを作成する場合は、CREATE
VIEW システム権限を、シーケンスを作成する必要がある場合は、
CREATE SEQUENCE システム権限を付与します。

　なお、ほかのユーザーが所有するオブジェクトを作成するには、オブジェ
クトに対応する CREATE ANY xxx システム権限が必要です。

■**クォータ（表領域の割当て制限）**

　じつは、オブジェクトを作成してデータを格納するためには、CREATE
xxx システム権限を与えるだけでは、十分ではありません。クォータ（表領
域の割当て制限）を割り当てる必要があります。クォータを割り当てると、
指定されたサイズを上限として表領域を使用できるようになります。

　ユーザーにクォータを割り当てるには、ALTER USER 文に QUOTA 句
を指定します。

◉ **構文　ユーザーへクォータを割り当てる**

```
ALTER USER <ユーザー > QUOTA <割り当てサイズ> ON <表領域>;
```

　以下に、ユーザー appuser に対して、USERS 表領域を最大 100MB 使用できるクォータを割り当てる例を示します。

◉ **実行結果 4-15　クォータの割り当て**

```
SQL> ALTER USER appuser QUOTA 100M ON users;

ユーザーが変更されました。
```

　また、割り当てサイズに unlimited を指定すると、指定した表領域であれば、サイズ無制限で領域を使用できます。

◉ **実行結果 4-16　クォータの割り当て（サイズ制限なし）**

```
SQL> ALTER USER appuser QUOTA unlimited ON users;

ユーザーが変更されました。
```

　なお、ユーザーの作成時にクォータを割り当てることもできます。指定方法は、4.5 節の「ユーザーを作成する - CREATE USER 文」（P.173）を参照してください。

■ UNLIMITED TABLESPACE システム権限

　表領域の割り当てに、クォータの代わりに UNLIMITED TABLESPACE システム権限を使うこともできます。UNLIMITED TABLESPACE システム権限は、すべての表領域について、どのようなサイズでも使用可能にする権限です。状況に応じて、表領域単位で使用可能なサイズ上限を設定するクォータと UNLIMITED TABLESPACE システム権限を使い分けてください。

◉ **実行結果 4-17　UNLIMITED TABLESPACE システム権限の付与**

```
SQL> GRANT UNLIMITED TABLESPACE TO appuser;

権限付与が成功しました。
```

ただし、UNLIMITED TABLESPACE システム権限を使用すると、意図せず大量のデータが格納される問題や、操作ミスにより誤って使用すべきでない表領域にオブジェクトを作成する問題を防ぐことができなくなります。注意して使用してください。

■ほかのユーザーが所有するオブジェクトへの権限

各ユーザーは、自分が所有するオブジェクトに対する参照／更新権限を持っています。このため、自分が所有するオブジェクトへ SELECT などの操作を行うために、権限を付与する必要はありません。

しかし、ほかのユーザーが所有するオブジェクトに対して、SELECT などの操作を実行したい場合、そのオブジェクトと実行したい操作に対応したオブジェクト権限が必要です。

▶ 図 4-16　ほかのユーザーが所有するオブジェクトへのアクセスには権限が必要

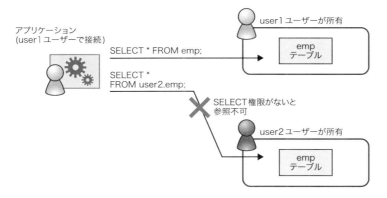

たとえば、scott ユーザーが sh ユーザーの sales テーブルを参照するためには、sh ユーザーの sales テーブルに対する SELECT オブジェクト権限が必要です。

189

● 実行結果 4-18　ほかのユーザーが所有するオブジェクトへのアクセスとオブジェク
　　　　　　　　ト権限

```
SQL> connect scott/tiger@localhost:1521/orclpdb
接続されました。
SQL> SELECT * FROM sh.sales;
select * from sh.sales
              *
行1でエラーが発生しました。：
ORA-00942: 表またはビューが存在しません。  ❶


SQL> connect sh/sh@localhost:1521/orclpdb
接続されました。
SQL> GRANT SELECT ON sales TO scott;  ❷

権限付与が成功しました。


SQL> connect scott/tiger@localhost:1521/orclpdb
接続されました。
SQL> SELECT * FROM sh.sales;  ❸

    PROD_ID    CUST_ID TIME_ID  CHANNEL_ID    PROMO_ID QUANTITY_SOLD AMOUNT_SOLD
---------- ---------- -------- ----------- ----------- ------------- -----------
        13        987 98-01-10           3         999             1     1232.16
        13       1660 98-01-10           3         999             1     1232.16
        13       1762 98-01-10           3         999             1     1232.16
        13       1843 98-01-10           3         999             1     1232.16
        13       1948 98-01-10           3         999             1     1232.16
        13       2273 98-01-10           3         999             1     1232.16
             :
```

❶ ユーザー scott から sh ユーザーの sales テーブルを参照しようとしまし
たが、このテーブルに対する SELECT オブジェクト権限が付与されてい
ないため、エラー（ORA-00942）で失敗しています。

❷ sh ユーザーで、scott ユーザーへ「sh ユーザーの sales テーブルに対す
る SELECT オブジェクト権限」を付与しています。

❸ ユーザー scott から sh ユーザーの sales テーブルを参照し、成功してい
ます。

なお、ユーザーやオブジェクトを特に限定せず、すべてのユーザーのすべてのオブジェクトに対する操作を可能にしたい場合は、システム権限で代用することもできます。上記の実行結果4-18でいえば、SELECT ANY TABLE システム権限を付与しても、scott ユーザーから sh ユーザーの sales テーブルを参照できるようになります。

しかし、SELECT ANY TABLE システム権限は、すべてのユーザーのすべてのテーブルを参照できる大きな権限です。一般に、割り当てる権限は必要最小限にすることが望ましいので、注意して使用してください。

◉ 実行結果 4-19　SELECT ANY TABLE 権限でほかのユーザーのオブジェクトへの
　　　　　　　　　SELECT を許可する

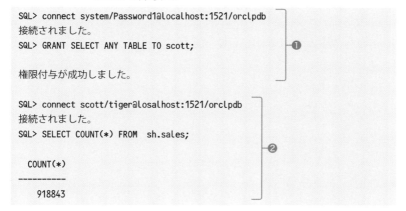

```
SQL> connect system/Password1@localhost:1521/orclpdb
接続されました。
SQL> GRANT SELECT ANY TABLE TO scott;                    ❶

権限付与が成功しました。


SQL> connect scott/tiger@losalhost:1521/orclpdb
接続されました。
SQL> SELECT COUNT(*) FROM  sh.sales;                      ❷

  COUNT(*)
----------
    918843
```

❶ SYSTEM ユーザーで PDB orclpdb に接続し、scott ユーザーに対して SELECT ANY TABLE システム権限を付与しています。
❷ scott ユーザーで PDB orclpdb に接続し、sh ユーザーの sales テーブルに対して SELECT を実行し、成功しています。

明示的に権限を付与しなくても実行できる操作

作成したユーザーがある操作を実行するには、原則的に操作に対応する権限が必要です。しかし、例外として、明示的に権限を付与しなくても実行できる操作もあります。

■ 自分が所有するオブジェクトに対する操作

　自分が所有するオブジェクトに対しては、どのような操作も実行できます。すなわち、自分に対して、自分のオブジェクトへのオブジェクト権限を付与する必要はありません。ただし、自分が所有するオブジェクトであっても、オブジェクトを新規に作成する場合は、そのオブジェクトに対応するCREATE xxx システム権限（CREATE TABLE システム権限、CREATE VIEW システム権限など）が必要です。

■ PUBLIC ロールが持つ権限に対応する操作

　Oracle には、「PUBLIC」という特殊なロールが存在します。PUBLIC ロールに権限を付与すると、すべてのユーザーに権限が付与するのと同じ効果が得られます。したがって、PUBLIC ロールに CREATE TABLE システム権限を付与すると、すべてのユーザーに対して CREATE TABLE システム権限が付与されます。

　この機能は便利なものですが、PUBLIC ロールの存在を忘れると混乱を招く恐れがあるので、使用する場合は、設計書などに記載しておくことをおすすめします。

権限を付与できる権限

　ある権限を付与されたユーザーは、その権限をほかのユーザーに付与することはできません。

　ただし、WITH GRANT OPTION 句（オブジェクト権限の場合）または、WITH ADMIN OPTION 句（システム権限の場合）をつけて権限を付与された場合は、その権限をほかのユーザーに付与することができます。

　なお、事前定義済みの管理ユーザーである SYS や SYSTEM は、付与されているすべての権限について「権限を付与できる権限」を持っています。

● 図4-17 権限を付与できる権限

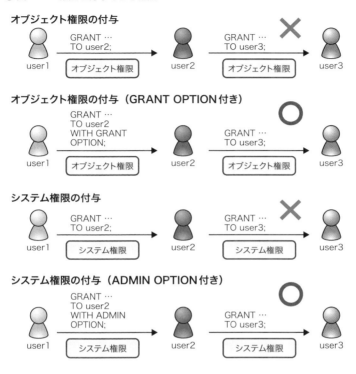

権限を付与できる権限を付与するには、WITH GRANT OPTION句（オブジェクト権限の場合）または、WITH ADMIN OPTION句（システム権限の場合）を指定して GRANT 文を実行します。

● 構文 「権限を付与できる権限」の付与（GRANT 文）

```
GRANT <オブジェクト権限> ON <オブジェクト>
  TO <付与対象ユーザー >  WITH GRANT OPTION;

GRANT <システム権限> TO <付与対象ユーザー > WITH ADMIN OPTION;
```

4.7 管理ユーザー SYS、SYSTEMと共通ユーザー

　Oracle データベースを作成すると、SYS、SYSTEM という管理ユーザーが作成されます。SYS、SYSTEM のパスワードは、データベース作成時に指定します。

　CDB（コンテナデータベース）では、SYS、SYSTEM は共通ユーザーです。共通ユーザーは、CDB 内のすべてのコンテナで有効である、特殊なユーザーです。

管理ユーザー（SYS ユーザー／ SYSTEM ユーザー）の権限

　SYS ユーザーと SYSTEM ユーザーはすべてのシステム権限を持っており、大部分の管理作業を実行できます。ただし、データベースを起動、停止するために必要な SYSDBA 権限は、SYS ユーザーだけが持っており、SYSTEM ユーザーは持っていません。

▶ 表 4-8　管理ユーザーと権限、実行可能タスク

ユーザー名	持っている権限	実行可能なデータベース管理タスク
SYS	すべてのシステム権限 + SYSDBA 権限	データベースの起動停止を含むデータベース管理タスク
SYSTEM	すべてのシステム権限	データベースの起動停止以外のデータベース管理タスク

　SYS ユーザーだけを使用してすべてのデータベースの管理タスクを実行できます。しかし、権限の乱用や誤操作による障害を避けるために、必要な権限のみを持つ管理ユーザーを作成して、これを使用することが一般に推奨されています。

共通ユーザー

　共通ユーザーは、おもに CDB および CDB 内のすべての PDB のデータベース管理のために使用します。

　CDB では SYS、SYSTEM は共通ユーザーであり、すべてのシステム権限が共通に付与（後述）されているため、CDB および CDB 内のすべての PDB において管理作業を実行できます。

　必要に応じて、SYS、SYSTEM 以外の共通ユーザーを作成できますが、以下の点に注意してください。

・共通ユーザーは CDB ルートでのみ作成可能（PDB では作成不可）
・ユーザー名に「C##」を前置きする必要がある[1]

■共通ユーザーへの権限／ロールの付与

　共通ユーザーに権限／ロールを付与する場合、付与状態を CDB 全体で有効にするか、特定のコンテナでのみ有効にするかを、GRANT 文の CONTAINER 句で選択できます。CDB 全体で有効な付与を、「共通に付与」と呼びます。特定のコンテナでのみ有効な付与を「ローカルに付与」と呼びます。

● 構文　共通に付与とローカルに付与

```
-- 共通に付与 → CDB全体で有効
GRANT <権限／ロール> TO <共通ユーザー> CONTAINER=ALL;
-- ローカルに付与 → GRANT文を実行したコンテナでのみ有効
GRANT <権限／ロール> TO <共通ユーザー> CONTAINER=CURRENT;
```

※1　COMMON_USER_PREFIX 初期化パラメータ（Oracle 12.1.0.2 で導入）で、デフォルトの「C##」から変更できます。

Column

SYS、SYSTEM ユーザーの乱用は厳禁！

　SYS ユーザー、SYSTEM ユーザーは CDB 全体において、すべてのユーザーのデータを参照することができるため、悪用されるとデータの漏えいにつながります。管理ユーザーのパスワードは厳格に管理し、必要な時のみ使用するようにしてください。

　ただ、管理ユーザーのパスワードを厳格に管理したとしても、パスワードを知っているデータベース管理者が悪意を持った場合、データを保護することはできません。この問題に対応するため、オラクル社は Oracle Database Vault というオプション製品を用意しています。この製品を導入すると、管理ユーザーの権限を縮小して、データベース管理者であってもデータにアクセスできないようにすることが可能です。

第 5 章

テーブル設計の
基本を知る

5.1 テーブル設計とは

テーブルに含まれる列が決まれば、すなわち、データをテーブルの形式で表現できれば、これまでの解説を参考にして CREATE TABLE 文を実行しデータベースにテーブルを作成できます。

しかし、扱うデータがよほどシンプルでない限り、データをいきなりテーブルの形式に表現するのは難しいことです。実際の開発では、データの特徴や使われ方に着目し、いくつかのステップを踏んで、「データをどのようなテーブルの形式で表現するか」を決めていきます。この作業をテーブル設計と呼び、本章ではこれについて説明します。

また、設計したテーブルを Oracle に実装する際に理解しておくべき、Oracle のしくみについてもあわせて説明します。

テーブル設計の 3 つのステップ

テーブル設計には、概念設計、論理設計、物理設計という 3 つのステップがあります。

● 図 5-1　設計の各ステップにおける目的と成果物

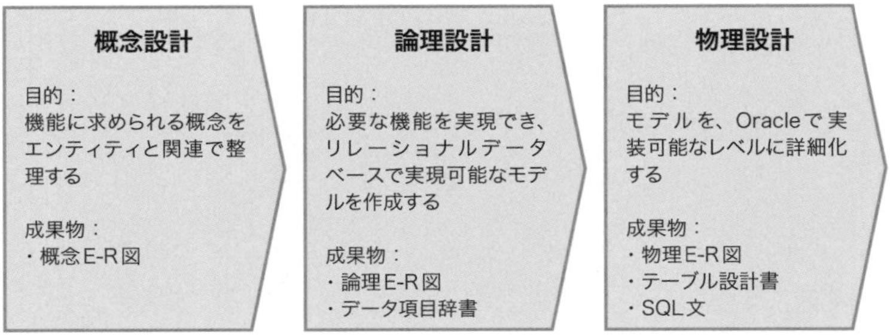

概念設計	論理設計	物理設計
目的： 機能に求められる概念をエンティティと関連で整理する 成果物： ・概念 E-R 図	目的： 必要な機能を実現でき、リレーショナルデータベースで実現可能なモデルを作成する 成果物： ・論理 E-R 図 ・データ項目辞書	目的： モデルを、Oracle で実装可能なレベルに詳細化する 成果物： ・物理 E-R 図 ・テーブル設計書 ・SQL 文

1. 第1ステップ：概念設計

　設計の第1ステップは、概念設計と呼ばれます。概念設計では、データベース化したい領域にどのようなデータがあり、データ同士がどのような関係性にあるかを整理します。

　概念設計では、データをエンティティ（Entity）と呼びます。エンティティとは、実世界における物（モノ）や出来事（コト）に対応する概念だと理解してください。エンティティは、最終的にはテーブルとして実装されます。

　また、エンティティ同士（データ同士）の意味的な関係性を関連（Relationship）と呼びます。エンティティと関連を図として整理したものを、概念E-R図と呼び、これが概念設計における最終的な成果物になります。

2. 第2ステップ：論理設計

　設計の第2ステップは、論理設計と呼ばれます。このステップでは、整理されたデータが必要な機能を実現できることを確認します。また、概念設計で作成した概念E-R図を、リレーショナルデータベースで実現可能なモデルに変換します。

3. 第3ステップ：物理設計

　設計の第3ステップは、物理設計と呼ばれます。物理設計では、第2ステップまでに作成したモデルを、Oracleでそのまま実装できるレベルまで詳細化します。最終的な目標は、CREATE TABLE文を書きあげることです。

　3つのステップは原則的に順番に実行され、前のステップの成果物が次のステップのインプットになります。

　各ステップでやるべきことをしっかりやっておかないと、後続のステップで困ることになります。たとえば、概念設計で必要なデータが記載されていないと、論理設計の段階で、必要なデータがないために機能を実現できないことが判明して、概念設計をやり直すことになります。また、論理設計においてモデルが適切にリレーショナルデータベースに近い形に変換されていないと、物理設計でCREATE TABLE文を書くことができず、論理設計をやり直すことになります。

　これらの 3 ステップは、システム開発の現場で広く知られているものですが、ステップ名や成果物の名前などは開発現場によって若干異なるかもしれません。とはいえ、大枠でやるべきことに大きな違いはありません。

テーブル設計の題材とする業務

　図 5-1 を見ただけで、各ステップで行うべき設計作業を理解することは難しいと思います。そこで、本書ではかんたんな例を題材にしてテーブル設計のやり方を説明します。今回の例では、注文書の登録業務に必要なデータをデータベース化します。

◉図 5-2　今回のテーブル設計で想定する注文書の登録

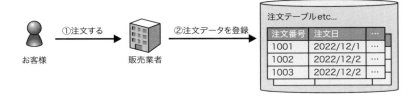

　この注文書の登録業務の特徴は、以下のとおりです[1]。

・注文はすでに登録されているお客様から発行される
　(新しいお客様からの注文発行は原則的にない)
・支払方法として、現金払いと銀行振込を選択できる
・セール値引きや大口割引きのような、商品の特別な値段変更はなし

※ 1　説明の都合上、業務内容を意図的にシンプルにしています。

5.2 第1ステップ – 概念設計

　概念設計では、データベース化したい業務を、機能一覧や、現行の業務で使用しているシステムの画面、帳票などの資料を用いて分析し、概念E-R図を作成します。

　概念E-R図は、データベース化対象範囲をエンティティと関連によって大まかに表現した図です[※2]。

● 図5-3　概念設計のインプットと成果物

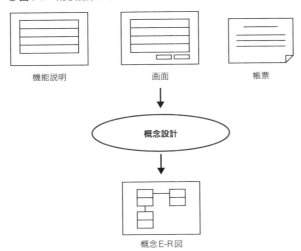

機能説明　　　　　　　画面　　　　　　　帳票

概念設計

概念E-R図

※2　本書では、E-R図の表記方法として、一般的に用いられているE-R図の表記方法を簡略化したものを使用します。実際の開発で使用すべき表記方法が決まっている場合は、その表記方法にしたがって設計作業を行ってください。

テーブル候補を決める - エンティティの抽出

　データベースの主役はテーブルです。概念設計では、テーブルの候補になるもの、すなわちエンティティを見つけることからはじめます。エンティティとは、物（モノ）や出来事（コト）に対応する概念で、最終的にはテーブルとして実装されます。

　エンティティを見つけるには、現行の業務で使われている「番号」や「コード」に着目します。紙やExcelスプレッドシートを用いてデータを管理している場合でも、業務上適切に把握すべきデータには、必ず番号やコードが振られているはずです。たとえば、お客様からの注文を特定するときに、「山田さんからの昨日の注文」としていては、管理が非効率すぎるでしょう。「注文番号」などの番号が振られているはずです。

　具体的な方法としては、実際のデータが表示されている資料（帳票や旧システムの画面など）から、コード値となっている項目を見つけます。そのコードが、データを特定する識別子としての役割を持っているならば、コードで特定されるデータがエンティティになります。

　コードからエンティティを見つける方法がうまくいかない場合は、扱っているデータから名詞を抜き出し、それをエンティティとしてください。

　実際にやってみましょう。今回の設計対象範囲（図5-2）で利用している帳票を、図5-4に記載します。

● 図5-4　利用している帳票

```
                          注文書

注文番号：1234                      注文日：2022/09/16

お客様番号：9999
お客様名：日本太郎
お客様住所：東京都千代田区○○○１－２－３
支払方法：現金払い


明細番号   商品番号   商品名      単価      数量    金額 (円)
-----------------------------------------------------------
      1   A00001   商品A       100       1        100
      2   B00001   商品B       500       2      1,000
      3   C00001   商品C     1,500       1      1,500
-----------------------------------------------------------
合計金額                                         2,600
```

　図5-4からコードを探してみると、「注文番号」「お客様番号」「商品番号」がコードとなっていることがわかります。「明細番号」のような単なる順番を意味する項目は、エンティティの抽出の段階では無視してかまいません。

　「注文番号」「お客様番号」「商品番号」で識別されるデータは、それぞれ「注文」、「お客様」、「商品」です。エンティティの名前はシンプルにしたいので、「お客様」を「顧客」と言い換えて、次の3つをエンティティとします。

・注文
・顧客
・商品

◉図5-5　コードからエンティティを抽出する

　これで、エンティティの抽出が完了です。

情報をテーブル候補に含める - エンティティの属性の抽出

　帳票に存在する各項目は、関連するエンティティの属性となります。エンティティの属性とは、テーブルの列に相当するものと考えてかまいません。帳票に存在するすべての項目について、どのエンティティの属性となるか（ど

のテーブルの列になるか）を決定します。

　今回の例で考えてみると、顧客エンティティに含まれるべき属性は、「顧客番号（お客様番号）」、「顧客名（お客様名）」、「住所（お客様住所）」です。

　同様に、商品エンティティの属性は、「商品番号」、「商品名」、「単価」です。

　しかし、注文エンティティについては、「明細」の扱いが問題となります。図5-4をみると、1つの注文には、3つの明細番号が存在しています。したがって、「明細番号」という1つの属性だけでは、複数の明細番号が存在することを表現できません。じつは、この問題は第2ステップの論理設計で解決するので、ここでは、注文明細のようなくり返し項目については、「明細番号1〜明細番号Nが属性として存在する」と考えてしまってかまいません。

　帳票に存在する各項目とエンティティの属性との対応については、以下の図5-6を参照してください。これで、全エンティティの属性が抽出できました。

◉図 5-6　エンティティの属性を抽出する

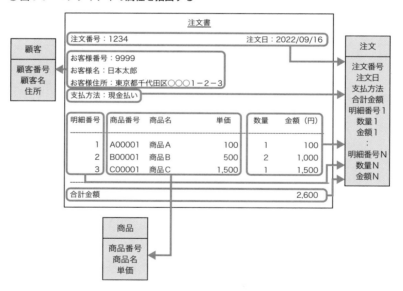

テーブル候補を図に表す － 概念 E-R 図の作成

　概念設計の成果物は、概念 E-R 図です。これまで分析した内容を図に記載して、概念 E-R 図を作成します。説明の都合上、エンティティと属性の抽出が完了してから概念 E-R 図を作る順番で説明していますが、実際には、エンティティと属性の抽出をしながら、同時に図に描き出していくやり方が効率的です。

●エンティティと属性を図に描く

　抜き出したエンティティと属性の記載ルールは、以下のとおりです。

・エンティティを四角に囲む
・エンティティの下に属性をつけて、四角を区切る
・くり返し項目については、コメントで補足する

　今回抽出したエンティティと属性を図に描くと、以下のようになります。

◉図 5-7　エンティティと属性を記載した概念 E-R 図

●エンティティ同士の結びつきを図に描く

　また、概念 E-R 図には、エンティティ同士の結びつきを示す関連も記載します。関連を抽出するには、「データベースで管理したい対象内で、エンティティ同士を結びつける動詞が存在するかどうか」が参考になります。

　たとえば、「顧客」と「注文」、「商品」と「注文」に注目すると、次のようにいえます。

・顧客は注文を " 行う "
・商品は注文に " 含まれる "

　以上のように、エンティティ同士を結びつける動詞がありそうです。したがって、「顧客」と「注文」、「商品」と「注文」には、それぞれ関連があるといえます。
　では、「顧客」と「商品」はどうでしょうか。

・顧客は商品を " 使う "

　以上のような動詞が見つかります。しかし、今回は注文登録システムのデータベースなので、「顧客がどの商品を使っているか」は管理対象ではありません。したがって、今回のシステムでは、「顧客」と「商品」には関連がないといえます。
　概念 E-R 図において、関連は、エンティティ間の線で表現します。関連を図に描くと、以下の図 5-8 が作成できます。ここまでの作業で、概念 E-R 図が完成です。

◉図 5-8　完成した概念 E-R 図

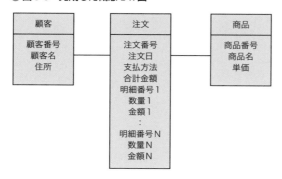

Column

E-R図との付き合い方

　本書では、簡略化したE-R図の表記方法を使いました。世の中には多くのE-R図の表記方法が存在し、それぞれの方法論ごとに、独自の記号を用いた表記ルールが詳細なレベルまで決められています。しかし、実務的には、あまり詳細な表記ルールにこだわるべきではありません。くわしい内容をE-R図に記載したい場合は、コメントなどの文章で補足することをおすすめします。

　E-R図で大事なことは、「E-R図を見るすべての関係者がその意味を理解できる」ということです。細かい表記ルールにこだわっても、そのルールを関係者すべてが熟知しているケースは少ないでしょうから、実務的には意味がありません。

5.3　第 2 ステップ – 論理設計

　概念設計では、データベースで管理するデータを概念 E-R 図として表現しました。ただし、概念 E-R 図は、細かい部分が明確に定義されていません。また、リレーショナルデータベース固有の観点もあまり考慮されていません。たとえば、テーブルの列に指定する必要があるデータ型について、まだきちんと考えていませんし、「明細番号 1 ～明細番号 N」のようなくり返し項目など、列の構成をきっちり決めていないところも残っています。

　論理設計では、リレーショナルデータベースに実装できるように、概念 E-R 図をリレーショナルモデルに変換します。リレーショナルモデルとは、「どのようなテーブルを用いてデータを格納するか」を決めたモデルです。また、「データベースに必要なデータが適切に格納されているか」「リレーショナルモデルが良いモデルになっているか」についても、あわせて検討します。

論理設計でやること

　論理設計では、概念 E-R 図をリレーショナルモデルに変換して、論理 E-R 図を作成します。また、E-R 図に含まれる属性の特徴を整理し、データ項目辞書としてまとめます。データ項目辞書は、データ型や制約を決めるための重要な情報となります。

　これらの作業は、概念設計と同様に、機能説明や画面、帳票も参考にしながら実施します。

● 図 5-9　論理設計のインプットと成果物

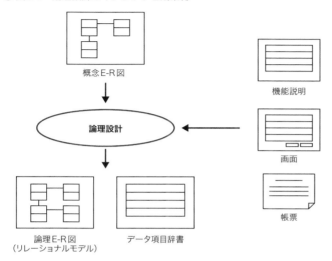

概念E-R図

機能説明

論理設計

画面

帳票

論理E-R図
（リレーショナルモデル）　　データ項目辞書

　なお、論理設計において、エンティティは、テーブルとほぼ同等とみなす
ことができます。属性についても、テーブルの列とほぼ同等とみなすことが
できます。このため、本書では、論理設計におけるエンティティをテーブル、
属性を列と呼ぶことにします。

リレーショナルモデルの基本

　論理設計を始める前に、あらためてリレーショナルモデルの基本的なルー
ルを確認しておきましょう。

■テーブルの構成は、列の組み合わせで決められる

　2.5 節の「テーブルを作成する - CREATE TABLE 文」で触れましたが、
テーブルの構成、すなわち、テーブルにどのようなデータを格納できるかは、
そのテーブルの列の組み合わせによって定義されます。それぞれの列には、
列名と列のデータ型を指定する必要があります。

　また、テーブルに含める列の個数や、列名、列のデータ型は、あらかじめ
明確に定めておく必要があります。列の個数や列名やデータ型を未定のまま

にしておくことはできません。

◉ **図5-10　テーブルの構成は、列の組み合わせで決められる**

○ 注文テーブル

注文番号 （整数最大4桁）	注文日 （日付）	顧客番号 （整数最大4桁）
1001	2022/8/15	9001
1002	2022/8/15	9002

✕ 注文テーブル

注文番号 （整数最大4桁）	注文日 （日付）	顧客番号 （整数最大4桁）	明細1 （未定）	明細2 （未定）	（未定）
1001	2022/8/15	9001	?	?	?
1002	2022/8/15	9002	?	?	?

■テーブルには必ず主キーを設ける

　4.3節の「主キー制約（プライマリーキー制約）」で説明しましたが、主キーは、テーブルに格納されたそれぞれの行データを識別する役割を持つ列（または列の組み合わせ）です。リレーショナルデータベースでは、テーブルに主キーがないと、行データを識別することができません。このため、原則的にすべてのテーブルに主キー列を設けます。主キーとなる列は、通常、「○○ID」「××NO」「△△番号」という列名にすることが多いです。

◉ **図5-11　テーブルには必ず主キーを設ける**

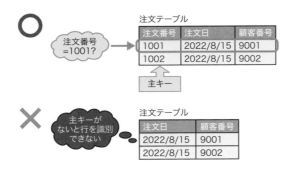

■テーブルとテーブルの関連は外部キーとしてモデル化する

リレーショナルモデルでは、テーブルとテーブルの関連は外部キーを使ってモデル化します。

外部キーを使うと、あるテーブル内の1つのデータに対して、別のテーブル内のデータが対応していることをモデル化できます。たとえば、1つの顧客データに対して、複数の注文データが対応していることをモデル化するためには、注文テーブルに、顧客テーブルの主キーである顧客番号を格納する列をつくり、この列を外部キーとします。

● 図5-12　関連を外部キーとしてモデル化する

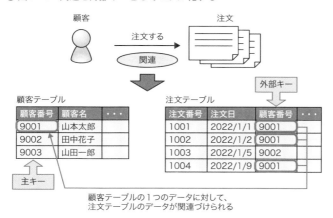

主キーを決める

さて、リレーショナルモデルの基本的なルールをふまえて、概念E-R図をもとに、リレーショナルモデル（論理E-R図）を設計していきましょう。

まず、テーブルの主キーを決めることからはじめます。リレーショナルモデルの基本で説明したとおり、テーブルには、必ず主キーを設ける必要があります。

概念設計では、エンティティを見つける際に番号やコードに着目し、データを特定する識別子としての役割を持っているかを確かめました。識別子、すなわち番号やコードは、そのまま主キーとして利用できます。これまでの

設計（図 5-8）をみると、以下の値が識別子の特性を持っています。これらの列を主キーとして設定します。

・注文テーブルの「注文番号」
・顧客テーブルの「顧客番号」
・商品テーブルの「商品番号」

　主キーは、以下のルールで図に表記します。

・主キーは、テーブルの列で 1 番上に記載する
・主キーには、下線をつける

　以上のルールで図 5-8 を書き換えると、以下の図ができあがります。

◯図 5-13　主キーを記載した論理 E-R 図

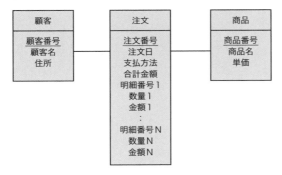

　なお、まれにですが、主キーとして適切な列がテーブルに存在しない場合があります。この場合は、適当な列を作成し、これを主キーとします。この列には 1、2、3、……など、連番を設定します。

くり返し項目を別テーブルに切り出す

　概念設計を行うと、同じ項目がくり返し存在することがあります。たとえ

ば、概念 E-R 図（図 5-8）の注文には、明細番号、数量、金額のくり返し項目があります。もし、図 5-8 を無理やりテーブルにすると、以下の図のようになります。

● 図 5-14　くり返し項目が含まれたまま無理やりテーブルにしたイメージ

注文番号	注文日	支払方法	合計金額	明細番号1	数量1	金額1	・・・	明細番号N	数量N	金額N
1234	2022/09/16	現金払い	2,600	1	・・・	・・・	・・・	N	・・・	・・・
			・・・							
			・・・							

くり返し項目

　上の図では、列の個数が決まっていないため、くり返し項目を「・・・」で記載していますが、リレーショナルモデルでは、このようなテーブルの定義はできません。このため、くり返し項目を別テーブルに切り出します。

　ここでは、以下の図のように、注文テーブルのくり返し項目を「注文明細テーブル」として切り出します。

● 図 5-15　注文の分割

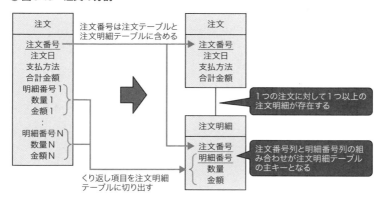

　注文明細テーブルの列に「注文番号」を含めていることに、注意してください。注文番号がないと、識別子に相当する列が「明細番号」だけになってしまい、注文明細テーブルの行データがどの注文の明細であるか識別できません。注文明細テーブルの列に「注文番号」を含め、「注文番号」と「明細

番号」の組み合わせを主キーとします。こうすれば、主キーの値だけで行デ
ータを識別できます。

　また、図 5-8 では、注文テーブルは商品テーブルと関連がありましたが、
この関連を注文明細テーブルと商品テーブルとの関連に変更します。なぜな
ら、「1 つの注文に商品が対応する」のではなく、「1 つの注文明細に商品が
対応する」からです。E-R 図は、以下の図のように変換されます。

● 図 5-16　くり返し項目を分割した論理 E-R 図

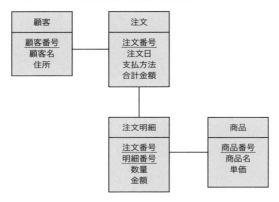

関連の多重度を明らかにする

　関連は、テーブルとテーブルの意味的な結びつきを示したものですが、関
連で結ばれる両側のテーブルにおいて、「1 つのデータに何個のデータが対
応するか」という、数の関係性があります。この数の関係性を、多重度と呼
びます。多重度は、関連の意味合いを補足するために重要な情報なので、設
計段階でこれを明確にしておく必要があります。

　関連の多重度には、以下の 3 つのパターンがあります。最も頻繁にみられ
るのが 1 対多（One to Many）の関係です。

・1 対 1 関連（One to One）
・1 対多関連（One to Many）
・多対多関連（Many to Many）

● 図5-17 関連の多重度3パターン

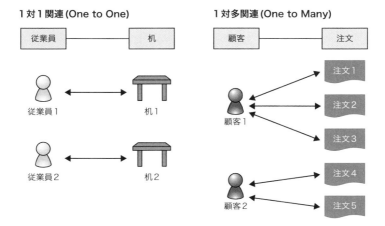

1対1関連 (One to One)

従業員 ──── 机

従業員1 ←→ 机1

従業員2 ←→ 机2

1対多関連 (One to Many)

顧客 ──── 注文

顧客1 → 注文1 / 注文2 / 注文3

顧客2 → 注文4 / 注文5

多対多関連 (Many to Many)

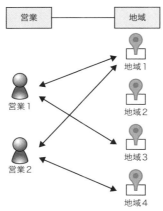

営業 ──── 地域

営業1 / 営業2 ← → 地域1 / 地域2 / 地域3 / 地域4

　E-R図では、多重度を以下のルールで記載します。

・関連の両端に多重度を記載する
・多重度は「1」または「*」で記載する。「*」は「多」(=複数個)を意味する
・Aテーブルに対するBテーブルの多重度(Aテーブルの1つのデータに

対して、Bテーブルのデータがいくつ対応づけられるか）は、Bテーブルの側に記載する

・Bテーブルに対するAテーブルの多重度（Bテーブルの1つのデータに対して、Aテーブルのデータがいくつ対応づけられるか）は、Aテーブルの側に記載する

このルールを用いて、図5-17に示した関連の多重度3パターンを表記すると、以下の図のようになります。

図5-18　関連の多重度の表記方法

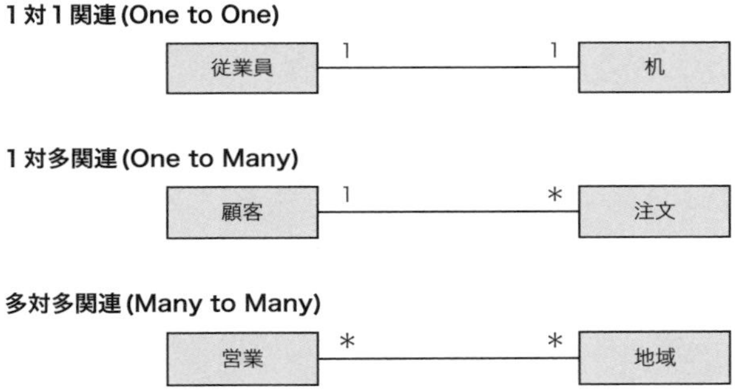
1対1関連(One to One)
従業員
1
1
机
1対多関連(One to Many)
顧客
1
*
注文
多対多関連(Many to Many)
営業
*
*
地域

今回の設計で関連の多重度を考えてみましょう。

まず、図5-16のE-R図に記載された「注文」と「顧客」の関連に着目します。1つの注文に対し、顧客が何人いるかを考えてみると、必ず1人です。1つの注文に対し、ゼロ人の顧客（＝顧客がいない）や2人の顧客が存在することはありません。よって、注文に対する顧客の多重度は1です。

逆の方向も考える必要があります。この関連では、1人の顧客が複数の注文を行うことがあるので、多重度は「多」です。したがって、注文と顧客の関連は、1対多の多重度となります。

図5-16のすべての関連に対して、多重度を記載すると以下の図になります。

● 図 5-19　多重度を記載した論理 E-R 図

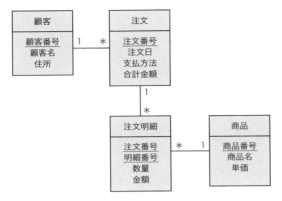

これで、多重度が整理できました。

1 対多関連を外部キーでモデル化する

「リレーショナルモデルの基本」(P.209) で説明しましたが、1 対多関連は、多重度「多」のテーブルに多重度「1」のテーブルへの外部キーを作ることで、モデル化します。

図 5-19 では、顧客テーブルと注文テーブルの関連は 1 対多関連で、注文テーブルが多重度「多」です。このため、注文テーブルに顧客テーブルの主キーである「顧客番号」に対応する外部キーを追加します。外部キーの列には、横に「(FK)」と記載して区別できるようにします。FK は、Foreign Key (外部キー) の略です。

● 図 5-20　1 対多関連を外部キーでモデル化する

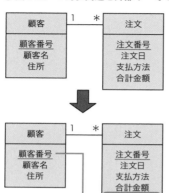

　なお、外部キーのモデル化は、すべての 1 対多関連について行います。図 5-19 の商品テーブルと注文明細テーブルの関連についても、注文明細テーブルに、外部キーとして「商品番号」を追加します。注文テーブルと注文明細テーブルの関連については、すでに「注文番号」があるため、外部キーのための列追加は不要です。図 5-19 について、1 対多関連を外部キーでモデル化すると、以下の図になります。

● 図 5-21　1 対多関連に必要な外部キーを追加した論理 E-R 図

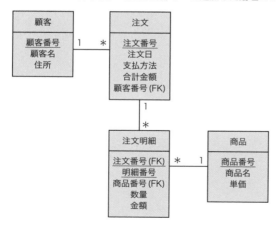

多対多関連を交差テーブルに変換する

1対多関連は、多重度「多」のテーブルに外部キーとなる列を追加することでモデル化できました。しかし、多対多関連の場合は、テーブルに外部キーを追加するだけではモデル化できません。多対多関連は、交差テーブルと呼ばれる特殊なテーブルに変換することでモデル化します。

▶ 図 5-22　多対多関連を交差テーブルに変換する

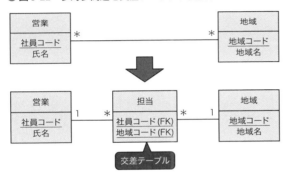

具体的な例を用いて、交差テーブルと多対多関連のモデル化について説明します。今回の設計例（図 5-21）には、多対多の関連はありませんので、別の例として、次のような状況を考えます。

・1人の営業担当が複数の地域を担当し、かつ、1つの地域に複数の営業担当が存在する

◉ 図 5-23　多対多関連の例（営業と担当地域）

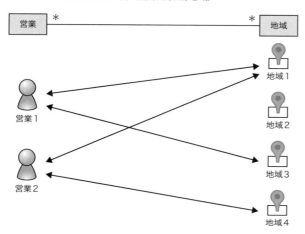

　このデータを、外部キーのみでリレーショナルモデルへのモデル化を試み
てみましょう。まず、営業テーブルに地域テーブルを参照する外部キーを追
加します。今回は 1 人の営業担当が複数の地域を担当するため、外部キーも
複数必要になります。しかし、これはくり返し項目であるため、リレーショ
ナルモデルとしてモデル化できません。

◉ 図 5-24　多対多関連を外部キーのみでモデル化してみる

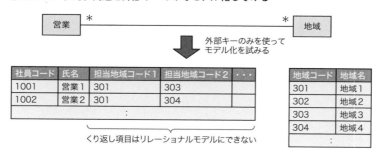

　リレーショナルモデルでくり返し項目をモデル化するために使われる手法
は、その項目を別テーブルに切り出すやり方です。図 5-24 のくり返し項目
についてもテーブルへの切り出しを行います。これが交差テーブルになりま

す。このように交差テーブルを用いることで、多対多関連をモデル化できます。

● 図5-25　多対多関連における交差テーブルの必要性

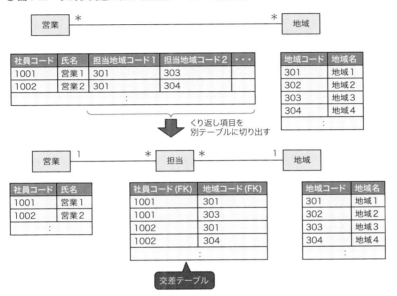

1対1関連を取り除く

多対多関連の次は、1対1関連がないかを確認します。

1対1関連で結び付けられた2つのテーブルは、どちらか1つのテーブルが主体的な役割であり、もう1つのテーブルが補助的（補完的、補足的）な役割であることが多いです。データベース管理やSQL開発の観点からは、一般に、テーブル数は少ないほうが望ましいため、補助的な役割のテーブルを主体的な役割のテーブルに統合します。

具体的な例で説明します。今回の設計例（図5-21）には1対1の関連がありませんので、別の例として、社員テーブルと入社テーブルが1対1の関連を持つ場合を考えます。

●図 5-26　1 対 1 関連を 1 つのテーブルに統合する

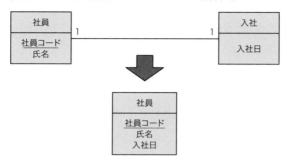

　この例では、入社テーブルには「入社日」という列しかありませんので、社員テーブルの補助的な役割を持ち、あえて独立したテーブルを作る意義は少ないように思われます。このため、入社テーブルを社員テーブルに統合し、社員テーブルに「入社日」という列を作ることで、1 対 1 関連を取り除きます。

重複して存在する列を削除する

　異なるテーブルに同じデータ（列）が重複して存在していると、データの矛盾が発生しやすくなります。同じデータが複数の場所にあると、データを更新するとき、すべてのデータを漏れなく更新しなければいけないためです。そのため、設計の段階で、不要な列を削除し、データが 1 か所だけに存在するようにします。

　具体的な例で考えてみましょう。なんらかの理由で、顧客テーブルと注文テーブルの両方に「顧客名」があるようにモデル化したとします。「顧客名」は顧客に関するデータですから、「顧客名」列は顧客テーブルに存在すべきです。このため、注文テーブルにある「顧客名」列は削除します。削除しても、外部キーである「顧客番号」を介して、顧客テーブルから「顧客名」を得ることができます。

◉ 図 5-27　重複して存在する列を削除する

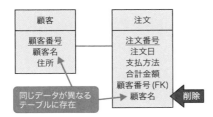

　ただし、システムに求められる機能によっては、重複して存在する列を削除すべきでない場合もあります。図 5-27 の例では、注文テーブルから「顧客名」を削除しました。しかし、過去の注文が存在する状態で「顧客名」を変更すると、過去を含めたすべての注文の「顧客名」が変更されることになります。たいていの場合、この動作はあまり望ましいものではないでしょう。このため、システムに「顧客名」を変更する機能がある場合は、注文テーブルから「顧客名」を削除すべきではありません。

◉ 図 5-28　顧客名の変更が過去の注文に与える影響

注文書表示画面

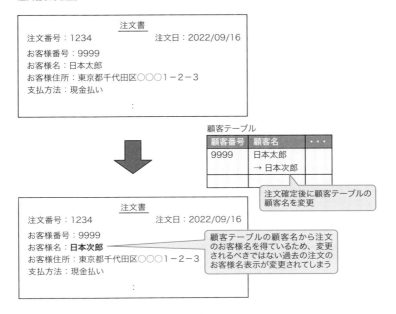

　今回の設計例では、システムに「顧客名」を変更する機能がない（＝要件として顧客名を変更できる必要がない）と仮定して、注文テーブルから「顧客名」を削除することにします。

ほかの列から計算できる列を取り除く

　ある列の値が、ほかの列から計算できる場合、意味的にはデータが重複している形になります。データが重複しているということは、前項で説明した列が重複している場合と同様に、列の値を変更すると、関連する別の列の値も変更する必要が出てくるので、データの整合性を維持する配慮が必要になります。したがって、ほかの列から値を計算できる列は、テーブルから取り除きます。

　今回の設計例で説明すると、図 5-21 における注文テーブルの「合計金額」と、注文明細テーブルの「金額」は、ほかの列から計算可能です。具体的には、以下の計算式となります。

・注文テーブルの「合計金額」＝注文明細テーブルの「金額」の合計
・注文明細テーブルの「金額」＝商品テーブルの「単価」×注文明細テーブルの「数量」

　ただし、ほかの列から計算できる列を機械的に取り除いてよいわけではありません。「重複して存在する列を削除する」（P.222）の例と同様に、「データがあとから変更される場合、問題が発生しないか」について配慮する必要があります。実際にデータがあとから変更されるかどうかは、システムの機能によって決まります。

　システムの一般的な機能を想定すると、今回の例では、注文テーブルの「合計金額」と注文明細テーブルの「金額」が、あとから変更される可能性は少ないでしょう。いったん受けた注文を改ざんするような状態になるためです。よって、注文明細テーブルの「金額」から計算できる注文テーブルの「合計金額」は削除して問題ありません。一方で、商品の「単価」は、値下げなどの理由であとから変更される可能性があるでしょう。もし注文明細テーブル

の「金額」を削除した場合、商品テーブルの「単価」を変更すると、過去の注文明細の「金額」（および注文の「合計金額」）が変わる動作になってしまいます。このため、注文明細テーブルの「金額」は削除すべきではありません[※1]。

● 図 5-29　計算できる列を取り除く（完成した論理 E-R 図）

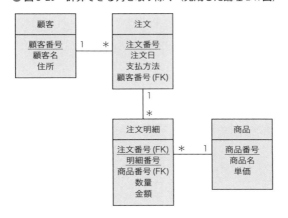

正規形のルールを破っていないかを確認する

　データ構造をテーブルを使ってモデル化しさえすれば、一応リレーショナルモデルにはなります。しかし、そのモデルが良いリレーショナルモデルであるかどうかは別の問題です。

　良いリレーショナルモデルの特徴については、長年の研究の成果により、すでに理論化されています。良いモデルは、「データを更新しても整合性が崩れにくい」という特徴を持っています。

　じつは、ここまで実施してきた手順で設計を進めると、作成されたモデルは自然に良いモデルになります。良いリレーショナルモデルの形式を正規形と呼びます。

※1　じつは、商品の「単価」を変更する機能を完全にするには、商品テーブルに「この情報はいつからいつまで有効」という時間軸の概念を入れる必要があります。しかし、時間軸の概念を含めたテーブル設計については本書の範囲を大幅に超えるため、説明は割愛します。

■正規形になっているかチェックする 2 つのポイント

　論理設計で作成したモデルは、正規形のルールを破っていないかどうか確認し、もし非正規形であれば、適宜対処をして正規形にする必要があります。本書では、正規形のルールを破っていないかについて、2 つのチェックで担保します。

・1. 主キーの一部の値が決まると値が決定する列がないこと
・2. 段階的に値が決定してしまう列がないこと

　なお、今回のモデルでは、以上の 2 つをすでに取り除いた正規形になっています。正規形になっているモデルをチェックしても、チェックの効果を実感しにくいので、ここでは適切にモデル化できていない別の例を使って説明します。

　以下の図 5-30 は、「どの会社にどれだけカタログを送付したか」を記録する、カタログ送付履歴テーブルの図です。

◉ 図 5-30　カタログ送付履歴テーブル（非正規形の例として）

```
┌──────────────┐
│ カタログ送付履歴 │
├──────────────┤
│  送付年月日   │
│  会社コード   │
│   会社名     │
│   会社住所    │
│  地区コード   │
│   地区名     │
│   送付部数    │
└──────────────┘
```

1. 主キーの一部の値が決まると値が決定する列はないか

　まず最初のチェックでは、主キーの一部の値が決まると、値が決定する列がないことを確認します。なお、具体的なデータがないと直観的に理解しにくいため、以後はデータ例を併記しながら説明します。

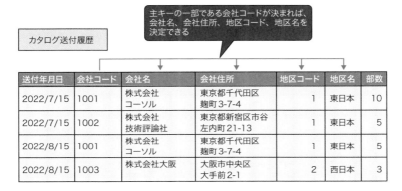

● 図 5-31　カタログ送付履歴テーブルのデータ

カタログ送付履歴テーブルの主キーは「送付年月日」と「会社コード」の組み合わせです。図 5-31 をみると、「会社名」、「会社住所」、「地区コード」、「地区名」は、主キーの一部である「会社コード」が決まれば、値が決定する列です。このような場合は、以下の図のようにテーブルを分割します。これにより、主キー（のみ）で、列の値が決定される状態になります。

● 図 5-32　主キーの一部で値が決定する列を分割

送付年月日	会社コード(FK)	部数
2022/7/15	1001	10
2022/7/15	1002	5
2022/8/15	1001	5
2022/8/15	1003	3

会社コード	会社名	会社住所	地区コード	地区名
1001	株式会社コーソル	東京都千代田区麹町3-7-4	1	東日本
1002	株式会社技術評論社	東京都新宿区市谷左内町21-13	1	東日本
1003	株式会社大阪	大阪市中央区大手前1-1	2	西日本

2. 段階的に値が決定してしまう列はないか

次のチェックでは、段階的に値が決定してしまう列がないことを確認します。

段階的に値が決定する列とは、「主キーが決まる→列 A の値が決まる→別の列 B の値が決まる」といった列のことです[1]。実際に図 5-32 で確認してみ

※ 1　正規化理論では「推移的」という用語を使いますが、分かりやすさを重視して、ここでは「段階的」という用語を使っています。

ましょう。

　会社テーブルにある「地区名」は、「地区コード」が決まると値が決定する列です。「会社コード」が決まる→「地区コード」が決まる→「地区名」が決まるという、段階的に値が決まるようになっています。このような場合は、以下の図のようにテーブルを分割します。

◉ 図 5-33　段階的に値が決定する列を分割

送付年月日	会社コード(FK)	部数
2022/7/15	1001	10
2022/7/15	1002	5
2022/8/15	1001	5
2022/8/15	1003	3

会社コード	会社名	会社住所	地区コード(FK)
1001	株式会社コーソル	東京都千代田区麹町3-7-4	1
1002	株式会社技術評論社	東京都新宿区市谷左内町21-13	1
1003	株式会社大阪	大阪市中央区大手前1-1	2

地区コード	地区名
1	東日本
2	西日本

　正規形であることを確認するためには、ここで説明した2つのチェックを行います。チェックに合致していない場合はテーブルを分割し、モデルを正規形に修正します。

列に設定するデータ項目の特徴を整理する

　テーブルのモデルが完成したら、テーブルの列に設定するデータ項目について、以下の表のような情報をデータ項目辞書として整理します。これらの情報は、実際に使用されるデータに応じて決定されます。

◉ 表 5-1　一般的にデータ項目辞書に記載する情報

データ項目名	データ項目の名称。一般に、このデータ項目を使用する列名または列名に類似した名前となる
データ種別	数値、文字列などのデータの種別
サイズ	数値の桁数や文字列の文字数などのサイズ
取り得る値および制約	取り得る値のリスト、値の範囲、値が満たすべき制約（ルール）
説明	データ項目の説明
使用されるテーブルおよび列	このデータ項目を使用するテーブルと列 1つのデータ項目が複数のテーブルや列で使用される場合がある

　今回の設計例において、データ項目辞書を作成すると以下のようになります。サイズなど、これまで得られた情報からは決定が難しいものもありますが、現在使われているデータや、今後予想される変化を想定して決定します。

▶ 表5-2　主要な列のデータ項目辞書

データ項目名	データ種別	サイズ	取り得る値および制約	説明	使用されるテーブルおよび列
注文番号	整数	4桁固定	注文テーブル上で一意	注文を識別する番号	注文.注文番号 注文明細.注文番号
注文日	日付			お客様より注文を受けた日	注文.注文日
支払方法	文字列(日本語含む)	最大10文字	現金払い 銀行振込	注文の支払方法	注文.支払方法
明細番号	整数	最大5桁	値は1以上	同一注文で明細を識別する番号	注文明細.明細番号
商品数量	整数	最大10桁	値は1以上	ある注文明細における各製品の注文数	注文明細.数量
明細金額	整数	最大10桁	値は1以上	ある注文明細における合計金額	注文明細.金額
お客様番号	整数	4桁固定	顧客テーブル上で一意	お客様を識別する番号	顧客.顧客番号 注文.顧客番号
お客様名	文字列(日本語含む)	最大40文字		お客様の名前	顧客.顧客名
お客様住所	文字列(日本語含む)	最大200文字		お客様の住所	顧客.住所
商品番号	英数字	6桁固定	商品テーブル上で一意	商品を識別する番号	商品.商品番号 注文明細.商品番号
商品名	文字列(日本語含む)	最大40文字	商品テーブル上で一意	商品名	商品.商品名
商品単価	整数	最大10桁	値は1以上	商品の単価	商品.単価

　場合によっては、データ項目辞書を作成しないこともあります。しかし、やり方はさておき、なんらかの形で、列に設定するデータの特徴を整理しておく必要があります。データの特徴を整理しておかないと、あとの物理設計でデータ型や制約を設計するときに困ってしまいます。

業務に必要なデータがデータベース化されているかチェックする

　論理 E-R 図で定義されたモデルとモデルに格納されるデータを用いて、業務が実現できることをチェックします。現行業務を参考にデータベース化しているため、原則的に必要なデータが含まれているはずですが、万が一作成したモデルにテーブルや列が不足している場合は追加します。

　ここまでの作業で、論理設計が終了です。図 5-29（P.225）が完成した論理 E-R 図です。列のデータ型については、データ項目辞書の記載内容をふまえて別途決める必要がありますが、図 5-29 はリレーショナルモデルになっています。

5.4　第3ステップ - 物理設計

　論理設計の結果作成された論理 E-R 図におけるテーブルと列は、Oracle におけるテーブルと列に対応します。しかし、そのまま機械的に Oracle 上に実装できるわけではありません。

　物理設計では、論理設計まで進めてきたモデルをもとに、物理名（テーブル名、列名）や、Oracle データベースの構成に合わせた部分を検討／決定します。これらの作業の結果、物理 E-R 図、テーブル設計書、SQL（CREATE xxx 文）を作成します。

▶図 5-34　物理設計のインプットと成果物

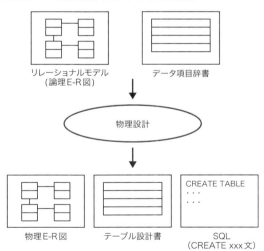

Oracle がオブジェクトにストレージ領域を割り当てるしくみ

　物理設計では、論理設計で得られたモデルを Oracle で利用できるまでに詳細化していきます。この作業において必要になってくるのが、Oracle がテーブル、インデックスなどのオブジェクトに対してストレージ領域（ディスク領域、データ保存用の記憶域）を割り当てるしくみについての理解です。

■ Oracle は表領域からオブジェクトにストレージ領域を割り当てる

　オブジェクトにはデータが格納されるため、当然ですがそのデータに応じたストレージ領域が必要です。Oracle では、オブジェクトのデータ格納用領域を、あらかじめ構成した表領域（永続表領域）から割り当てるしくみになっています。

　ただし、表領域自体はストレージ領域を持つものではなく、あくまでも実体はファイル（データファイル）です。表領域は 1 つ以上のデータファイルから構成され、オブジェクトが使用する実際のストレージ領域はデータファイルからブロック単位（固定サイズの領域。通常 8K バイト）で割り当てられます[※1]。表領域は、複数のデータファイルを束ねた、オブジェクトにデータ格納用領域を割り当てるための「仮想的な箱」のようなものと考えてください。

⦿ 図 5-35　Oracle がストレージ領域を割り当てるしくみ

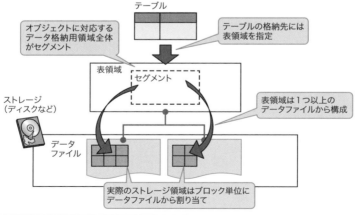

※1　領域割り当ての基本単位はブロックですが、内部処理的には、処理効率化のために複数の
　　　ブロックをまとめて管理します。たとえば、テーブルサイズを拡張するときは、1 ブロッ
　　　クずつ領域を追加するのではなく、複数のブロックを一括で追加します。

　オブジェクトに対応するデータ格納用領域全体を、セグメントと呼びます。一部の例外を除き、1つのオブジェクトには1つのセグメントが対応します。データを保持するオブジェクトを作成すると、対応するセグメントが自動的に作成されます。

　なお、これまでオブジェクト作成時に特に表領域を指定しませんでした。接続先PDBにおけるユーザーのデフォルト表領域がUSERS表領域であるため、じつはこの表領域にオブジェクト（セグメント）が格納されています。

■表領域を作成する － CREATE TABLESPACE 文

　学習などの目的では、デフォルト表領域であるUSERS表領域にオブジェクトを格納してまったく問題ありません。しかし、通常の用途では、オブジェクトを格納するための表領域を別途準備します。原則的に、アプリケーションごとに専用の表領域を作成して、その表領域に、アプリケーションに関連するオブジェクトだけを格納するようにしてください。

　表領域を作成するには、管理権限を持ったユーザーでPDB[※2]に接続し、CREATE TABLESPACE 文を実行します。

● 構文　CREATE TABLESPACE 文

```
CREATE TABLESPACE <表領域名>
    DATAFILE '<データファイルのパス>' SIZE <サイズ> [REUSE] [AUTOEXTEND ON]
        [, '<データファイルのパス>' SIZE <サイズ> [REUSE] [AUTOEXTEND ON]
        , ... ];
```

　DATAFILE句には表領域を構成するデータファイルを指定します。表領域を複数のデータファイルで構成する場合、カンマで区切ってデータファイルのパスとサイズなどを並べます。

　DATAFILE句に指定するパラメータについては、以下の表を確認してください。

※2 CDBルートに表領域を作成することも可能です。ただし、データはPDBに格納すべきなので、多くの場合、PDBに表領域を作成することになるはずです。

● 表 5-3　DATAFILE 句に指定するパラメータ

パラメータ	内容
データファイルのパス	データファイルのパスを指定します。 拡張子は任意ですが、一般的には dbf が用いられます。
SIZE < サイズ >	データファイルのサイズを指定します。 "2M" などの単位系を使用して指定できます。単位系を指定しない場合はバイト単位として扱われます。
REUSE	指定したデータファイルのパスに、すでにデータファイルが存在していた場合は、これを再利用します。 再利用されたデータファイルに格納されていたデータはすべて失われます。
AUTOEXTEND ON	データファイルの自動拡張を ON とします。自動拡張が ON の場合、表領域内の空き領域が不足した場合、自動的にデータファイルが拡張されます。 AUTOEXTEND ON を指定しないと、自動拡張は OFF となります。

　表領域のサイズは、表領域に格納するすべてのオブジェクトのサイズの合計をもとに決定します。サイズの見積もり方法は、「テーブル、インデックスのサイズを見積もる」（P.242）で説明します。将来データ量の増加やテーブルの追加が見込まれる場合は、それを想定して、あらかじめ大きめのサイズにしておくほうがよいでしょう。表領域が複数のデータファイルから構成される場合、表領域のサイズは、データファイルのサイズを合計したものになります。

　なお、データファイルの自動拡張を ON にしておくと、表領域の空き領域が不足したとき、自動的にファイルサイズが拡張されます。

　以下に、表領域の作成例を示します。なお、管理ユーザーで PDB に接続する点に注意してください。

● 実行結果 5-1　表領域の作成例

```
SQL> connect system/Password1@localhost:1521/orclpdb
接続されました。
SQL> CREATE TABLESPACE tbs01
  2    DATAFILE
  3      'c:\oracle\oradata\orcl\orclpdb\tbs01_1.dbf' SIZE 100M AUTOEXTEND ON
  4    , 'c:\oracle\oradata\orcl\orclpdb\tbs01_2.dbf' SIZE 100M AUTOEXTEND ON;

表領域が作成されました。
```

表領域を構成するデータファイルのパスは、「c:¥oracle¥oradata¥orcl¥orclpdb¥tbs01_1.dbf」と「c:¥oracle¥oradata¥orcl¥orclpdb¥tbs01_02.dbf」です。共にサイズは100MB、自動拡張 ON としています。

なお、ここでは、ファイルパスの表記方法は Windows を想定しています。Linux や UNIX の場合、ファイルパスは「/u01/app/oracle/oradata/orcl/orclpdb/tbs01_01.dbf」などとなるでしょう。

■テーブル作成時に格納先表領域を指定する

テーブル作成時に格納先となる表領域を指定するには、CREATE TABLE 文に TABLESPACE 句を指定します。

● 構文 CREATE TABLE 文（表領域指定あり）

```
CREATE TABLE <テーブル名>(<列名> <データ型>,
                        <列名> <データ型>,
                        …
) TABLESPACE <表領域名>;
```

TABLESPACE 句を省略した場合は、ユーザーのデフォルト表領域にテーブルが格納されます。

以下に、先ほどの実行結果 5-1 で作成した表領域 tbs01 に、テーブルを作成する例を示します。

● 実行結果 5-2 表領域 tbs01 にテーブルを作成する例

```
SQL> CREATE TABLE tbl01 (id NUMBER, col1 VARCHAR2(100)) TABLESPACE tbs01;

表が作成されました。
```

それぞれのユーザーにはデフォルト表領域が指定されており、格納先表領域を指定せずオブジェクトを作成すると、この表領域にオブジェクトが格納されます。ユーザーのデフォルト表領域は、「SELECT default_tablespace FROM DBA_USERS WHERE username ='<ユーザー名>'」で確認できます。

◉**実行結果 5-3　test ユーザーのデフォルト表領域を確認**

```
SQL> SELECT default_tablespace FROM DBA_USERS WHERE username ='TEST';

DEFAULT_TABLESPACE
------------------------------------------------------------
USERS
```

　ユーザーのデフォルト表領域を指定する方法については、4.5 節の「ユーザーを作成する - CREATE USER 文」（P.173）を参照してください。

┌─ Column ─

データディクショナリビュー

　上記に記載した「DBA_USERS」、6.3 節で説明する「V$PARAMETER」などは、データディクショナリビューと呼ばれる、データベースの管理情報や設定情報などを確認できる特殊なオブジェクトです。

　Oracle には 2000 以上のデータディクショナリビューがあり、さまざまな情報を確認できます。データディクショナリビューの一覧はマニュアル「Oracle Database リファレンス」に記載されています。

　なお、データディクショナリビューの多くは、参照するために管理者権限が必要です。

■**表領域を削除する - DROP TABLESPACE 文**

　表領域を削除するには、DROP TABLESPACE 文を実行します。

◉**構文　DROP TABLESPACE 文**

```
DROP TABLESPACE <表領域名> [INCLUDING CONTENTS [AND DATAFILES]];
```

　表領域にオブジェクトが格納されていると、表領域を削除できません。INCLUDING CONTENTS 句を指定すれば、格納されたオブジェクトと共に表領域を削除できます。

　また、INCLUDING CONTENTS AND DATAFILES 句を指定すると、表領域を構成するデータファイルを削除できます。逆に、INCLUDING CONTENTS AND DATAFILES 句を指定しないと、データファイルは未

使用状態のまま残る形になり、別途 OS のファイル削除コマンドでデータファイルを削除する必要があります。

　以下に、オブジェクトが格納されている表領域を削除する例を示します。INCLUDING CONTENTS 句を指定しないと、表領域が削除できない点に注意してください。

●実行結果 5-4　オブジェクトが格納されている表領域を削除する

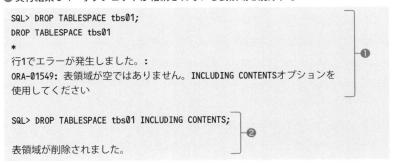

```
SQL> DROP TABLESPACE tbs01;
DROP TABLESPACE tbs01
*
行1でエラーが発生しました。：
ORA-01549: 表領域が空ではありません。INCLUDING CONTENTSオプションを
使用してください

SQL> DROP TABLESPACE tbs01 INCLUDING CONTENTS;

表領域が削除されました。
```

❶ 表領域 tbs01 を削除しようして、エラー（ORA-01549）が発生しています。エラーの原因は表領域 tbs01 にオブジェクトが存在していたためです。

❷ INCLUDING CONTENTS オプションを指定したため、表領域の削除に成功しました。表領域 tbs01 のオブジェクトは表領域と一緒に削除されます。

物理名を決める

　Oracle のしくみを学習したところで、物理設計をはじめましょう。まず、Oracle にテーブルを実装する際に用いる物理名を決めます。

　論理設計までは、テーブルや列の名前について、特に制限を設けていませんでした。Oracle では、テーブルや列の名前に制限があるため、論理設計までで利用していたテーブルや列の名前をそのまま利用できないことがあります。

　また、通常、開発プロジェクトごとに、テーブルや列の名前のつけ方を決

めた命名規約（命名ルール）があるはずなので、これにしたがわなくてはいけません。たとえば、「テーブル名には日本語を使わず、先頭に 3 文字の機能名を示す略号を置き、そのあとテーブルの意味を表す英単語を付ける」などです。開発プロジェクトのなかで、テーブルの名前のつけ方がバラバラでは混乱します。

　物理設計では、これらの制限や規約にしたがって、SQL で使用するテーブル名や列名（物理名）を決定します。

■ Oracle におけるテーブル名、列名に対する制限

　Oracle におけるテーブル名、列名に対する制限は以下のとおりです。

・データベースキャラクタセットに含まれる文字が使用できる。ただし、ダブルクォート (") と NULL 文字は使用不可
・名前の長さは 30 バイト以下（Oracle 12c R1 以前）、または 128 バイト以下（Oracle 12c R2 以降）

　データベースキャラクタセットは、データベースで使用する文字コードに相当し、データベース作成時に指定します。詳細は、「データベースの構成を設定する」（P.34）を参照してください。

　名前に日本語を使用する場合、必要なバイト数が増えがちな点については、十分に注意してください。特に、データベースキャラクタセットが AL32UTF8 の場合、日本語の文字は、たいてい 1 文字が 3 バイトになります。このため、Oracle 12c R1 までのバージョンでは、名前の最大長は 10 文字となり、制限内で名前をうまく収めるのに、意外と苦労します。

■ 物理名を決定する

　今回の設計について、物理名を決定してみましょう。今回の設計では、ひと目でテーブルを示していると判断できるように、テーブル名には「TBL_」を先頭に置きます。さらに、論理設計のテーブル名を英訳し、「_」（アンダースコア）で単語を結合することにします。列名は、論理設計の列名を英訳し、「_」（アンダースコア）で単語を結合することにします。

◉ 表 5-4 物理名を決める

テーブル論理名	テーブル物理名	列 論理名	列 物理名
注文	TBL_ORDER	注文番号	ORDER_NO
		注文日	ORDER_DATE
		支払方法	PAY_TYPE
		顧客番号	CUSTOMER_NO
注文明細	TBL_ORDER_ITEM	注文番号	ORDER_NO
		明細番号	ORDER_ITEM_NO
		商品番号	PRODUCT_NO
		数量	ORDER_NUM
		金額	ITEM_ACCOUNT
顧客	TBL_CUSTOMER	顧客番号	CUSTOMER_NO
		顧客名	CUSTOMER_NAME
		住所	CUSTOMER_ADDRESS
商品	TBL_PRODUCT	商品番号	PRODUCT_NO
		商品名	PRODUCT_NAME
		単価	PRICE

　論理 E-R 図に記載されているテーブル名（テーブル 論理名）、列名（列論理名）を物理名に変更すると、物理 E-R 図を作成できます。

◉ 図 5-36 物理 E-R 図

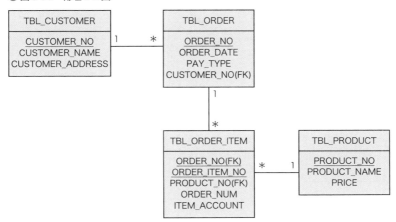

列のデータ型、サイズを決める

　データ項目辞書の内容と Oracle のデータ型の特徴にしたがい、列のデータ型とサイズを決定します。Oracle で使用できるデータ型については、2.5節の「データ型とは」（P.72）を参照してください。

　なお、文字列データ型では、データサイズをバイト単位または文字単位のどちらで定義するか選択する必要があります。今回は、文字単位でデータサイズを定義することにします。なお、文字列データ型のデータサイズをバイト単位で定義する場合は、2.5 節の「文字データ型の扱い」（P.74）で説明したとおり、日本語の 1 文字に対応するバイト数は、データベースキャラクタセットにより異なることに注意してください。

　今回の設計では、それぞれのテーブルの列のデータ型およびサイズを以下のように決めています。

⦿表5-5　データ型、サイズを決める

テーブル論理名	テーブル物理名	列 論理名	列 物理名	データ型・サイズ
注文	TBL_ORDER	注文番号	ORDER_NO	NUMBER(4)
		注文日	ORDER_DATE	DATE
		支払方法	PAY_TYPE	VARCHAR2(10 CHAR)
		顧客番号	CUSTOMER_NO	NUMBER(4)
注文明細	TBL_ORDER_ITEM	注文番号	ORDER_NO	NUMBER(4)
		明細番号	ORDER_ITEM_NO	NUMBER(5)
		商品番号	PRODUCT_NO	CHAR(6)
		数量	ORDER_NUM	NUMBER(10)
		金額	ITEM_ACCOUNT	NUMBER(10)
顧客	TBL_CUSTOMER	顧客番号	CUSTOMER_NO	NUMBER(4)
		顧客名	CUSTOMER_NAME	VARCHAR2(40 CHAR)
		住所	CUSTOMER_ADDRESS	VARCHAR2(200 CHAR)
商品	TBL_PRODUCT	商品番号	PRODUCT_NO	CHAR(6)
		商品名	PRODUCT_NAME	VARCHAR2(40 CHAR)
		単価	PRICE	NUMBER(10)

制約を決める

リレーショナルモデルのキーやデータ項目辞書にまとめられた列の特徴にしたがい、列の制約を設定します。列に制約を設定すると、仮にアプリケーションやデータベース管理者が誤った処理を行ったとしても、不適切な値がその列に設定されることを防ぐことができます。

■チェック制約でデータを保護する

取り得る値が決まっている列には、チェック制約を設定して、格納される値に制限をかけます。今回の設計例では、注文テーブルの支払方法列は「現金払い」または「銀行振込」を取ることになっていますので、チェック制約で「CHECK(PAY_TYPE IN ('現金払い', '銀行振込'))」を設定することにします。また、注文明細テーブルの数量、金額、および商品テーブルの単価にも「値は1以上」を強制するチェック制約を設定します。

■ NOT NULL 制約で列値の指定を必須化する

値を必ず設定する必要がある列には、NOT NULL 制約を設定して、NULL 値が入力されないこと、すなわち、列に値を設定することを強制します。

今回の設計例では、すべての列に NOT NULL 制約を付与します。

■制約でキーを実装する

主キーと外部キーは、それぞれ主キー制約、外部キー制約として実装します。一意性が必要な列には、一意制約を実装します。これらを制約として実装しないと、重複したデータが格納されたり、外部キーで関連付けたテーブル間で対応するデータが存在しなかったり、さまざまな問題が発生する可能性があります。

今回の設計例では、論理 E-R 図のキー指定にしたがい、主キー制約、外部キー制約を実装します。商品テーブルの商品名列には一意性が必要なため、この列に一意キーを実装します。

インデックスを付ける列を決める

　インデックスを利用した検索は、インデックスを利用しない検索と比べて、非常に高速です。大量の行があるテーブルから少数の行を検索する場合は、検索条件に指定される列にインデックスを作成することを検討します。

■インデックスを付ける列を決める方法

　インデックスを付ける列を決定するには、実際にどのような検索が実行されるかを検討します。その想定された検索の検索条件（WHERE 句で指定する条件）となる列に、インデックスを付けます。

　今回の設計例では、帳票を作成するために、以下の条件で検索が実行されるとします[1]。

・注文番号から、その注文番号に関する顧客、注文明細、商品を検索する
・ある期間内に注文された注文を検索する

　注文番号からの検索は、主キーを使ってデータを特定できます。具体的には、「注文番号」が決まると「顧客番号」が決まり、その「顧客番号」で「顧客」が検索されます。また、「注文番号」が決まると、その「注文番号」から、「注文明細」が決まります。すると、「商品番号」が決まって、「商品番号」で「商品」が決まります。

　Oracle では、主キーおよび一意キーに自動的にインデックスが作成されます。このため、主キーまたは一意キーだけを使って行が特定できる場合は、インデックスを追加する必要はありません。

　期間内の注文検索では、注文日にインデックスがあれば、インデックスを使って検索を実行できます。

テーブル、インデックスのサイズを見積もる

　テーブルやインデックスのサイズは、データの量や行のサイズにより大き

※1　実際のシステムでは、これ以外にもさまざまな検索が実行されるはずですが、紙面の都合上、かんたんにします。

く異なります。システムの運用を開始してから、ストレージ領域が不足する
などの問題が発生しないよう、テーブルやインデックスのサイズを正確に見
積もり、それらを格納する表領域のサイズを十分大きなものにしておくべき
です。

Oracle では、テーブルのサイズを見積もるプロシージャとして DBMS_
SPACE.CREATE_TABLE_COST[2] を提供しています（インデックスの場
合、DBMS_SPACE.CREATE_INDEX_COST[2]）。Oracle Enterprise
Manager Cloud Control[3] からもサイズ見積もりが可能です。

■プロシージャを用いてテーブルサイズを見積もる

プロシージャは PL/SQL プログラムから呼び出して実行します。PL/SQL
は、Oracle 専用のプログラミング言語です。PL/SQL の詳細は、本書の範
囲を超えるため、実行例を示すだけにとどめておきます。詳細については、
マニュアル「Oracle Database 開発ガイド」を参照してください。また、行
サイズの平均値の算出方法については、コラム（P.244）を参照してください。

以下の例では、DBMS_SPACE.CREATE_TABLE_COST を呼び出す PL/
SQL プログラムを実行しています。

● 実行結果 5-5　DBMS_SPACE.CREATE_TABLE_COST の実行例（PL/SQL プログラム）

```
SQL> DECLARE
  2    ub NUMBER;
  3    ab NUMBER;
  4  BEGIN
  5    DBMS_SPACE.CREATE_TABLE_COST(
  6      tablespace_name => 'USERS',   -- オブジェクトを格納する表領域
  7      avg_row_size => 100,          -- テーブルの平均行サイズ
  8      row_count => 10000,           -- テーブルの行数
  9      pct_free => 10,               -- ブロック内の余裕率（空きスペースの割合）
 10      used_bytes => ub,
 11      alloc_bytes => ab);
```

※2 DBMS_SPACE.CREATE_TABLE_COST、DBMS_SPACE.CREATE_INDEX_COST は、
Oracle データベースに事前定義済みのプロシージャです。Oracle には これ以外にも多数
のプロシージャが用意されています。詳細はマニュアル「Oracle Database PL/SQL パッ
ケージおよびタイプ・リファレンス」を参照してください。
※3 Oracle Enterprise Manager Cloud Control は、オラクル社が提供するシステム管理ソフト
ウェアです。

```
12    DBMS_OUTPUT.PUT_LINE('Used Bytes      = ' || TO_CHAR(ub));
13    DBMS_OUTPUT.PUT_LINE('Allocated Bytes = ' || TO_CHAR(ab));
14  END;
15  /
Used Bytes      = 1171456
Allocated Bytes = 2097152

PL/SQLプロシージャが正常に完了しました。
```

　上記の実行結果5-5における「Allocated Bytes」が、実際のテーブルのサイズに対応します。

平均行サイズの算出方法

　平均行サイズ（行サイズの平均値）の算出式は以下のとおりです。

・平均行サイズ＝３バイト（レコードヘッダのサイズ）
　　　　　　　＋列１の平均列サイズ＋列２の平均列サイズ
　　　　　　　＋・・・列Ｎの平均列サイズ
・平均列サイズ＝１バイト（列ヘッダのサイズ[1]）
　　　　　　　＋平均列データサイズ（列データのサイズの平均値）

　列データのサイズは、データ型および格納されているデータにより異なります。詳細は、以下の表を参照してください。

◉ 表5-6　主要なデータ型の列データサイズ

データ型	固定 / 可変	列データサイズ
NUMBER 型	可変	1 + (" データの有効桁数÷ 2" を整数に切り上げ) バイト[2]
VARCHAR2 型	可変	格納されている文字列データのバイト数
CHAR 型	固定 または 可変	格納されている文字列データ（末尾に自動追加される空白文字を含む）のバイト数

※ 1　列データのサイズが 251 バイトを超える場合は 3 バイト
※ 2　一部の例外ケースでは、上記算出式と異なるサイズになりますが、テーブルサイズ見積もりの観点では厳密性が不要なため、詳細な説明を割愛します。

電子書籍を読んでみよう！

技術評論社　GDP	検索

と検索するか、以下のURLを入力してください。

https://gihyo.jp/dp

1. アカウントを登録後、ログインします。
   【外部サービス(Google、Facebook、Yahoo!JAPAN)
   でもログイン可能】

2. ラインナップは入門書から専門書、
   趣味書まで 1,000 点以上！

3. 購入したい書籍を 🛒 に入れます。
   カート

4. お支払いは「**PayPal**」「**YAHOO!ウォレット**」にて
   決済します。

5. さあ、電子書籍の
   読書スタートです！

Software Design WEB+DB PRESS も電子版で読める

電子版定期購読が便利!

くわしくは、
「Gihyo Digital Publishing」
のトップページをご覧ください。

電子書籍をプレゼントしよう! 📖

Gihyo Digital Publishing でお買い求めいただける特定の商品と引き替えが可能な、ギフトコードをご購入いただけるようになりました。おすすめの電子書籍や電子雑誌を贈ってみませんか?

こんなシーンで… ●ご入学のお祝いに ●新社会人への贈り物に ……

◉**ギフトコードとは?** Gihyo Digital Publishing で販売している商品と引き替えできるクーポンコードです。コードと商品は一対一で結びつけられています。

くわしい**ご利用方法**は、「**Gihyo Digital Publishing**」をご覧ください。

電脳会議 紙面版

新規送付の
お申し込みは…

ウェブ検索またはブラウザへのアドレス入力の
どちらかをご利用ください。
Google や Yahoo! のウェブサイトにある検索ボックスで、

| 電脳会議事務局 | 検　索 |

と検索してください。
または、Internet Explorer などのブラウザで、

https://gihyo.jp/site/inquiry/dennou

と入力してください。

一切
無料！

「電脳会議」紙面版の送付は送料含め費用は
一切無料です。
そのため、購読者と電脳会議事務局との間
には、権利&義務関係は一切生じませんので、
予めご了承ください。

技術評論社　　電脳会議事務局
〒162-0846　東京都新宿区市谷左内町21-13

| DATE 型 | 固定 | 7 バイト |
| TIMESTAMP 型 | 可変 | 11 バイト※3 |

オブジェクトを格納する表領域を作成する

　テーブルやインデックスなどのオブジェクトは、表領域というストレージ領域に格納されます。一般に、アプリケーションごとに専用の表領域を作成し、関連するオブジェクトを格納します。作成する表領域には、格納するオブジェクトのサイズを見積もり、十分な表領域のサイズを指定する必要があります。

　今回の設計では、以下のような表領域を作成することにします。

・表領域の名前：ORDER_TBS
・表領域のサイズ：100MB

　表領域を作成する SQL は、以下のとおりです。

◉ リスト 5-1　表領域 ORDER_TBS の作成

```
CREATE TABLESPACE order_tbs DATAFILE
 'c:\oracle\oradata\orcl\orclpdb\order_tbs01.dbf' SIZE 100M AUTOEXTEND ON;
```

　表領域を構成するデータファイルのパスは、c:\oracle\oradata\orcl\orclpdb\order_01.dbf、サイズは100MB、自動拡張 ON としています。

　なお、これから作成する CREATE TABLE 文や CREATE INDEX 文の TABLESPACE 句には、ここで作成した表領域 ORDER_TBS を指定して、格納先表領域とします。

オブジェクトの所有ユーザーを作成する

　Oracle では、すべてのオブジェクトに所有者となるユーザーがいます。一般に、関連するオブジェクトは所有者を同じユーザーにします。そして、

※3 秒の少数部分にデータがない場合は例外的に 7 バイト

アプリケーションからは、そのユーザーでデータベースに接続します。

　今回の設計では、すべてのオブジェクトを ORDER_APP ユーザーが所有することにします。アプリケーションから接続するユーザーも ORDER_APP ユーザーとします。

　ORDER_APP ユーザーを作成する SQL は、以下のとおりです。

▶ リスト 5-2　ORDER_APP ユーザーの作成と権限付与

```
-- ORDER_APPユーザーを作成、パスワードは適宜変更すべき
CREATE USER order_app IDENTIFIED BY password QUOTA UNLIMITED ON order_tbs;
-- ORDER_APPユーザーにCREATE SESSION権限を付与
GRANT CREATE SESSION TO order_app;
```

　上記の SQL では、ORDER_APP ユーザーを作成し、CREATE SESSION 権限（データベースに接続できる権限）、表領域 ORDER_TBS への無制限のクォータ（使用できる領域サイズ）を割り当てています。

　CREATE TABLE 権限などのオブジェクトを作成する権限は割り当てていないため、オブジェクトの作成には、権限を持った別のユーザー（管理ユーザーなど）で実行する必要があります。

　接続ユーザー自身が所有するオブジェクトに格納されたデータの参照／更新は、追加で権限を割り当てなくても実行できます。

　なお、今回の設計では不要ですが、接続ユーザーと異なるユーザーが所有するオブジェクトのデータを参照／更新するには、処理に応じた権限を接続ユーザーに割り当てる必要があるので、注意してください。

決定事項を設計書にまとめる

　ここまで設計してきた内容を、テーブル設計書にまとめます。テーブル設計書に記載する情報は、物理名、論理名、所有ユーザー、表領域、制約、キーやインデックスの情報などです。

　開発プロジェクトでデータベースを設計する場合は、すでにテーブル設計書のフォーマットがあると思いますので、それにしたがってテーブル設計書を作成します。

　以下に、今回の設計例における「顧客テーブル」のテーブル設計書の例を

記載します。ほかのテーブルについても、同様に作成してください。

● 図 5-37　テーブル設計書 顧客

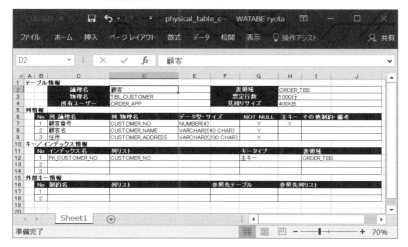

なお、テーブル設計書における「Y」は、Yes の意味です。つまり、NOT NULL 欄の「Y」は、その列に NOT NULL 制約が適用されることを示し、主キー欄の「Y」は、その列が主キーであることを示します。

SQL（CREATE xxx 文）を作成する

作成したテーブル設計書から SQL（CREATE xxx 文）を作成できます。以下のリスト 5-3 は、今回の設計例における SQL です。

なお、作成した SQL は管理権限を持つユーザーで実行します。オブジェクト作成に必要な権限がないユーザーで実行すると、エラーが発生してオブジェクトが作成できません。また、表領域作成用の SQL（リスト 5-1、P.245）とユーザー作成用の SQL（リスト 5-2、P.246）をあらかじめ実行し、表領域 ORDER_TBS とユーザー ORDER_APP を作成しておく必要があります。CREATE TABLE 文はリスト 5-3 の順番で実行してください。外部キーを持つテーブルを作成する前に、外部キーの参照先となるテーブルがあらかじめ存在している必要があるからです。

○ リスト 5-3　注文書の登録業務に必要なオブジェクトを作成する SQL

```
CREATE TABLE order_app.tbl_customer
(
    customer_no      NUMBER(4)         NOT NULL,
    customer_name    VARCHAR2(40 CHAR) NOT NULL,
    customer_address VARCHAR2(200 CHAR) NOT NULL,                    ❶
    CONSTRAINT pk_customer_no PRIMARY KEY (customer_no)
)
TABLESPACE order_tbs
;

CREATE TABLE order_app.tbl_product
(
    product_no       CHAR(6)          NOT NULL,
    product_name     VARCHAR2(40 CHAR) NOT NULL,
    price            NUMBER(10)       NOT NULL CHECK (price > 0),    ❷
    CONSTRAINT pk_product_no PRIMARY KEY (product_no),
    CONSTRAINT uq_product_name UNIQUE (product_name)
)
TABLESPACE order_tbs
;

CREATE TABLE order_app.tbl_order
(
    order_no         NUMBER(4)        NOT NULL,
    order_date       DATE             NOT NULL,
    pay_type         VARCHAR2(10 CHAR) NOT NULL
                        CHECK (pay_type IN ('現金払い','銀行振込')),
    customer_no      NUMBER(4)    NOT NULL,                          ❸
    CONSTRAINT pk_order_no           PRIMARY KEY (order_no),
    CONSTRAINT fk_order_customer_no FOREIGN KEY (customer_no)
        REFERENCES order_app.tbl_customer (customer_no)
)
TABLESPACE order_tbs
;

CREATE TABLE order_app.tbl_order_item
(
    order_no         NUMBER(4)    NOT NULL,
    order_item_no    NUMBER(5)    NOT NULL,
    product_no       CHAR(6)      NOT NULL,                          ❹
    order_num        NUMBER(10)   NOT NULL CHECK (order_num > 0),
    item_account     NUMBER(10)   NOT NULL CHECK (item_account > 0),
```

```
    CONSTRAINT pk_order_item_no          PRIMARY KEY (order_no, order_item_no),
    CONSTRAINT fk_order_item_order_no    FOREIGN KEY (order_no)
        REFERENCES order_app.tbl_order (order_no),
    CONSTRAINT fk_order_item_product_no FOREIGN KEY (product_no)
        REFERENCES order_app.tbl_product (product_no)
)
TABLESPACE order_tbs
;

CREATE INDEX order_app.idx_order_date ON order_app.tbl_order (order_date)
 TABLESPACE order_tbs                                                      ⑤
 ;
```

❶ テーブル TBL_CUSTOMER を作成する CREATE TABLE 文です。主キー制約 PK_CUSTOMER_NO を指定しています。また、以後のすべてのオブジェクトについて格納先表領域は ORDER_TBS（TABLESPACE ORDER_TBS）、所有ユーザーは ORDER_APP を指定しています。

❷ テーブル TBL_PRODUCT を作成する CREATE TABLE 文です。一意制約 UQ_PRODUCT_NAME を指定しています。また、PRICE 列にチェック制約を指定しています。

❸ テーブル TBL_ORDER を作成する CREATE TABLE 文です。主キー制約、チェック制約のほかに、テーブル TBL_CUSTOMER の CUSTOMER_NO 列を参照する外部キー制約 FK_ORDER_CUSTOMER_NO を指定しています。

❹ テーブル TBL_ORDER_ITEM を作成する CREATE TABLE 文です。主キー制約、チェック制約のほかに、外部キー制約 FK_ORDER_ITEM_ORDER_NO、FK_ORDER_ITEM_PRODUCT_NO を指定しています。

❺ インデックス IDX_ORDER_DATE を作成する CREATE INDEX 文です。索引列にテーブル TBL_ORDER の ORDER_DATE 列を指定しています。

　物理 E-R 図、テーブル設計書、SQL（CREATE xxx 文）を作成できたので、物理設計が終了となります。

第 6 章

データベース
運用／管理のポイントを
押さえる

6.1 データベースにおける運用／管理の重要性

　データベースはシステムの心臓です。データベースからデータが失われるとビジネス上大きな問題になりますし、データベースが停止するとシステムも停止します。また、データベースのパフォーマンスダウンは、システムに多大な影響を与えます。

　このため、データベースは適切に運用／管理を行い、健全に動作しつづけるようにしなければなりません。

適切な運用／管理がされないと問題が発生する

　データベースの運用／管理は非常に重要ですが、「すべてのデータベースが適切に管理されているか？」と尋ねられたら、「そうではないデータベースが多い」と言わざるを得ないのが実状です。実際に、筆者は以下のような問題を見聞きしたことがあります。

■ディスクの故障による障害の復旧で時間を要したうえ、データを消失

　あるシステムでは、データベースのバックアップをまったく取得していなかったため、ディスクが故障したとき、すぐにデータベースを復旧できませんでした。なんとかして復旧する必要がありましたが、システムを熟知した担当者がおらず、復旧方法の検討が難航しました。

　導入時のドキュメントをかき集めて調査した結果、サービスイン直前にシステムバックアップ（OS全体のバックアップ）を取得していたことがわかったため、これをもとに復旧作業を行いました。しかし、データは初期状態に戻ってしまいました。

　定期的にバックアップしてさえいれば、最悪でもバックアップ取得時点の状態には復旧できたはずです。

■ 表領域の空き領域不足で、アプリケーションの処理が停止

あるシステムでは、サービスイン後、稼働を継続するなかで、データベースに格納しているデータが徐々に増えていました。管理者がそのことを明確に意識できていなかったため、ある日、表領域の空き領域がなくなりました。これにより、いっさいのデータを追加できず、アプリケーションの処理が停止しました。

表領域の空き状況を監視してさえいれば、表領域を拡張するなどの対応を事前にとれたはずです。

■ 期末処理後に、SQL の実行時間が大幅増加

あるシステムで、期末処理によりデータを大量に更新してから検索用のSQL を実行しました。すると、通常であれば 10 秒ほどで終了するはずのものが、10 分以上かかっても終了しませんでした。データ更新後にオプティマイザ統計情報（効率的な SQL 実行を助ける補助情報）を取得していなかったため、不適切な実行計画（SQL の実行手順）が作成されたことが原因でした。

これらの問題は、適切な運用／管理をしていれば防げるものばかりです。本章では、データベースの運用／管理のポイントについて、5 つに分けて説明します。

データを守る：バックアップ

データベースには、そのシステムに固有のデータが格納されます。たとえば、販売管理システムであれば受注データ、在庫管理システムであれば在庫データなどです。これらのデータは、企業にとって非常に重要な資産です。プログラムや設定ファイルは、たとえ失われても、再度セットアップすれば復元できます。しかし、データは、失われたら二度と取り戻せません。

このため、データベースのバックアップは、システム運用の観点のみならず、ビジネスの観点でも非常に重要です。データを守るため、データベースを正しい方法で定期的にバックアップする必要があります。

データベースを調整する：メンテナンス

　データベースは、ひとたび作ってしまえば、あとはなにもしなくてもよい
わけではありません。たいてい、データベースに保管されるデータは日々増
えていきますし、アプリケーションの修正や追加によって、新しい処理が実
行されるようになります。

　データベースの動作環境は、運用を行うにしたがって変化していくため、
データベースには、定期的なメンテナンスが欠かせません。

データベースが正常に動作しているか見る：監視

　データベースが異常停止したり、パフォーマンスが低下するとシステムに
多大な影響を与えます。

　このため、データベースの動作状態を常に監視しておき、問題（もしくは
その兆候）を発見できるしくみをつくっておく必要があります。できるだけ
早く問題に気づいて、適切に対処することで、致命的な問題の発生を回避し、
問題による影響を最小限にとどめることができます。

ネットワーク環境でデータベースを使用する：リモート接続

　現在のシステム構成の主流は、アプリケーションサーバーを使った Web
3 層構成です。このような環境で Oracle を使用する場合、データベースサ
ーバーとは別のマシンから、データベースに接続することになります。

◉ 図 6-1　Web 3 層構成

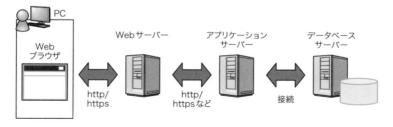

複数のマシンからネットワークを介してデータベースに接続する環境でデータベースを使用するには、接続先となるデータベースサーバーと、接続元の両方で構成作業が必要です。

データベースのトラブルに対処する

残念ながら、トラブルがまったく発生しないシステムはありません。運用を続けていくと、やはり何かしらのトラブルに出くわすことになります。

データベースにトラブルが発生すると、システムに与える影響は甚大ですから、トラブルには早急に対処する必要があります。逆にいえば、トラブル発生時は、データベース管理者の腕の見せ所ともいえるでしょう。

6.2 バックアップを取って データを守る

　障害に備えるためのバックアップは、データベースの運用／管理では必ず行わなければならないタスクです。Oracle にはバックアップ専用のユーティリティが同梱されているため、かんたんにバックアップを取ることができます。また、データベースを停止することなくバックアップを取得できますし、障害発生直前の状態に復旧することもできます。

Oracle のバックアップ機能のしくみ

　まず、Oracle のバックアップのしくみを見てみましょう。

　バックアップそのものは、Oracle 特有の概念ではありません。たとえば、会社のファイルサーバーに格納されたファイル、家で使っている PC に保管した写真データ、どれも定期的にバックアップしているはずです。

　しかし、Oracle のバックアップには、これらのバックアップに比較して、とても優れた点があります。それは、「障害発生直前の状態にまで復旧できる」という点です。ファイルサーバーや写真データのバックアップでは、通常、「バックアップ取得時点の状態まで」しか復旧できません。すなわち、バックアップしてから障害が発生するまでの間に行ったファイルの更新や追加は、障害とともにすべて失われてしまい、取り戻すことはできないのです。

◉ 図 6-2　ファイルサーバーの障害復旧と Oracle の障害復旧の比較

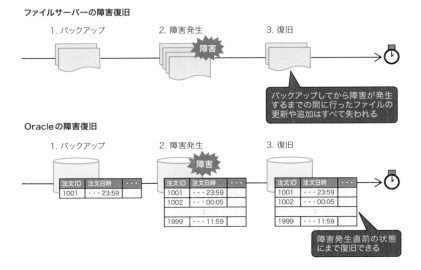

　障害発生直前の状態にまで復旧できる秘訣は、以下の2つにあります。

・REDO ログファイル：データベースの変更履歴を逐一記録するファイル
・リカバリ：REDO ログファイルに記録された変更履歴をもとに、変更処
　　　　　　理を再実行する処理

　データベースのデータは、データファイルに格納されます。したがって、データが変更されると、データファイルが更新されます。じつは、このとき、オンライン REDO ログファイルというファイルもあわせて更新されています（図 6-3）。このファイルには、データベースに対するすべての変更履歴が記録されます。オンライン REDO ログファイルは、単にオンラインログファイルと呼ばれることもあります。

● 図6-3　データ変更時におけるデータファイルとオンラインREDOログファイルの更新

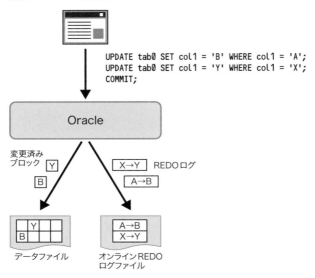

　REDOログファイルに記録されたデータベースの変更履歴（REDOログ）
は、リカバリの元ネタになります。ディスクに障害が発生してデータベース
を構成するファイルが失われてしまった場合など、データベースに障害が発
生した場合、バックアップからファイルを復元してから、REDOログファ
イルからデータベースの変更履歴を取得し、そのファイルに対して変更処理
を再実行します。

　以下の図6-4を使って、障害発生からリカバリまでの流れを時系列で見て
みましょう。

◉ 図6-4　障害が発生したデータベースを復旧する流れ
（バックアップ、リストア、リカバリ）

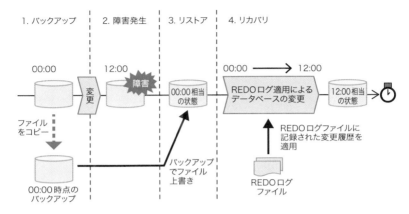

1. データベースが正常な状態において、バックアップを取得

　障害が発生する前の、正常な状態のデータベースをバックアップしておきます。データベースは、データファイルや制御ファイルなど複数のファイルから構成されるため、これらのファイル一式をコピーして安全な場所に保管します。

2. 障害発生

　なんらかの障害により、Oracle データベースを構成するファイルが破損したとします。ここでは説明をかんたんにするため、データベースを構成するすべてのデータファイルが破損したとします。

3. リストア

　障害発生前に取得していたバックアップを元の場所に戻します。これにより、データベースは、バックアップ取得時点の状態に戻ります。

4. リカバリ

　バックアップ取得時点から障害発生直前までにデータベースに加えられた変更履歴を、REDO ログファイルから取得し、リストアしたデータベース

に対して変更を適用します。これにより、データベースはバックアップ取得時点の状態から、障害発生直前の状態になります。

　障害発生時にOracleが障害発生直前の状態に復旧できる理由は、「4. リカバリ」を実行できるからです。一般的なファイルサーバーでは、リストアはできますが、リカバリはできません。このため、障害が発生したファイルサーバーをバックアップ取得時点の状態に戻すことはできますが、障害発生直前の状態に復旧することはできません。

アーカイブログモードで運用する

　リカバリは、データベースを障害発生直前の状態にまで復旧するために重要な役割を果たしています。このリカバリ機能を実現するためには、データベースへの一連の変更履歴（REDOログ）が必要です。一連のREDOログを保管しておくためには、Oracleをアーカイブログモードで運用します。
　アーカイブログモードとは、一連のREDOログが失われないように、過去のREDOログをアーカイブREDOログファイル（アーカイブログファイル）として保管しておく運用モードです。
　ここでは、アーカイブログモードのしくみを図を使って説明しましょう（図6-5）。

■アーカイブログモードのしくみ

　データベースのデータが変更されると、変更履歴がREDOログとしてオンラインREDOログファイルに記録されます。ただし、1つのオンラインREDOログファイルに格納できるREDOログの量は上限があるため、過去のREDOログをいつまでも保管することはできません。1つのデータベースには複数のオンラインREDOログファイルがありますが、Oracleは、以下の図6-5のように、1つのファイルが満杯になったら、別のファイルへ保管して……と、複数のオンラインREDOログファイルを順次ローテーションしながら使用しています。
　このローテーションにより、時間が経過すると、オンラインREDOログ

ファイルに記録された過去の REDO ログは上書きされて失われてしまいます。

▶ 図6-5　オンライン REDO ログのローテーションとアーカイブログモードの動作

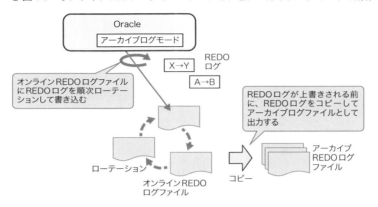

　しかし、アーカイブログモードで運用している場合は、過去の REDO ログが上書きされる前に、REDO ログをアーカイブ REDO ログファイルへコピーして、別の場所に保管します。これにより、過去の REDO ログが失われることを防いでいるわけです。

■アーカイブログモードと非アーカイブログモードの違い

　REDO ログの保管以外にも、アーカイブログモードには利点があります。
　アーカイブログモードで運用すると、データベースを停止せずにバックアップを取得できます。これを、オンラインバックアップやホットバックアップといいます。非アーカイブログモードでは、データベースを停止しないとバックアップは取得できません。
　基本的に、本番環境のほとんどのデータベースは、アーカイブログモードで運用されています。本番環境では、次の2つの要件が必須であるためです。

・障害発生直前までのデータベースを復旧できる
・データベースを停止せずバックアップを取得できる（オンラインバックアップ）

　しかし、アーカイブログモードでは、定期的なバックアップ取得と古いアーカイブ REDO ログファイルの削除が必要です。このため、バックアップによるデータ保護が不要であり、運用の手間をかけられない開発環境や検証環境などでは、非アーカイブログモード運用を用いることもあります。

　アーカイブログモードと非アーカイブログモードの特徴を、以下の表にまとめています。

● 表 6-1　アーカイブログモードと非アーカイブログモードの比較

	アーカイブログモード	非アーカイブログモード
使用が想定されるシステム	本番環境	開発環境、検証環境
オンラインバックアップが取得可能か	可能	不可 （オフラインバックアップのみ取得可能）
障害復旧直前の時点に復旧可能か	可能	不可 （バックアップ取得時点にのみ復旧可能）
実施すべき運用作業	定期的なバックアップおよび古いアーカイブ REDO ログファイルの削除	（データ保護が必要な場合） 定期的なバックアップ

アーカイブログモードへ変更する

　デフォルトの設定では、データベースは非アーカイブログモードです。データベースをアーカイブログモードへ変更するには、SYS ユーザーで CDB ルートに接続し、ALTER DATABASE ARCHIVELOG 文を実行します。

● 構文　データベースをアーカイブログモードへ変更する

```
ALTER DATABASE ARCHIVELOG;
```

　ただし、この SQL 文を実行するには、いったんデータベースを停止してから、MOUNT モードでデータベースを起動する必要があります。MOUNT モードは、管理用の特殊な起動モードです。

　以下に、アーカイブログモードへ変更するまでの一連の流れと、コマンド出力例を示します。

▶ 実行結果 6-1　アーカイブログモードへの変更

```
C:¥Users¥oracle>sqlplus / as sysdba ①

SQL*Plus: Release 19.0.0.0.0 - Production on 火 3月 15 20:56:06 2022 Version
19.3.0.0.0

Copyright (c) 1982, 2019, Oracle.  All rights reserved.


Oracle Database 19c Enterprise Edition Release 19.0.0.0.0 - Production Version
19.3.0.0.0に接続されました。
SQL> archive log list
データベース・ログ・モード　　　　非アーカイブ・モード ②
自動アーカイブ　　　　　　　　　使用禁止
アーカイブ先　　　　　　　　　　　USE_DB_RECOVERY_FILE_DEST
最も古いオンライン・ログ順序　　218
現行のログ順序　　　　　　　　　220
SQL> shutdown immediate ③
データベースがクローズされました。
データベースがディスマウントされました。
ORACLEインスタンスがシャットダウンされました。
SQL> startup mount ④
ORACLEインスタンスが起動しました。


Total System Global Area  838860800 bytes
Fixed Size                  3051184 bytes
Variable Size             566231376 bytes
Database Buffers          264241152 bytes
Redo Buffers                5337088 bytes
データベースがマウントされました。
SQL> ALTER DATABASE ARCHIVELOG; ⑤

データベースが変更されました。

SQL> ALTER DATABASE OPEN; ⑥

データベースが変更されました。
```

① AS SYSDBA 句を指定して、SYS ユーザーでデータベースの CDB ルートに接続しています。

❷archive log list コマンドで、アーカイブログモードか非アーカイブログ
　モードかを確認しています。この実行例では、非アーカイブログモード
　だったため、アーカイブログモードに変更します。

❸データベースを停止します。

❹MOUNT モードでデータベースを起動します。

❺ALTER DATABASE ARCHIVELOG 文を実行して、データベースをアー
　カイブログモードに変更します。

❻データベースを OPEN します。OPEN すると、通常のデータ処理（参照、
　更新）ができるようになります。

▍RMAN を使ってオンラインバックアップを取得する

　アーカイブログモードの場合、Oracle はデータベースを停止せずにバッ
クアップを取得できます（オンラインバックアップ）。

　Oracle には、RMAN というバックアップ用のツールが用意されていて、
かんたんにオンラインバックアップを取得できます。バックアップを取得す
るには、データベース起動中に RMAN でデータベースの CDB ルートに接
続し、RMAN のコマンド BACKUP DATABASE を実行すれば OK です。
データベース内の全コンテナのバックアップが取得されます。バックアップ
対象のファイルを指定する必要はありません。バックアップすべきファイル
は、RMAN が自動的に判断してくれます。

　以下に、RMAN のコマンドと実行例を示します。

▶ 構文　RMAN でデータベースの CDB ルートに接続

```
rman TARGET /
```

▶ 構文　データベースのバックアップ（RMAN）

```
BACKUP DATABASE;
```

▶ 実行結果 6-2　RMAN でオンラインバックアップを取得する

```
C:¥Users¥oracle>rman TARGET / ❶

Recovery Manager: Release 19.0.0.0.0 - Production on 火 3月 15 21:19:13 2022
```

```
Version 19.3.0.0.0

Copyright (c) 1982, 2019, Oracle and/or its affiliates.  All rights reserved.

ターゲット・データベース: ORCL (DBID=1627118553)に接続されました

RMAN> BACKUP DATABASE; ❷

backupを22-03-15で開始しています
チャネルORA_DISK_1の使用
チャネルORA_DISK_1: フル・データファイル・バックアップ・セットを開始しています
チャネルORA_DISK_1: バックアップ・セットにデータファイルを指定しています
入力データファイル ファイル番号=00001 名前=C:¥ORACLE¥ORADATA¥ORCL¥SYSTEM01.DBF
入力データファイル ファイル番号=00003 名前=C:¥ORACLE¥ORADATA¥ORCL¥SYSAUX01.DBF
入力データファイル ファイル番号=00004 名前=C:¥ORACLE¥ORADATA¥ORCL¥UNDOTBS01.DBF
入力データファイル ファイル番号=00007 名前=C:¥ORACLE¥ORADATA¥ORCL¥USERS01.DBF
チャネルORA_DISK_1: ピース1 (22-03-15)を起動します
チャネルORA_DISK_1: ピース1 (22-03-15)が完了しました
ピース・ハンドル=C:¥ORACLE¥FAST_RECOVERY_AREA¥ORCL¥BACKUPSET¥2022_03_15¥
01_MF_NNNDF_TAG20220315T212426_K311CV14_.BKP タ グ=TAG20220315T212426 コメン
ト=NONE
チャネルORA_DISK_1: バックアップ・セットが完了しました。経過時間: 00:00:25
チャネルORA_DISK_1: フル・データファイル・バックアップ・セットを開始しています
チャネルORA_DISK_1: バックアップ・セットにデータファイルを指定しています
入力データファイル ファイル番号=00010 名前=C:¥ORACLE¥ORADATA¥ORCL¥ORCLPDB¥
SYSAUX01.DBF
入力データファイル ファイル番号=00009 名前=C:¥ORACLE¥ORADATA¥ORCL¥ORCLPDB¥
SYSTEM01.DBF
入力データファイル ファイル番号=00011 名前=C:¥ORACLE¥ORADATA¥ORCL¥ORCLPDB¥
UNDOTBS01.DBF
入力データファイル ファイル番号=00012 名前=C:¥ORACLE¥ORADATA¥ORCL¥ORCLPDB¥
USERS01.DBF
チャネルORA_DISK_1: ピース1 (22-03-15)を起動します
チャネルORA_DISK_1: ピース1 (22-03-15)が完了しました
ピース・ハンドル=C:¥ORACLE¥FAST_RECOVERY_AREA¥ORCL¥8F9C5389FA334D65BE194843A7
C387BD¥BACKUPSET¥2022_03_15¥01_MF_NNNDF_TAG20220315T212426_K311DNBF_.BKP タグ
=TAG20220315T212426 コメント=NONE
チャネルORA_DISK_1: バックアップ・セットが完了しました。経過時間: 00:00:15
チャネルORA_DISK_1: フル・データファイル・バックアップ・セットを開始しています
チャネルORA_DISK_1: バックアップ・セットにデータファイルを指定しています
入力データファイル ファイル番号=00006 名前=C:¥ORACLE¥ORADATA¥ORCL¥PDBSEED¥
SYSAUX01.DBF
入力データファイル ファイル番号=00005 名前=C:¥ORACLE¥ORADATA¥ORCL¥PDBSEED¥
```

```
SYSTEM01.DBF
入力データファイル ファイル番号=00008 名前=C:¥ORACLE¥ORADATA¥ORCL¥PDBSEED¥
UNDOTBS01.DBF
チャネルORA_DISK_1: ピース1 (22-03-15)を起動します
チャネルORA_DISK_1: ピース1 (22-03-15)が完了しました
ピース・ハンドル=C:¥ORACLE¥FAST_RECOVERY_AREA¥ORCL¥077C277D302B4FA4BDCEF161E3
B875B8¥BACKUPSET¥2022_03_15¥01_MF_NNNDF_TAG20220315T212426_K311F3Q3_.BKP タグ
=TAG20220315T212426 コメント=NONE
チャネルORA_DISK_1: バックアップ・セットが完了しました。経過時間: 00:00:15
backupを22-03-15で終了しました

Control File and SPFILE Autobackupを22-03-15で開始しています
ピース・ハンドル=C:¥ORACLE¥FAST_RECOVERY_AREA¥ORCL¥AUTOBACKUP¥2022_03_15¥
01_MF_S_1099430722_K311FM8Z_.BKP コメント=NONE
Control File and SPFILE Autobackupを22-03-15で終了しました

RMAN>
```

❶ RMAN コマンドを起動し、バックアップ対象のデータベース（ターゲットデータベース）に接続しています。

❷ RMAN の BACKUP DATABASE コマンドで、データベースのバックアップを取得しています。データベース内の全コンテナのバックアップを取得している点に注意してください。

RMAN は、単にバックアップを取得するだけではなく、バックアップに関連するさまざまな処理を実行できます。

RMAN のおもなコマンドを、以下の表にまとめます。なお、Oracle 12c以降では一部の例外を除いたほぼすべての SQL を RMAN から実行できます。

● 表6-2　RMAN のおもなコマンド

コマンド	おもな用途
BACKUP	データベースのバックアップを取得できます。 指定したパラメータに応じて、表領域やデータファイル、制御ファイル、spfile、アーカイブ REDO ログファイルなどのバックアップを取得できます。
LIST	取得したバックアップを一覧表示します。
DELETE	取得したバックアップを削除します。
CONFIGURE	バックアップに関わる設定を行います。
SHOW	バックアップに関わる設定を表示します。
RESTORE	バックアップをリストアします。
RECOVER	リストアしたバックアップに対してリカバリ処理を実行します。
RUN	一連の RMAN コマンドをグループ化できます。

Column

非アーカイブログモードでオンラインバックアップを取得した場合

　非アーカイブログモードでオンラインバックアップを取得しようとすると、エラー（RMAN-06149）が発生します。オンラインバックアップを取得したい場合は、データベースをアーカイブログモードに変更してください。非アーカイブログモードでバックアップを取得するには、オフラインバックアップ（P.268）を取得する必要があります。

● 実行結果 6-3　非アーカイブログモードでオンラインバックアップを取得した場合

```
RMAN> BACKUP DATABASE;

backupを22-03-15で開始しています
リカバリ・カタログのかわりにターゲット・データベース制御ファイルを使用
しています
チャネル: ORA_DISK_1が割り当てられました
チャネルORA_DISK_1: SID=255 デバイス・タイプ=DISK
RMAN-00571: ===========================================================
RMAN-00569: =============== ERROR MESSAGE STACK FOLLOWS ===============
RMAN-00571: ===========================================================
RMAN-03002: backupコマンドが03/15/2022 20:58:48で失敗しました
RMAN-06149: NOARCHIVELOGモードでデータベースをバックアップできません
```

オフラインバックアップを取得する

データベースは、一般的にシステム稼働中に停止できないので、バックアップの基本は、オンラインバックアップです。ただ、データベースの停止が許される場合は、オフラインバックアップを取得することも可能です。オフラインバックアップとは、データベースを停止したあとにバックアップを取得する方法です。

また、非アーカイブログモード運用では、オンラインバックアップを取得できないので、オフラインバックアップでバックアップを取得する必要があります。

オフラインバックアップを取得するには、データベースを正常に停止したあと、データベースを MOUNT モードで起動する必要があります。

オフラインバックアップの手順は、以下のとおりです。

1. RMAN でデータベースの CDB ルートに接続し、SHUTDOWN IMMEDIATE または SHUTDOWN NORMAL でデータベースを停止する
2. RMAN で startup mount を実行し、データベースを MOUNT モードで起動する
3. RMAN で BACKUP DATABASE コマンドを実行し、バックアップを取得する
4. 引き続きデータベースを使用可能な状態にしたい場合は、ALTER DATABASE OPEN 文を実行して、データベースを OPEN する

オフラインバックアップ取得前に、データベースをいったん停止する（手順1）ときは、必ず SHUTDOWN IMMEDIATE または SHUTDOWN NORMAL を使用してください。SHUTDOWN ABORT を使用してはいけません。SHUTDOWN ABORT を用いてデータベースを停止すると、データベースの構成ファイルが一貫性のない不整合な状態になるので、バックアップも不整合なものとなってしまいます。不整合なバックアップは、原則的に使用できないので、くれぐれも注意してください。

バックアップ取得で守るべき 4 つのポイント

これまでの説明のように、Oracle では、RMAN を用いることでかんたんにバックアップを取得できます。ただし、バックアップをただ取得すればよいというわけではありません。バックアップ取得において守るべき 4 つのポイントを押さえましょう。

■データベース全体のバックアップを取得する

Oracle のバックアップでは、データベース全体（CDB 全体）をバックアップすることが非常に重要です。「失われてはいけないデータはアプリケーション用データだけで、それ以外は再作成すればいいから……」などと考えて、アプリケーション用の表領域だけをバックアップしている方がまれにいらっしゃいますが、これは非常に危険な勘違いです。

Oracle では、データベースを構成するすべてのファイルで整合性を守る必要があります。ファイルが新旧入り混じった状態では、データベースを OPEN することすらできないので、注意してください。

RMAN の BACKUP DATABASE コマンドを使えば、かんたんにデータベース全体のバックパップを取得できるので、このコマンドを使うことを強くおすすめします。

■バックアップファイルとアーカイブ REDO ログファイルは、データベースとは別のディスクに置く

バックアップファイルとデータベースの構成ファイルを同じディスクに置くと、そのディスクに障害が発生した場合、データベースとバックアップの両方が失われてしまいます。これでは、バックアップの意味がありません。また、バックアップファイルだけでなく、アーカイブ REDO ログファイルも障害発生時の復旧作業には必要なので、失われてしまうとリカバリ不可能になってしまいます。

バックアップファイルとアーカイブ REDO ログファイルは、データベースの構成ファイルを配置するディスクとは別のディスクに出力するように構成してください。

■**定期的にバックアップを取得する**

　データベースは、1 度バックアップすれば OK というものではありません。定期的にバックアップしてください。

　また、一般に短い間隔で定期的にバックアップすれば、リカバリに要する時間を短縮できるので、復旧までに必要な時間を短縮できます。バックアップの保管するストレージ領域の空き状態やバックアップ可能な時間帯を考慮して、適切なバックアップ取得間隔を決定してください。

■**適切な時間帯にバックアップを実行する**

　アーカイブログモードで運用していれば、データベース起動中にバックアップを取得できます。しかし、どの時間帯でもバックアップを実行してよいというわけではありません。

　バックアップを実行するということは、データベースを構成するファイルをコピーするということです。つまり、比較的大量のディスク I/O が発生し、ほかの処理が遅延する恐れがあります。バックアップは、多くのユーザーがシステムを使用する日中や、大量データを更新するバッチ処理が実行されている時間帯を避けて行うほうがよいでしょう。

┃ バックアップ出力先を設定する

　バックアップファイルおよびアーカイブログファイルは、データベースの構成ファイルを配置するディスクとは別のディスクに出力する必要があります。これをかんたんに実現できるしくみが、Oracle の高速リカバリ領域です。

　高速リカバリ領域を構成するには、ディレクトリパスと上限サイズを、初期化パラメータ[1]DB_RECOVERY_FILE_DEST および DB_RECOVERY_FILE_DEST_SIZE に設定します。

※ 1　初期化パラメータはデータベースの設定パラメータです。詳細は 6.3 節の「Oracle を構成する初期化パラメータとは」（P.302）を参照してください。

● 表6-3　高速リカバリ領域関連の初期化パラメータ

初期化パラメータ	説明
DB_RECOVERY_FILE_DEST	高速リカバリ領域のディレクトリパスを指定します。データベースの構成ファイルを配置するディスクとは別のディスクのディレクトリパスを指定することが望まれます。
DB_RECOVERY_FILE_DEST_SIZE	高速リカバリ領域の上限サイズを指定します。高速リカバリ領域に出力したファイルの合計サイズがDB_RECOVERY_FILE_DEST_SIZE の値に達した場合、不要な古いファイルを削除して、空き領域を確保します。もし空き領域が不足してファイル出力に失敗した場合、エラーが発生します。

　DB_RECOVERY_FILE_DEST に、高速リカバリ領域としてデータベースの構成ファイルを配置するディスクとは別のディスクのディレクトリパスを設定すれば、バックアップファイルとアーカイブ REDO ログファイルを、かんたんに分けて保存できます。なお、高速リカバリ領域は、Oracle 11g R1 以前のバージョンでは、フラッシュリカバリ領域と呼ばれていました。

Column

高速リカバリ領域を使用しないでバックアップ出力先を指定する

　高速リカバリ領域を使用しない場合、すなわち DB_RECOVERY_FILE_DEST を設定していない場合は、アーカイブ REDO ログファイルとバックアップファイルの出力先を明示的に指定する必要があります。

　アーカイブ REDO ログファイルの出力先は、LOG_ARCHIVE_DEST_1 初期化パラメータに設定します[2]。

● 構文　高速リカバリ領域未使用時のアーカイブ REDO ログファイル出力先指定

```
ALTER SYSTEM SET LOG_ARCHIVE_DEST_1 = 'LOCATION=<アーカイブREDOログ
ファイル出力先のディレクトリパス>';
```

　バックアップファイルの出力先は、以下のいずれかの方法で指定します。複数の指定方法がありますが、優先度（1. が優先度高、5. が優先度低）に応じて最終的なバックアップ出力先が決定されることに注意してください。

※ 2　一般的な用途ではこれで OK ですが、厳密にはこれ以外の指定方法もあります。詳細な説明はマニュアル「Oracle Database 管理者ガイド」を参照してください。

1. BACKUP コマンドに FORMAT 句の指定があれば、指定された場所に出力

```
BACKUP ... FORMAT  '/disk1/%U';
```

2. BACKUP コマンド実行時に特定のチャネルが指定されていて、そのチャネルに FORMAT 句の指定があれば、指定された場所に出力

```
CONFIGURE CHANNEL 1 DEVICE TYPE DISK FORMAT '/disk1/%U';
```

3. 指定デバイスの汎用チャネル設定に FORMAT 句の指定があれば、指定された場所に出力

```
CONFIGURE CHANNEL DEVICE TYPE DISK FORMAT = /tmp/%U;
```

4. 高速リカバリ領域が構成されていれば、高速リカバリ領域に出力
5. プラットフォーム（OS）依存のパスに出力
   ・Linux ／ UNIX：$ORACLE_HOME/dbs
   ・Windows：$ORACLE_HOME/database

　FORMAT 句には、バックアップ出力先のディレクトリを含めたバックアップファイルのフルパスを指定します。ファイル名には、原則的に「%U」という置換変数を指定します。「%U」を含めると、バックアップファイルのファイル名がバッティングしないことが保証されます。
　どの方法を用いるにせよ、データベースの構成ファイルを配置するディスクとは別のディスクにファイルを出力することに注意してください。

▌アーカイブ REDO ログファイルをバックアップする

　これまでに説明した RMAN の BACKUP DATABASE コマンドは、データベース全体をバックアップするコマンドです。理論上はこのコマンドを使ってバックアップを取得すれば OK なのですが、実際の運用では、データベースと合わせてアーカイブ REDO ログファイルもバックアップすることを

おすすめします。

　アーカイブ REDO ログファイルは、データベースを運用するなかで順次
生成されるため、ファイルの数が多くなりがちで管理しづらいです。データ
ベースとあわせてバックアップすることで、RMAN 独自のバックアップ・
セット形式にファイルをまとめて、管理しやすくできます。

● **構文　データベースとアーカイブ REDO ログファイルのバックアップ（RMAN）**

```
-- データベースとアーカイブREDOログファイルをバックアップ
BACKUP DATABASE PLUS ARCHIVELOG;

-- データベースとアーカイブREDOログファイルをバックアップし、
-- バックアップ済のアーカイブREDOログファイルを削除
BACKUP DATABASE PLUS ARCHIVELOG DELETE ALL INPUT;
```

　上記の構文のとおり、BACKUP DATABASE コマンドに PLUS
ARCHIVELOG を追加指定すると、データベース全体とアーカイブ REDO
ログファイルをまとめてバックアップできます。さらに DELETE ALL
INPUT を指定するとバックアップ済のアーカイブ REDO ログファイルを削
除します。バックアップが完了したアーカイブ REDO ログファイルはもう
不要ですから、DELETE ALL INPUT の指定をおすすめします。

定期的にバックアップを取得するしくみをつくる

　バックアップは定期的に実行する必要がありますが、データベース管理者
が毎回バックアップ用のコマンドを手入力してバックアップを実行すること
は、非現実的です。バックアップ用のスクリプトを作成し、それをジョブス
ケジューラーに登録して、バックアップが定期的に自動で実行されるように
しましょう。

■バックアップ用のスクリプトを書く

　RMAN のバックアップ用のスクリプトは、実行するコマンドを記載した
RMAN コマンドファイルと RMAN 自体を起動するシェルスクリプト（ま
たはバッチファイル）から構成されます。

　以下に、データベースとアーカイブ REDO ログファイルをバックアップする RMAN コマンドファイルとシェルスクリプトの例を示します。

◉ リスト 6-1　バックアップ用の RMAN コマンドファイル（backup_database.rman）

```
BACKUP DATABASE PLUS ARCHIVELOG DELETE ALL INPUT;
```

◉ リスト 6-2　バックアップ用のシェルスクリプト（backup_database.sh）

```
rman TARGET / @backup_database.rman log=backup_database.log
```

◉ 表 6-4　backup_database.sh の rman コマンドに指定したパラメータ

パラメータ	説明
TARGET /	バックアップ対象のデータベース（ターゲットデータベース）に接続します。
@backup_database.rman	backup_database.rman に記載されたコマンドを実行します。
log=backup_database.log	コマンドの実行結果を backup_database.log にログ出力します。

■ジョブスケジューラーを用いて、定期的にバックアップを実行する

　ある程度の規模のシステムであれば、ジョブスケジューラー機能を持つシステム管理ツールを導入する場合が多いでしょう。ジョブスケジューラーとは、指定した処理を、先行する処理が終了したタイミングや特定の時刻に実行する機能を持つソフトウェアです。Oracle Enterprise Manager Cloud Control にもジョブスケジューラー機能があります。また、cron（Linux ／ UNIX）やタスクスケジューラ（Windows）など、OS 標準で用意された、コマンドを定期的に実行する機能も活用できます。

　これらのジョブスケジューラーにバックアップ用のスクリプトを登録することで、データベースを定期的にバックアップするしくみを作ることができます。今回の例では、backup_database.sh（リスト 6-2）をジョブスケジューラーに登録することになります。

┃ 古いバックアップを削除する

　定期的にバックアップを取得すると、バックアップファイルがどんどん増

えていきます。また、アーカイブログモードの場合、アーカイブREDOロ
グファイルも順次作成されファイル数が膨大になります。しかし、古いバッ
クアップファイルやアーカイブREDOログファイルは不要なので、定期的
に削除する必要があります。

　RMANには、不要な古いファイルを設定にしたがって判定して削除する
機能があります。これを活用しましょう。

　なお、高速リカバリ領域を使用している場合は、空き領域が不足したとき、
古い不要なファイルが自動的に削除されます。このため、基本的には、削除
処理を明示的に実行する必要はありません。

■バックアップ保持世代数（冗長性）を設定する

　RMANに「どのファイルが不要で古いものであるか」を判定させるため
には、バックアップ保持世代数を設定する必要があります。RMANは、こ
のバックアップ保持世代数の設定とバックアップの取得状況をもとに、不要
なファイルを判定します。

　バックアップ保持世代数は、定期バックアップの回数で数えます。デフォ
ルトの設定では、保持世代数は「1」になっています。

● 図6-6　バックアップ保持世代数と不要なファイル

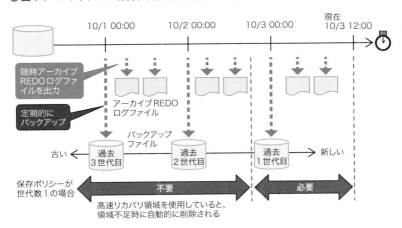

275

　バックアップ保持世代数は、CONFIGURE RETENTION POLICY TO REDUNDANCY コマンドで設定します。

● 構文　バックアップ保持世代数の設定（RMAN）

```
CONFIGURE RETENTION POLICY TO REDUNDANCY <世代数>;
```

　以下の実行例では、バックアップ保持世代数を「2」に設定しています。この場合、2世代よりも前のバックアップは不要とみなされます。

● 実行結果6-4　バックアップ保持世代数の設定

```
RMAN> CONFIGURE RETENTION POLICY TO REDUNDANCY 2;

新しいRMAN構成パラメータ:
CONFIGURE RETENTION POLICY TO REDUNDANCY 2;
新しいRMAN構成パラメータが格納できました

RMAN>
```

> **Column**
>
> ### リカバリ期間ベースの保存ポリシー
>
> 　本文では古いバックアップを保管するポリシーとして、世代に基づくポリシーを説明しました。これは、一般的に用いられるポリシーです。しかし、RMAN にはもう1つ、リカバリ期間に基づく保存ポリシーが用意されています。
>
> 　このポリシーは、「過去のある時点にデータベースを戻したい」という要件がある場合に、「その要件を満たすために必要なバックアップおよびアーカイブ REDO ログファイルを保管する」という目的で使用するものです。
>
> 　なお、世代に基づくポリシーとリカバリ期間に基づくポリシーの2つを併用することはできません。システムにおいてバックアップをどのように保管すべきかを考え、どちらかのポリシーを選択する必要があります。

■ **DELETE OBSOLETE コマンドで手動削除する**

高速リカバリ領域を使用している場合は、空き領域が不足した場合に古い

不要なファイルが自動的に削除されます。しかし、高速リカバリ領域を使用していない場合は、定期的に DELETE OBSOLETE コマンドを実行して、不要な古いファイルを削除する必要があります。

　削除対象のファイルを指定する必要はありません。RMAN が、設定されたバックアップ保持世代数に基づき、削除すべきファイルを自動的に判断してくれます。

● 構文　古いファイル（不要なファイル）を削除する（RMAN）

```
DELETE OBSOLETE;
```

● 実行結果 6-5　古いバックアップとアーカイブ REDO ログファイルを削除する
※紙面の都合上、ファイルパスの一部を「...」と略記しています。

```
RMAN> DELETE OBSOLETE;

Recovery Manager保存ポリシーがコマンドに適用されます。
Recovery Manager保存ポリシーが冗長性1に設定されます。
チャネルORA_DISK_1の使用
次の不要なバックアップおよびコピーが削除されます:
Type                     Key   Completion Time    Filename/Handle
-----------------------  ----  -----------------  --------------------
バックアップ・セット       6     22-03-15
　バックアップ・ピース      6     22-03-15           C:¥...¥01_MF_NNNDF
_TAG20220315T212426_K311DNBF_.BKP
バックアップ・セット       7     22-03-15
　バックアップ・ピース      7     22-03-15           C:¥...¥01_MF_NNNDF
_TAG20220315T212426_K311F3Q3_.BKP
アーカイブ・ログ           1     22-03-15           C:¥...¥01_MF_1_2
_K3123MRL_.ARC
バックアップ・セット       8     22-03-15
　バックアップ・ピース      8     22-03-15           C:¥...¥01_MF_S
_1099430722_K311FM8Z_.BKP
アーカイブ・ログ           2     22-03-15           C:¥...¥01_MF_1_3
_K3123NYG_.ARC
アーカイブ・ログ           3     22-03-15           C:¥...¥01_MF_1_4
_K3123QCF_.ARC

このオブジェクトを削除しますか(YESまたはNoを入力してください)。 YES ❷
バックアップ・ピースが削除されました
バックアップ・ピース・ハンドル=C:¥...¥01_MF_NNNDF_TAG20220315T212426
```

❶

❸

277

```
_K311DNBF_.BKP レコードID=6 スタンプ=1099430692
バックアップ・ピースが削除されました
バックアップ・ピース・ハンドル=C:¥...¥01_MF_NNNDF_TAG20220315T212426
_K311F3Q3_.BKP レコードID=7 スタンプ=1099430707
アーカイブ・ログを削除しました
アーカイブ・ログ・ファイル名=C:¥...¥01_MF_1_2_K3123MRL_.ARC
レコードID=1 スタンプ=1099431428
バックアップ・ピースが削除されました
バックアップ・ピース・ハンドル=C:¥...¥01_MF_S_1099430722_K311FM8Z_.BKP
レコードID=8 スタンプ=1099430723
アーカイブ・ログを削除しました
アーカイブ・ログ・ファイル名=C:¥...¥01_MF_1_3_K3123NYG_.ARC
レコードID=2 スタンプ=1099431428
アーカイブ・ログを削除しました
アーカイブ・ログ・ファイル名=C:¥...¥01_MF_1_4_K3123QCF_.ARC
レコードID=3 スタンプ=1099431431
6オブジェクトを削除しました


RMAN>
```

❶削除対象となるファイルを表示しています。

❷削除実行してよいかどうか確認を求められたため、"YES" を入力しています。

❸削除したファイルを表示しています。

アーカイブログモードでバックアップを定期的に取得しなかったらどうなるか

　結論から言うと、アーカイブ REDO ログファイルがどんどん出力され、空き領域がなくなった時点で、データベースへの変更処理が停止します。開発環境や検証環境など、データベース管理者がいない環境でありがちなトラブルなので注意しましょう。

　この動作が、本文の「古いアーカイブ REDO ログは自動的に削除される」という説明と矛盾しているように思われるかもしれません。しかし、古いアーカイブログは自動的に削除されるのは、次の 2 つの条件を両方満たしているときです。

・高速リカバリ領域を使用している
・定期的にデータベースのバックアップを取得している

　データベースのバックアップ取得以降に出力されたすべてのアーカイブREDO ログファイルは、復旧に必要なので、そもそも削除することはできません（図 6-7）。削除してしまうと、データベースに対する一連の変更履歴の一部が欠落することになるので、データベースを障害発生直後の状態に復旧できなくなります。

● 図 6-7　保存ポリシー＝世代数 1 で、定期的にバックアップを取得していない場合

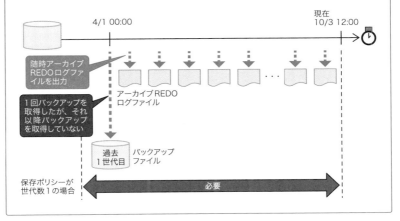

障害からデータベースを復旧する

　データベースをアーカイブログモードで運用していれば、データベースに障害が発生しても、データベースのリストアやリカバリを実行し、障害発生直前の状態に復旧することが可能です。データベースの復旧にもRMANを使います。リストア元となるバックアップファイルや、障害復旧の対象となるデータベース構成ファイルを指定する必要はありません。これらはRMANが自動的に判断してくれます。

▶ 構文　データベースのリストア（RMAN）

```
RESTORE DATABASE;
```

▶ 構文　データベースのリカバリ（RMAN）

```
RECOVER DATABASE;
```

　以下の実行例では、データベースを構成するすべてのデータファイルに障害が発生した場合の復旧手順を示します。これは、データファイルを配置したディスク装置が破損し、すべてのファイルが失われたような状況だと考えてください。

▶ 実行結果6-6　RMANを用いた障害復旧
※紙面の都合上、ファイルパスの一部を「...」と略記しています。

```
C:¥Users¥oracle>rman TARGET /

Recovery Manager: Release 19.0.0.0.0 - Production on 火 3月 15 21:07:40 2022
Version 19.3.0.0.0

Copyright (c) 1982, 2019, Oracle and/or its affiliates.  All rights reserved.

ターゲット・データベースに接続しました(起動していません)。

RMAN> startup mount ❶

ターゲット・データベースに接続しました(起動していません)。
Oracleインスタンスが起動しました
データベースがマウントされました。
```

```
システム・グローバル領域の合計は、  2583687872バイトです。

Fixed Size                     9269952バイト
Variable Size                553648128バイト
Database Buffers            2013265920バイト
Redo Buffers                   7503872バイト

RMAN> RESTORE DATABASE; ❷

restoreを22-03-15で開始しています
チャネル: ORA_DISK_1が割り当てられました
チャネルORA_DISK_1: SID=237 デバイス・タイプ=DISK

チャネルORA_DISK_1: データファイル・バックアップ・セットのリストアを開始
しています
チャネルORA_DISK_1: バックアップ・セットからリストアするデータファイルを
指定しています
チャネルORA_DISK_1: データファイル00001をC:¥ORACLE¥ORADATA¥ORCL¥SYSTEM01.DBF
にリストアしています
チャネルORA_DISK_1: データファイル00003をC:¥ORACLE¥ORADATA¥ORCL¥SYSAUX01.DBF
にリストアしています
チャネルORA_DISK_1: データファイル00004をC:¥ORACLE¥ORADATA¥ORCL¥UNDOTBS01.DBF
にリストアしています
チャネルORA_DISK_1: データファイル00007をC:¥ORACLE¥ORADATA¥ORCL¥USERS01.DBF
にリストアしています
チャネルORA_DISK_1: バックアップ・ピースC:¥...¥01_MF_NNNDF_
TAG20220315T212426_K311CV14_.BKPから読取り中です
チャネルORA_DISK_1: ピース・ハンドル=C:¥...¥01_MF_NNNDF_TAG20220315T212426
_K311CV14_.BKP タグ=TAG20220315T212426
チャネルORA_DISK_1: バックアップ・ピース1がリストアされました
チャネルORA_DISK_1: リストアが完了しました。経過時間: 00:00:15
チャネルORA_DISK_1: データファイル・バックアップ・セットのリストアを開始
しています
チャネルORA_DISK_1: バックアップ・セットからリストアするデータファイルを
指定しています
チャネルORA_DISK_1: データファイル00009をC:¥ORACLE¥ORADATA¥ORCL¥ORCLPDB¥
SYSTEM01.DBFにリストアしています
チャネルORA_DISK_1: データファイル00010をC:¥ORACLE¥ORADATA¥ORCL¥ORCLPDB¥
SYSAUX01.DBFにリストアしています
チャネルORA_DISK_1: データファイル00011をC:¥ORACLE¥ORADATA¥ORCL¥ORCLPDB¥
UNDOTBS01.DBFにリストアしています
チャネルORA_DISK_1: データファイル00012をC:¥ORACLE¥ORADATA¥ORCL¥ORCLPDB¥
```

USERS01.DBFにリストアしています
チャネルORA_DISK_1: バックアップ・ピースC:¥...¥01_MF_NNNDF
_TAG20220315T212426_K311DNBF_.BKPから読取り中です
チャネルORA_DISK_1: ピース・ハンドル=C:¥...¥01_MF_NNNDF_TAG20220315T212426
K311DNBF.BKP タグ=TAG20220315T212426
チャネルORA_DISK_1: バックアップ・ピース1がリストアされました
チャネルORA_DISK_1: リストアが完了しました。経過時間: 00:00:15
チャネルORA_DISK_1: データファイル・バックアップ・セットのリストアを開始
しています
チャネルORA_DISK_1: バックアップ・セットからリストアするデータファイルを
指定しています
チャネルORA_DISK_1: データファイル00005をC:¥ORACLE¥ORADATA¥ORCL¥PDBSEED¥
SYSTEM01.DBFにリストアしています
チャネルORA_DISK_1: データファイル00006をC:¥ORACLE¥ORADATA¥ORCL¥PDBSEED¥
SYSAUX01.DBFにリストアしています
チャネルORA_DISK_1: データファイル00008をC:¥ORACLE¥ORADATA¥ORCL¥PDBSEED¥
UNDOTBS01.DBFにリストアしています
チャネルORA_DISK_1: バックアップ・ピースC:¥...¥01_MF_NNNDF
_TAG20220315T212426_K311F3Q3_.BKPから読取り中です
チャネルORA_DISK_1: ピース・ハンドル=C:¥...¥01_MF_NNNDF_TAG20220315T212426
_K311F3Q3_.BKP タグ=TAG20220315T212426
チャネルORA_DISK_1: バックアップ・ピース1がリストアされました
チャネルORA_DISK_1: リストアが完了しました。経過時間: 00:00:07
restoreを22-03-15で終了しました

RMAN> RECOVER DATABASE; ❸

recoverを22-03-15で開始しています
チャネルORA_DISK_1の使用

メディア・リカバリを開始しています

スレッド1（順序2)のアーカイブ・ログは、ファイルC:¥...¥01_MF_1_2_K3123MRL_.
ARCとしてディスクにすでに存在します
スレッド1（順序3)のアーカイブ・ログは、ファイルC:¥...¥01_MF_1_3_K3123NYG_.
ARCとしてディスクにすでに存在します
スレッド1（順序4)のアーカイブ・ログは、ファイルC:¥...¥01_MF_1_4_K3123QCF_.
ARCとしてディスクにすでに存在します
アーカイブ・ログ・ファイル名=C:¥...¥01_MF_1_2_K3123MRL_.ARC スレッド=1
順序=2
メディア・リカバリが完了しました。経過時間: 00:00:02
recoverを22-03-15で終了しました

```
RMAN> ALTER DATABASE OPEN; ❹

文が処理されました

RMAN> ALTER PLUGGABLE DATABASE ALL OPEN; ❺

文が処理されました

RMAN>
```

❶ すべてのデータファイルに障害が発生している場合、データベースは異常停止します。復旧作業を開始するために、いったん MOUNT モードで起動します。この時点ではまだデータにアクセスすることはできません。

❷ データベースを構成するすべてのデータファイルをバックアップから復元します（リストア）。

❸ データベースを構成するすべてのデータファイルに対して REDO ログを適用し、データベースを障害発生直前の状態に復旧します（リカバリ）。

❹ データベースを OPEN します。

❺ すべての PDB を OPEN します。OPEN 後は、データにアクセスできるようになります。

6.3　データベースの
メンテナンス

　データベースのデータや動作環境は運用するにしたがって変化します。デー
タベースが安定したパフォーマンスを発揮するには、その変化に応じた定
期的なメンテナンスが欠かせません。

　では具体的に、運用をつづけるデータベースにはどのような変化が発生し、
それに対してどのようなメンテナンス作業が必要になるでしょうか。おもな
ものは以下の 3 つです。

1. データベースに格納されたデータ量は変化する（通常、増加する）。これ
   に応じて、SQL 実行手順決定に必要なデータ（オプティマイザ統計情報）
   を定期的に再収集し、SQL を適切なパフォーマンスで実行できるように
   する。
2. データ変更をくり返すとテーブルの断片化が発生する。再編成を実行し
   て断片化を解消し、性能低下を防ぐ。
3. 利用ユーザー数の増加などによりデータベースの動作環境は変化してい
   く。各種パラメータ（初期化パラメータ）を変更することで、適切な動
   作状況を維持する。

●図6-8　データベースの変化と必要なメンテナンス作業

1. データ量の変化にともなうオプティマイザ統計情報の再収集

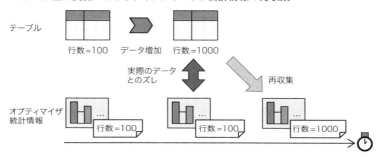

2. データ変更にともなうテーブルの断片化の解消

3. 動作環境の変化に追従するために初期化パラメータを変更

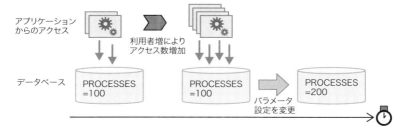

この節では、これら3つのメンテナンス作業について説明していきます。

Oracle が SQL を実行するしくみ

　Oracle の SQL 処理パフォーマンスを向上させるには、Oracle が SQL を実行するしくみと実行計画について知る必要があります。

　アプリケーションから発行された SQL を Oracle で実行するには、実行計画という「SQL の実行手順」を作成する必要があります。実行計画には、インデックスを使うかどうか、複数のインデックスがある場合どのインデックスを使うかなどの情報が含まれています。実行計画に誤りがあると、不適切な手順で SQL を実行することになるため、本来であれば実現できたはずのパフォーマンスを得られません。

　実行計画は、Oracle 内部の CBO（Cost Based Optimizer）によって SQL の初回実行時に作成されます。実行計画を作成するときにキーとなるのはオプティマイザ統計情報です。このため、SQL を最適なパフォーマンスで実行するには、オプティマイザ統計情報が最新の状態でなければなりません。

▶ 図 6-9　実行計画とオプティマイザ統計情報

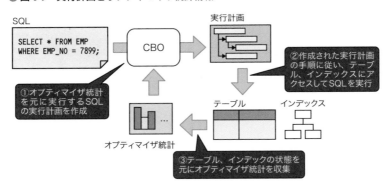

　オプティマイザ統計情報とは、テーブルに格納されたデータの行数などのデータの「状態」を要約した情報です。単に統計情報と呼ばれる場合もあります。

　Oracle 内部の CBO は、オプティマイザ統計情報からデータの状態を得て、そのデータの状態において最適と思われる実行計画を考えます。このため、オプティマイザ統計情報が古い状態であり、実際のデータの状態とオプティ

マイザ統計情報が乖離していると、CBO に「ウソの情報」を教えるような
構図になり、CBO は適切な実行計画を作成できません。CBO が正しい判断
に基づき適切な実行計画を作成できるよう、オプティマイザ統計情報を定期
的に収集し、実際のデータの状態とオプティマイザ統計情報の乖離を少なく
することが重要です。

オプティマイザ統計情報を収集する

オプティマイザ統計情報を収集するには、2つの方法があります。

・自動収集：あらかじめ定められた時間帯（デフォルトは平日夜間と土日）
　　　　　　に定期的に収集する（デフォルトでデータベース内の全コンテ
　　　　　　ナが収集対象になる[1]）
・手動収集：DBMS_STATS.GATHER_DATABASE_STATS[2] などのプロ
　　　　　　シージャを実行して収集する

オプティマイザ統計情報は定期的に収集することが重要なので、自動収集
を積極的に活用することをおすすめします。

自動収集の実行時間帯を設定する

自動収集で注意すべき点は、実行時間帯をシステムの負荷が低い時間帯に
設定することです。データベースのデータ量が多い場合、オプティマイザ統
計情報の収集により大量の I/O が発生するので、システムのパフォーマン
スに影響を及ぼす可能性があります。

なお、自動収集機能は、変更されたデータ量が多いテーブルだけを選別し
て、オプティマイザ統計情報を収集します。変更されたデータがない、また
は少ないテーブルの統計情報は、収集しません。これにより、不要な I/O

---

[1] ENABLE_AUTOMATIC_MAINTENANCE_PDB 初期化パラメータで特定のコンテナを
収集対象外にできます。
[2] DBMS_STATS.GATHER_DATABASE_STATS は、Oracle データベースに事前定義済み
のプロシージャです。Oracle にはこれ以外にも多数のプロシージャが用意されています。
詳細はマニュアル「Oracle Database PL/SQL パッケージおよびタイプ・リファレンス」
を参照してください。

の発生を抑制しています。

　オプティマイザ統計情報の自動収集機能は、デフォルトでの設定では、平日夜間と土日に実行されます。

　自動収集が実行される時間帯は、表 6-5 のとおりです。また、実行時間帯は内部的にウィンドウと呼ばれる概念で構成されており、1 つ 1 つの時間帯に対して対応するウィンドウが存在します。

● 表 6-5　デフォルトの自動収集時間帯と対応するウィンドウ

曜日	時間帯	対応するウィンドウ
月曜日〜金曜日	22:00 〜翌日 02:00	MONDAY_WINDOW、TUESDAY_WINDOW、WEDNESDAY_WINDOW、THURSDAY_WINDOW、FRIDAY_WINDOW
土曜日、日曜日	06:00 〜翌日 02:00	SATURDAY_WINDOW、SUNDAY_WINDOW

　オプティマイザ統計情報は、データベースの負荷が低い時間帯に収集すべきです。デフォルトの時間帯にバッチ処理など負荷の高い処理を実行する場合は、時間帯を負荷の低い時間帯に変更する必要があります。変更方法には、2 つの方法があります。

1. Oracle Enterprise Manager Cloud Control を使用する

　Oracle Enterprise Manager Cloud Control（OEM Cloud Control）はオラクル社が提供する Web ベースのシステム管理ソフトウェアです。OEM Cloud Control のウィンドウの編集画面で、以下の項目を変更します。

・対応するウィンドウの「時間」（＝ウィンドウの開始時刻）
・対応するウィンドウの「期間」（＝ウィンドウが開始してから終了するまで）

● 図 6-10　オプティマイザ統計情報の自動収集の実行時間帯の変更
　　　　　　（OEM Cloud Control）

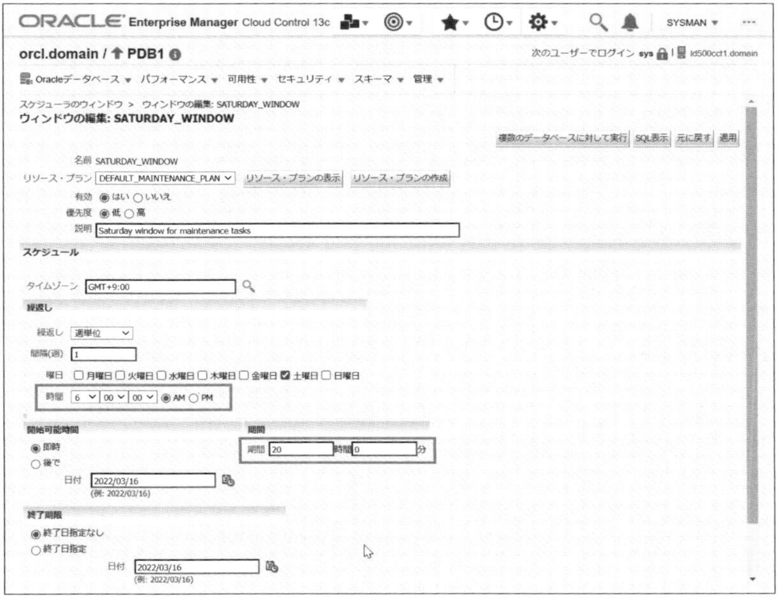

なお、ウィンドウの編集画面には、以下の手順でアクセスできます。

1. データベースのホーム画面で、メニュー「管理」 → 「Oracle Scheduler」 → 「自動化メンテナンス・タスク」を選択
2. 「自動化メンテナンス・タスク」画面で、「構成」ボタンをクリック
3. 「自動化メンテナンス・タスク構成」画面で、「メンテナンス・ウィンドウ・グループ割当て」領域の該当するウィンドウ名のリンクをクリック
4. 「ウィンドウの表示：（ウィンドウ名）」画面で、「編集」をクリック

2. プロシージャを使用する

　Oracle Enterprise Manager Cloud Control が使用できない環境では、プロシージャ DBMS_SCHEDULER.SET_ATTRIBUTE[※1] を使用します。ウィンドウの開始時刻、期間を変更するには、それぞれ属性 REPEAT_INTERVAL、属性 DURATION の値で指定します。

　以下の実行例では、月曜日のオプティマイザ統計情報を収集する時間帯を、デフォルトの「22:00 〜翌日 02:00（開始時刻 22:00、期間 4 時間）」から、「23:00 〜翌日 02:00」に変更するため、ウィンドウ MONDAY_WINDOW の開始時刻を 23:00 に、期間を 3 時間に変更しています。

● 実行結果 6-7　プロシージャ DBMS_SCHEDULER.SET_ATTRIBUTE を用いた自動収集実行時間帯の変更

```
SQL> BEGIN
  2    DBMS_SCHEDULER.SET_ATTRIBUTE(
  3    name=>'MONDAY_WINDOW',  --月曜日のウィンドウを指定
  4    attribute=>'REPEAT_INTERVAL',  --開始時刻を変更する属性
  5    value=>'FREQ=WEEKLY;BYDAY=MON;BYHOUR=23;BYMINUTE=0;BYSECOND=0');
                          --開始時刻を月曜日23:00に指定
  6  END;
  7  /

PL/SQLプロシージャが正常に完了しました。

SQL> BEGIN
  2    DBMS_SCHEDULER.SET_ATTRIBUTE(
  3    name=>'MONDAY_WINDOW',  --月曜日のウィンドウを指定
  4    attribute=>'DURATION',  --期間を変更する属性
  5    value=>numtodsinterval(3, 'hour'));  --3時間に指定
  6  END;
  7  /

PL/SQLプロシージャが正常に完了しました。
```

■オプティマイザ統計情報の手動収集が必要な状況

　通常の運用では、オプティマイザ統計情報のメンテナンスは、自動収集機

※1 DBMS_SCHEDULER.SET_ATTRIBUTE は Oracle データベースに事前定義済みのプロシージャです。

能に任せておけば OK です。しかし、データが大量に変更され、変更直後にそのデータにアクセスする SQL を実行する場合は、オプティマイザ統計情報を手動で収集する必要があります。データの大量変更から次の自動収集が実行されるまでの間、データとオプティマイザ統計情報にズレが生じてしまい、最適な SQL の実行計画が選択されない場合があるためです。

　たとえば、データ量が少ないテーブルに、大量のデータを追加した状況を考えてみましょう。大量にデータがある場合は、インデックスを使用しなければ、効率的に SQL を実行できません。しかし、オプティマイザ統計情報の内容は、オプティマイザ統計情報を再収集するまでは、データ量が少ないときのままになっています。すると、Oracle は、インデックスを使用しない実行計画を選択する可能性があるのです。

　データとオプティマイザ統計情報にズレが生じて、最適な SQL の実行計画が選択されないトラブルは、具体的に次のようなケースでよく見られます。

・バッチ処理によって大量のデータが変更してから SQL を実行するケース
・開発環境などで頻繁にデータが入れ替わるケース

　このような場合は、オプティマイザ統計情報を手動収集してから SQL を実行するようにしてください。

　ただし、データの変更が少量であれば、オプティマイザ統計情報を再収集する必要はありません。オプティマイザ統計情報は、データの行数や、ある値が全体に示す割合などの「データの状態を要約した情報」なので、少量のデータ変更では、ほとんど変化しません。一般的には、「データの変更量が元のデータの 10% 以上であるとき、オプティマイザ統計情報を再収集すべき」とされています。

■オプティマイザ統計情報を手動で収集する

　Oracle には DBMS_STATS というパッケージがあらかじめ用意されており、このパッケージにはオプティマイザ統計情報を収集するプロシージャがあります。以下に、おもなプロシージャをまとめました。収集対象に応じて、適切なプロシージャを実行してください。

▶表6-6　オプティマイザ統計情報の手動収集で使用されるおもなプロシージャ

プロシージャ名	説明
DBMS_STATS.GATHER_DATABASE_STATS	データベース内のすべてのオブジェクトの統計情報を収集します。
DBMS_STATS.GATHER_SCHEMA_STATS	指定したユーザーが所有するすべてのオブジェクトの統計情報を収集します。
DBMS_STATS.GATHER_TABLE_STATS	指定したテーブルの統計情報を収集します。

　以下に、オプティマイザ統計情報を手動収集するプロシージャの実行例を示します。EXECUTE は、改行を含まない1つの PL/SQL 文を実行できる SQL*Plus のコマンドです。

▶実行結果6-8　オプティマイザ統計情報の手動収集

```
SQL> EXECUTE DBMS_STATS.GATHER_DATABASE_STATS; ❶

PL/SQLプロシージャが正常に完了しました。

SQL> EXECUTE DBMS_STATS.GATHER_SCHEMA_STATS('SCOTT'); ❷

PL/SQLプロシージャが正常に完了しました。

SQL> EXECUTE DBMS_STATS.GATHER_TABLE_STATS('SCOTT','EMP'); ❸

PL/SQLプロシージャが正常に完了しました。
```

❶ データベース内のすべてのオブジェクトの統計情報を収集しています。
❷ ユーザー scott が所有するすべてのオブジェクトの統計情報を収集しています。
❸ ユーザー scott が所有する emp テーブルの統計情報を収集しています。

Column

ANALYZE 文は使用しない

　従来、オプティマイザ統計情報の収集には、ANALYZE 文を使用していました。しかし、現在は ANALYZE 文の使用は推奨されていません。代わりに DBMS_STATS パッケージのプロシージャを使用してください。

テーブルが断片化するまでの流れ

　変更をくり返すとテーブルは断片化します。断片化はSQLの処理速度低下やストレージ領域の無駄づかいにつながるため、定期的にメンテナンス作業を行って断片化を解消する必要があります。

▶ 図6-11　テーブルの断片化

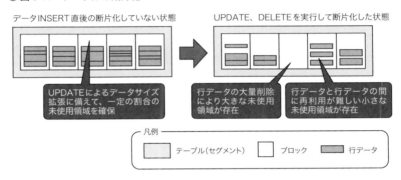

　テーブルにデータ（行データ）をINSERTすると、データはセグメントを構成するブロック（固定サイズの領域、通常8Kバイト）の中に格納されます。この時点では、若干の未使用領域（UPDATEで行データのサイズが拡張された場合に備えた予備領域）はありますが、断片化していません。しかし、INSERT後に大量の行をDELETEしたり、多くの変更処理（UPDATE、DELETE）を実行すると、大きな未使用領域を持つブロックや、行データと行データの間に多数の小さな未使用領域を持つブロックができます。これをテーブルの断片化と呼びます。

■テーブル断片化の問題点

　テーブルの断片化は、エラーなどの致命的な問題につながるわけではありません。しかし、以下のような問題があるため、データベースのメンテナンスで解消するべきです。

・テーブルフルスキャン（テーブル内の全データへのアクセス）や、インデ

ックススキャン（インデックスを経由したデータへのアクセス）において、アクセスするブロック数が増えて SQL の処理パフォーマンスが低下する
・実際のデータ量よりも多くのストレージ領域を専有する形になり、領域の使用効率が悪い

▶ 図 6-12　テーブル断片化の問題点

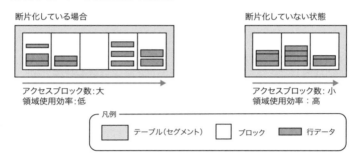

断片化している場合

断片化していない状態

アクセスブロック数：大
領域使用効率：低

アクセスブロック数：小
領域使用効率：高

凡例

| テーブル（セグメント） | ブロック | 行データ |

テーブルフルスキャンが実行されるとテーブルの全ブロックにアクセスするか？

　本文では説明を簡略化しましたが、じつは、テーブルフルスキャンを実行した場合でも、テーブルの全ブロックが読み出されるわけではありません。テーブル（セグメント）には、そのセグメントのどこまでデータが格納されたことがあるかを示す「HWM（High Water Mark：高水位標）」と呼ばれるマークがあります。一般に HWM はデータの増加にしたがい、だんだん後方に移動します。

　HWM によって、HWM よりも後ろのブロックにはデータが存在しないこと、すべてのデータはセグメントの先頭ブロックから HWM の間に格納されていることが保証されます。このため、テーブルフルスキャンのように全行分のデータを読み出す必要がある場合でも、Oracle は HWM 以降のブロックにアクセスしません。

　なお、断片化を解消すると、HWM は適切にメンテナンスされ、テーブル前方に移動します。

テーブルを再編成して断片化を解消する

テーブルの断片化を解消するためには、テーブル内のデータを再編成する必要があります。再編成とは、端的にいうと「データを詰め直して、データとデータの間の隙間をなくし、断片化を解消すること」です。

● 図6-13　テーブル再編成のイメージ

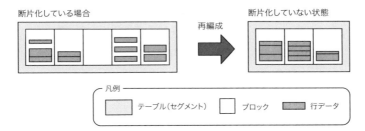

再編成には以下の方法があります。再編成中にデータにアクセスできるかどうかや、使用可能な条件があるため、適宜使い分ける必要があります。

● 表6-7　テーブル再編成方法の比較

テーブル再編成方法	再編成中のデータ変更可否	使用条件、注意点
ALTER TABLE MOVE	不可	一時的に2倍の記憶領域が必要
ALTER TABLE SHRINK	可	Oracle 10g 以降、かつ自動セグメント管理方式の場合限定
オンライン再定義	可	一時的に2倍の記憶領域が必要。Enterprise Edition 限定

■ ALTER TABLE MOVE を使って再編成する

ALTER TABLE MOVE を実行すると、テーブル内の全データを表領域内で移動します。結果的に、さほど隙間がなく、きちんと詰め直されて、テーブルが断片化していない状態になります。

●図 6-14　ALTER TABLE MOVE による再編成

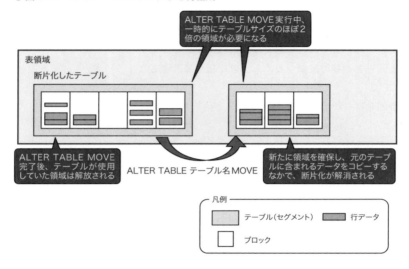

ALTER TABLE MOVE の実行では、以下のことに注意してください。

・再編成には、対象テーブルのサイズの 2 倍の領域が一時的に必要である
・再編成中、対象テーブルに対する変更が実行できない
・再編成後、実装済みのインデックスは無効化される

　以下に、ALTER TABLE MOVE の実行例を示します。

●実行結果 6-9　ALTER TABLE MOVE による再編成

```
SQL> ALTER TABLE table01 MOVE; ❶

表が変更されました。

SQL> SELECT status FROM USER_INDEXES WHERE index_name = 'INDEX01';

STATUS
----------------
UNUSABLE
```
❷

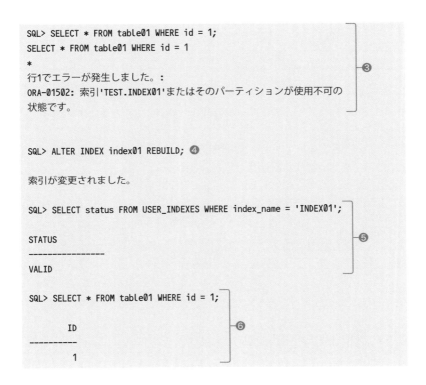

```
SQL> SELECT * FROM table01 WHERE id = 1;
SELECT * FROM table01 WHERE id = 1
*
行1でエラーが発生しました。:
ORA-01502: 索引'TEST.INDEX01'またはそのパーティションが使用不可の
状態です。


SQL> ALTER INDEX index01 REBUILD; ❹

索引が変更されました。

SQL> SELECT status FROM USER_INDEXES WHERE index_name = 'INDEX01';

STATUS
----------------
VALID

SQL> SELECT * FROM table01 WHERE id = 1;

        ID
----------
         1
```

❶ ALTER TABLE MOVE により table01 を再編成しています。

❷ table01 に作成されているインデックス index01 が使用不可
   （UNUSABLE）な状態になっています。

❸ SQL がインデックスを使用しようとすると、インデックスが使用不可
   （UNUSABLE）であるため、エラー（ORA-01502）で失敗します。

❹ インデックスを再構築して、インデックスを使用可能な状態にします。

❺ ❸と同じ SQL を実行してエラーが発生せずに、正常に実行できるように
   なったことを確認しました。

❻ インデックスの状態が有効（VALID）になっていることを確認しています。

■ ALTER TABLE SHRINK SPACE を使って再編成する

　ALTER TABLE SHRINK を実行すると、データが移動され、断片化を解
消できます。ALTER TABLE MOVE と異なり、ALTER TABLE SHRINK

実行中でもそのテーブルに対してデータを操作する SQL を発行することができます。

　また、データの移動は、すでにテーブルに割り当てられている領域の中で実行されるため、ALTER TABLE MOVE のように追加の領域を必要としません。しかし、データ量が多い場合は、処理が完了するまでに時間を要します。

▶ 図 6-15　ALTER TABLE SHRINK SPACE による再編成

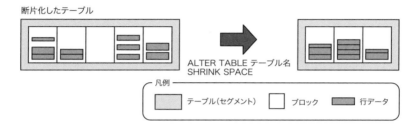

▶ 構文　ALTER TABLE SHRINK SPACE

```
ALTER TABLE <テーブル名> SHRINK SPACE [COMPACT] [CASCADE];
```

・デフォルト：断片化を解消し、未使用領域を解放する
・COMPACT：断片化を解消する。未使用領域は解放しない
・CASCADE：テーブルに作成されたインデックスについても同様の処理を
　　　　　　実行する

　なお、この機能は、Oracle 10g 以降で、かつ、テーブルが格納されている表領域のセグメント領域管理方式が自動セグメント管理方式の場合のみ使用できます。セグメント領域管理方式については、コラム（P.299）を参照してください。

　また、行移動（ROW MOVEMENT）の設定を有効にする必要があります。行移動は、ALTER TABLE SHRINK SPACE などの内部的に行を移動する一部の特殊な処理を可能にする設定です。行移動はデフォルトで無効なため、ALTER TABLE SHRINK SPACE 実行前に明示的に有効化してください。

以下に、ALTER TABLE SHRINK SPACE の実行例を示します。

▶ 実行結果 6-10 行移動を有効化して ALTER TABLE SHRINK SPACE を実行する

```
SQL> ALTER TABLE table01 ENABLE ROW MOVEMENT; ❶

表が変更されました。

SQL> ALTER TABLE table01 SHRINK SPACE; ❷

表が変更されました。
```

❶ 行移動を有効化しています。
❷ ALTER TABLE SHRINK SPACE の実行に成功しました。

なお、行移動を有効化せずに ALTER TABLE SHRINK SPACE を実行するとエラー（ORA-10636）で失敗します。

▶ 実行結果 6-11 行移動を有効化せずにエラー（ORA-10636）が発生した例

```
SQL> ALTER TABLE table01 SHRINK SPACE;
ALTER TABLE table01 SHRINK SPACE
*
行1でエラーが発生しました。：
ORA-10636: ROW MOVEMENT is not enabled
```

> **Column**
>
> ## セグメント領域管理方式：
> ## 　フリーリスト方式と自動セグメント管理方式
>
> 　テーブルに新しいデータを追加すると、Oracle はどのブロックに空き領域があるか探します。この処理を効率化するため、Oracle はブロックの空き状況を管理するしくみがあります。これをセグメント管理方式と呼びます。Oracle には、フリーリスト方式と自動セグメント管理方式の2つのセグメント領域管理方式が存在します。デフォルトは自動セグメント管理方式です。
>
> 　自動セグメント管理方式は、多数のセッションが並行して INSERT を実行するような状況におけるパフォーマンスが優れているので、通常は自動

セグメント管理方式を使用すべきです。

　セグメント領域管理方式の詳細については、マニュアル「Oracle Database 管理者ガイド」も参照してください。

■オンライン再定義で再編成する

　オンライン再定義機能を用いて、ALTER TABLE MOVE と同様の処理を実行できます。オンライン再定義は、再編成に限定した機能ではなく、オンラインでさまざまなオブジェクトの定義変更を可能にする包括的な機能です。オンライン再定義の手順は煩雑であり、本書の範囲を超えますので、機能の紹介にとどめます。くわしくは、マニュアル「Oracle Database 管理者ガイド」→「表のオンライン再定義」を参照ください。

　なお、オンライン再定義は、Enterprise Edition でのみ使用できます。Standard Edition では使用できません。

■テーブルの再編成を実行するべきタイミング

　データベースの運用を続けていくと、少しずつ断片化が進んでいきます。それでは、テーブルの再編成はいつ行えばよいでしょうか。

　残念ながら、断片化しているかどうかを判断する明確な指標はありません。このため、再編成のタイミングを判断しにくいのですが、Oracel Enterprise Manager Cloud Control のセグメントアドバイザは、ヒントの 1 つになります。

　セグメントアドバイザは、任意のセグメントに対して実行できます。また、Oracle 10g R2 以降では、デフォルトでオプティマイザ統計情報の収集と同じ時間帯で自動実行されます。

● 図 6-16 再編成を推奨するセグメントアドバイザのアドバイス

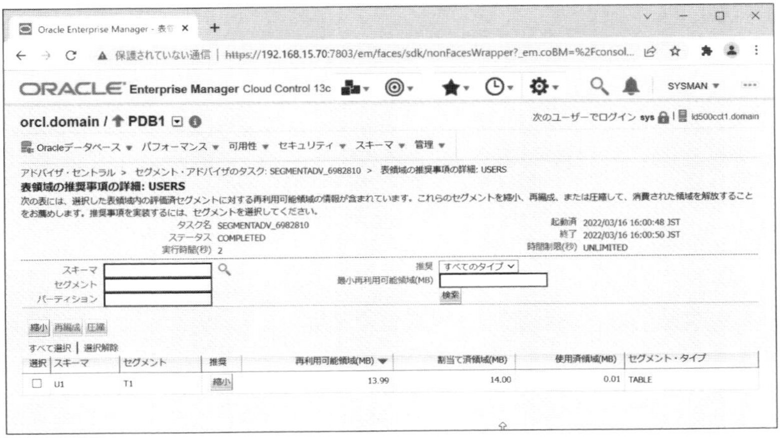

Column

テーブルの truncate ＋データの再投入による再編成

　過去には、テーブルを再編成するために、DataPump などのデータイン
ポート／エクスポートツールを用いる以下のような方法が比較的よく使用
されていました。

1. exp コマンドまたは DataPump の expdp コマンドを用いてデータ
   をエクスポートしておく
2. テーブルを truncate してすべてのデータを削除する
3. imp コマンドまたは DataPump の impdp コマンドを用いてデータ
   をインポートする

　しかし、この方法では断片化が解消できないケースがあるため、現在は
推奨されていません。

Oracle を構成する初期化パラメータとは

　Oracle は、基幹系の超大規模システムから部門レベルの小規模システム
まで、大小さまざまな規模のシステムで使用されています。規模が異なるシ
ステムで Oracle を使うことができる理由の1つには、初期化パラメータが
あります。Oracle には、数百種類の初期化パラメータが用意されており、
これを適切な値に設定することで、あらゆるシステム環境に合わせて
Oracle を構成できるのです。

　通常、初期化パラメータの値は、システム構築時に設定し、その後は頻繁
に変更するものではありません。しかし、使用状況や外的な環境の変化が生
じた場合は、初期化パラメータの設定値を変更することがあります。

　ただし、数百種類のすべての初期化パラメータを理解する必要はありませ
ん。おもな初期化パラメータを理解すれば、実務的には十分です。

　以下に、本書で取り上げる初期化パラメータをまとめます。なお、初期化
パラメータの一覧は、マニュアル「Oracle Database リファレンス」でも参
照できます。

● 表6-8　本書で取り上げる初期化パラメータ

初期化パラメータ	説明
MEMORY_TARGET	総メモリ（SGA ＋ PGA）の使用サイズ（11g〜）。マシンが Oracle 専用の場合はメインメモリの 70% を目安に設定します。
PGA_AGGREGATE_TARGET※	PGA の使用サイズ。
SGA_TARGET※	SGA の使用サイズ。
PROCESSES	Oracle で起動できる最大プロセス数。専用サーバー接続の場合は、想定されるセッション数＋バックグラウンドプロセス数程度に設定すべきです。
DB_RECOVERY_FILE_DEST	高速リカバリ領域の位置。データベースの構成ファイルが配置されているのとは別のディスク装置上のディレクトリに設定するべきです。
DB_RECOVERY_FILE_DEST_SIZE	高速リカバリ領域のサイズ。バックアップファイル、アーカイブログを十分に格納できるだけのサイズに設定します。
NLS_DATE_FORMAT※	DATE 型のデータの表示形式を指定します。
NLS_TIMESTAMP_FORMAT※	TIMESTAMP 型のデータの表示形式を指定します。

NLS_LENGTH_SEMANTICS※	文字列データ型におけるデフォルトの長さ単位（長さセマンティクス）を指定します。バイト単位（BYTE）または文字単位（CHAR）を指定できます。
SEC_CASE_SENSITIVE_ LOGON	パスワードの大文字・小文字を区別するかどうかを制御します（11g ～）。11g から導入されたパスワードの大文字・小文字を区別する動作を無効にする場合、TRUE に設定します。
DIAGNOSTIC_DEST	自動診断リポジトリ（ADR）の基準となる ADR_BASE の場所（ディレクトリパス）を指定します。自動診断リポジトリ（ADR）はログファイルを一括管理するしくみです。
LOCAL_LISTENER※	Oracle への接続を中継するリスナーのネットワークアドレス情報を設定します。Oracle はこのアドレスに対して自身の情報を登録します。

　初期化パラメータの設定値は環境に応じて設定すべきものなので、一概に望ましい値を示すことはできません。特に、性能に関わる初期化パラメータについては、類似システムの設定値を参考にしたり、検証作業を行って決定する必要があります。

　基本的に初期化パラメータはコンテナデータベース（CDB）に対して設定し、CDB 全体で共通の値を使用します。ただし、一部の初期化パラメータ（表 6-8 内の※）は各 PDB で異なる値に設定できます。

■サーバーパラメータファイル（spfile）

　初期化パラメータの設定内容は、サーバーパラメータファイルというバイナリファイルに格納されています。サーバーパラメータファイルを略してspfile（Server Parameter FILE）と呼ぶこともあります。

　なお、初期化パラメータの設定値を変更したい場合、後述する SQL のALTER SYSTEM SET 文を使用します。サーバーパラメータファイルは直接修正できません。

　spfile のファイルパスは以下のとおりです※1。

※1 従来構成（読み書き可能 Oracle ホーム）の場合です。18c 新機能の読取り専用 Oracle ホームを使用した場合の spfile のファイルパスについては、P.312 のコラムを参照してください。

・Windows：<ORACLE_HOME>¥database¥spfile<ORACLE_SID>.ora
・Linux ／ UNIX：<ORACLE_HOME>/dbs/spfile<ORACLE_SID>.ora

初期化パラメータの値を確認する

初期化パラメータの値を確認するには、以下の2つの方法があります。

・SQL*Plus の「show parameters」を実行する
・V$PARAMETER ビューに対して SELECT 文を実行する

SQL*Plus の show parameters <パラメータ名の一部の文字列 > で確認する

SQL*Plus を使うことで初期化パラメータを確認できます。正確なパラメータ名がわからない状態でも設定値を確認できますし、コマンドも覚えやすいため、SQL*Plus を使って Oracle に接続しているときには、おすすめの方法です。

以下に、SQL*Plus の実行例を示します。

▶ 実行結果 6-12　文字列 pga を含む初期化パラメータとその値を確認した例

```
SQL> show parameter pga

NAME                        TYPE        VALUE
--------------------------- ----------- -----------------
pga_aggregate_limit         big integer 2G
pga_aggregate_target        big integer 587M
```

V$PARAMETER ビューに対して SELECT 文を実行する

通常の SQL を使用して、初期化パラメータを確認する場合は、この方法を用います。この方法では、SQL*Plus の show parameters コマンドでは確認できない項目についても、くわしく確認できます。

▶ 実行結果 6-13　V$PARAMETER ビューを用いた初期化パラメータの確認

```
SQL> SELECT con_id, name, value, isdefault, isses_modifiable, issys_modifiable
  2    FROM V$PARAMETER WHERE name LIKE '%pga%';
```

```
CON_ID NAME                VALUE       ISDEFAULT ISSES ISSYS_MOD
---------- -------------------- ------------ --------- ----- ----------
         1 pga_aggregate_limit 2147483648  TRUE      FALSE IMMEDIATE
         1 pga_aggregate_target 615514112  FALSE     FALSE IMMEDIATE
```

　V$PARAMETER ビューのおもな列についての説明は、以下の表を参照
してください。

● 表6-9　V$PARAMETER ビューのおもな列

列	説明
CON_ID	コンテナ ID。コンテナ ID は、Oracle が自動的に付与するコンテナ の識別子です。
NAME	初期化パラメータの名前
VALUE	設定値
ISDEFAULT	TRUE：デフォルト値が設定（spfile で明示的に設定されていない） FALSE：spfile で明示的に設定している
ISSES_MODIFIABLE	TRUE：セッションで変更可能 FALSE：セッションで変更不可
ISSYS_MODIFIABLE	IMMEDIATE：起動中に変更可能。変更は即時に有効になる DEFERRED：起動中に変更可能。変更は以降のセッションで有効 になる FALSE：起動中に変更不可
ISPDB_MODIFIABLE	TRUE：PDB で変更可能 FALSE：PDB で変更不可

　なお、V$PARAMETER ビューは、データベースの管理情報や設定情報
などを確認するためのデータディクショナリービューの1つです（P.236 の
コラム参照）。

初期化パラメータの値を変更する － ALTER SYSTEM SET 文

　初期化パラメータの設定値を変更するには、CDB ルートに接続して SQL
の ALTER SYSTEM SET 文を実行します。

● 構文　初期化パラメータの設定

```
ALTER SYSTEM SET <パラメータ名>=<設定値>  [ SCOPE = { MEMORY | SPFILE | BOTH
} ];
```

　SCOPE句は、変更が有効となる範囲です。省略した場合は「BOTH」が
適用されます。SCOPE句の指定と、動作内容については、以下の表にまと
めました。

● 表6-10　SCOPE句の指定と動作

SCOPE 句の指定	動作
SPFILE	spfile の設定値を変更する。データベースの再起動後、変更が有効になる
MEMORY	現在起動中のデータベース内でのみ有効。再起動後、変更が失われる
BOTH	現在起動中のデータベースとspfile の両方の設定値を変更する。デフォルトの設定では BOTH になる

　なお、起動中の変更ができない初期化パラメータの場合、SCOPE句には
「SCOPE=SPFILE」しか指定できません。起動中の変更ができる初期化パ
ラメータは、「リファレンスマニュアル」の「変更の可／不可」または「変
更可能」欄に「ALTER SYSTEM」と記載されています。

■ PDB レベルで初期化パラメータの値を変更する

　PDBの初期化パラメータの値は、デフォルトでデータベース（CDB全体）
の設定値になります。しかし、一部の初期化パラメータ（ISPDB_
MODIFIABLE=TRUE）は、PDBで個別に値を設定できます。
　PDBで個別に値を設定するには、対象のPDBに接続してALTER
SYSTEM SET文を実行します。

> **Column**
>
> ## 初期化パラメータ以外の Oracle 設定
>
> 　初期化パラメータは、Oracle の設定において重要な役割を果たします。しかし、すべての Oracle の設定が、初期化パラメータとして管理されているわけではありません。6.2 節で学んだアーカイブログモード設定など、一部の設定は、データベースの制御ファイルに保持されています。

メモリ関連の初期化パラメータ － MEMORY_TARGET、SGA_TARGET、PGA_AGGREGATE_TARGET

　Oracle に限らず、データベースを効率的に動作させるコツは、できるだけ多くのメモリをデータベース用の処理に割り当てることです。データベースは、割り当てられたメモリを、データのキャッシュや、ソートなどのデータ処理に使用するので、割り当てられるメモリが多ければ多いほど、メモリ上で処理できるデータの量が増えます。つまり、処理パフォーマンスが向上するのです。

　コンテナデータベースに割り当てるメモリサイズを指定する初期化パラメータは、以下のとおりです。

● 表6-11　メモリサイズ関連の初期化パラメータ

パラメータ名	説明
MEMORY_TARGET	Oracle 全体で共有するメモリ（SGA）とプロセスが使用するメモリ（PGA）の総サイズの合計
SGA_TARGET	Oracle 全体で共有するメモリ（SGA）のサイズ
PGA_AGGREGATE_TARGET	プロセスが使用するメモリ（PGA）の総サイズ

　表6-11 のパラメータ同士の関係性を以下の図に示します。図6-17 のとおり、MEMORY_TARGET は、SGA_TARGET と PGA_AGGREGATE_TARGET を含む働きをするので、MEMORY_TARGET を指定した場合は、SGA_TARGET と PGA_AGGREGATE_TARGET を指定する必要はありません。

● 図6-17　メモリサイズ関連の初期化パラメータの相互関係

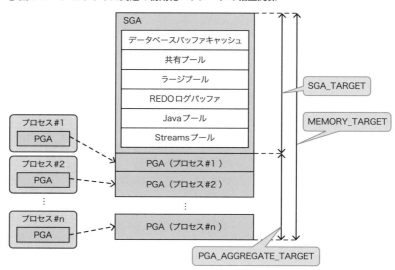

　コンテナデータベース全体で共有するメモリ（SGA）は、いくつかのメモリ領域から構成されています。それぞれのメモリ領域に関する説明を以下に記載します。

● 表6-12　SGA を構成するメモリ領域

メモリ領域／対応する初期化パラメータ	説明
REDO ログバッファ／ log_buffer	データの変更時に生成される REDO ログをオンライン REDO ログファイルに書き出す前に一時的に保管するバッファ用メモリ領域。
データベースバッファキャッシュ／ db_cache_size	データファイルから読み出したデータブロックをキャッシュするメモリ領域。
共有プール／ shared_pool_size	さまざまなデータをキャッシュするメモリ領域。SQL の解析結果（共有カーソル）などがキャッシュされる。
Java プール／ java_pool_size	Oracle JVM の実行に使用されるメモリ領域。Oracle JVM は、Java 言語を用いて書かれたストアド・プロシージャ（Java ストアド・プロシージャ）を実行するための Oracle 組み込みの Java VM。
Streams プール／ streams_pool_size	Oracle Streams というメッセージング機能のメッセージデータを格納するために使用されるメモリ領域。

　MEMORY_TARGET、または SGA_TARGET を設定すると、表6-12 のメモリ領域のサイズは、設定したサイズ内で自動的に調整されます。

これらの初期化パラメータの役割や、できるだけ多くのメモリ領域をコンテナデータベースに割り当てることを考えると、コンテナデータベースのメモリ設定は、以下の表6-13の設定指針に従えばよいことになります。

● 表6-13 設定すべきパラメータと設定指針[1]

MEMORY_TARGET の使用	設定すべきパラメータと設定指針
使用しない	SGA_TARGET と PGA_AGGREGATE_TARGET の合計を物理メモリサイズの 70% を目安[1] に設定する。
使用する	MEMORY_TARGET を物理メモリサイズの 70% を目安[1] に設定する。

プロセス関連の初期化パラメータ - PROCESSES

PROCESSES パラメータは、コンテナデータベースで起動可能な最大プロセス数を指定するパラメータです。デフォルトの接続方法（専用サーバー接続）[2] では、1つの接続に対して1つのプロセス（サーバープロセス）が起動されるので、最大プロセス数は同時最大接続数を指していると考えて構いません。

アプリケーションからの同時最大接続数が多い大規模なシステムでは、PROCESSES の値を十分大きな値に設定してください。PROCESSES の値が小さすぎると、接続を試みても、エラー（ORA-00020）により接続が拒否されます。なお、デフォルト値は「100」に設定されています。

● 実行結果 6-14 エラー（ORA-00020）で接続が拒否された例

```
$ sqlplus testuser/Password1@localhost:1521/orclpdb ❶

SQL*Plus: Release 19.0.0.0.0 - Production on 火 3月 15 22:00:10 2022
Version 19.3.0.0.0

Copyright (c) 1982, 2019, Oracle.  All rights reserved.

ERROR:
```

※1 同一のマシンで Oracle Database 以外のソフトウェアが動作する場合は、そのソフトウェアが使用するメモリサイズを引いたうえで、設定指針を適用します。
※2 デフォルト以外の接続方式については、コラム「専用サーバー接続と共有サーバー接続」（P.310）を参照してください。

```
ORA-00020: maximum number of processes (100) exceeded ❷
```

❶ユーザー testuser で PDB orclpdb に接続を試みています。

❷最大起動可能プロセス数に達したため、新規接続用のプロセスを起動できず、エラー（ORA-00020）で新規接続が失敗しました。

Column

専用サーバー接続と共有サーバー接続

　Oracle にはいくつかの接続方式がありますが、一般的に使用されるのはデフォルトの専用サーバー接続と共有サーバー接続です。

　専用サーバー接続では、クライアントアプリケーションからの１つの接続に対して１つのサーバープロセスが起動されます。そのクライアントアプリケーションから発行された SQL は、すべてそのサーバープロセスで処理されます。

　一方、共有サーバー接続では、１つの接続に対して特定のプロセスが対応するわけではなく、複数のプロセスが対応し、発行された SQL を処理します。

▶図6-18　専用サーバー接続と共有サーバー接続

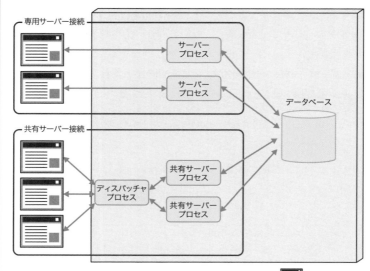

　共有サーバー接続では、複数のプロセスが、一般にプロセス数よりも多くの数の接続に対する処理を行うため、接続数に比べて同時に起動するプロセス数を抑制できて、接続が多い場合に使用メモリ数を削減できます。

　しかし、現在主流となっているシステム構成では、Web アプリケーションサーバーでコネクションプールを使用して、接続数を削減できます。このため、共有サーバー接続の必要性は低く、専用サーバー接続が一般的に使用されています。

テキスト形式の初期化パラメータファイル（pfile）

　従来は、初期化パラメータファイルの格納に、テキスト形式の初期化パラメータファイル（pfile）が使用されていました。デフォルトのファイル名が「init<ORACLE_SID>.ora」であることから、「イニット・オラ」などと呼ばれることもあります。

　Oracle 19c を含めた最近のバージョンでも、テキスト形式の初期化パラメータファイルを使用できますが、以下の問題点があるため、サーバーパラメータファイルの使用を強くおすすめします。

・設定値の変更を ALTER SYSTEM SET 文に一元化できない（ALTER SYSTEM SET 文と、テキストエディタなどによる pfile の手動編集を併用する必要がある）
・一部の初期化パラメータにおける設定値を自動調整した結果を次回起動時に使用する機能が使えない

　テキスト形式の初期化パラメータファイル（pfile）のファイルパスは以下のとおりです。

・Windows：<ORACLE_HOME>¥database¥init<ORACLE_SID>.ora
・Linux ／ UNIX：<ORACLE_HOME>/dbs/init<ORACLE_SID>.ora

`Column`

読取り専用 Oracle ホーム

Oracle 18c から「読取り専用 Oracle ホーム」という構成が導入されました。spfile、listener.ora や tnsnames.ora などの環境固有のファイルを Oracle ホームから排除したものです。

読取り専用 Oracle ホームを使用すると、spfile、listener.ora および tnsnames.ora のファイルパスは以下のように変わります。なお、<Oracle ホーム名 > は、"OraDB19Home1" など、Oracle ホームごとに自動付与される名前です。

【Windows】

- spfile：<ORACLE_HOME>¥database¥spfile<ORACLE_SID>.ora
  → <ORACLE_BASE>¥database¥spfile<ORACLE_SID>.ora
- listener.ora：<ORACLE_HOME>¥network¥admin¥listener.ora
  → <ORACLE_BASE>¥homes¥<Oracleホーム名 >¥network¥admin¥listener.ora
- tnsnames.ora：<ORACLE_HOME>¥network¥admin¥tnsnames.ora
  → <ORACLE_BASE>¥homes¥<Oracleホーム名 >¥network¥admin¥tnsnames.ora

【Linux ／ UNIX】

- spfile：<ORACLE_HOME>/dbs/spfile<ORACLE_SID>.ora
  → <ORACLE_BASE>/dbs/spfile<ORACLE_SID>.ora
- listener.ora：<ORACLE_HOME>/network/admin/listener.ora
  → <ORACLE_BASE>/homes/<Oracle ホーム名 >/network/admin/listener.ora
- tnsnames.ora：<ORACLE_HOME>/network/admin/tnsnames.ora
  → <ORACLE_BASE>/homes/<Oracle ホーム名 >/network/admin/tnsnames.ora

6.4 データベースを監視する

データベースはシステムの鍵となる構成要素です。データベースが異常停止したり、データベースのパフォーマンスが低下したりすると、システムに多大な影響を与えます。このため、データベースの動作状態を常に監視しておき、問題（問題の兆候）に気づいたら即座に手を打てるようにしておく必要があります。

データベース監視の 4 つの観点

ひとくちに「監視」といっても、なにを監視したらよいのかイメージがつきにくいでしょう。一般的には、以下の観点からデータベースの監視を行います。

(1) データベースや OS が起動しているかどうか、基本的な機能を提供できる状態にあるか
(2) データベースや OS でエラーが発生していないか
(3) ディスクなどのストレージ領域が不足していないか
(4) CPU 使用率やディスク I/O などの OS リソースを想定以上に使用していないか

● 図 6-19　データベースのおもな監視ポイント

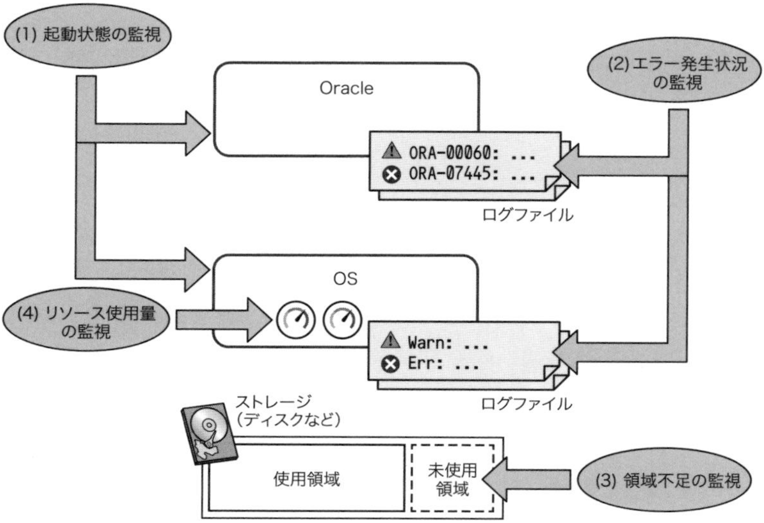

　これらについて監視していないと、データベースの異常停止やエラーの発生に気づかず、システムの利用者からクレームがあって初めて問題に気づくはめになったり、ストレージの空き領域が少なくなっていることに気づかず、夜間のデータ追加でエラーが発生し、緊急対応を求められるはめになったりします。

　基本的に、早く問題に気づけば、トラブルの影響を最小限に抑えられるので、データベースを適切に監視することは非常に重要です。

┃ Oracle や OS の起動状態を監視する － 死活監視

　当然のことですが、Oracle や OS が起動していなければ、求められる処理を実行することはできません。このため、最も基本的なレベルの監視は、Oracle や OS が起動しているか確認することです。このような監視は、一般的に死活監視と呼ばれます。起動状態に加えて、基本的な機能を提供可能な状態にあるかどうか合わせて確認することもあります。

　一般的に、以下の点を確認します。

・ping コマンドなどを用いて、サーバーと OS が適切に起動しているかど
　うかを監視する
・プロセスの起動状態から、Oracle が正常に起動しているかを監視する
・外部プログラムから Oracle に接続可能かを監視する

■サーバーと OS の起動状態を監視する

　Oracle は、OS 上で動作するアプリケーションです。また、OS はサーバ
ー上で動作するソフトウェアです。したがって、サーバーと OS が正常に動
作していないと、当然 Oracle も正常に動作できません。このため、サーバ
ーと OS は適切に起動していなければなりません。

　サーバーと OS の動作を確認する方法は、いくつかあります。現在、最も
一般的に用いられている方法は、別途用意した監視用のサーバーからデータ
ベースサーバーに対して、定期的に ping コマンドを実行する方法です。
ping コマンドは、対象サーバーにパケットを送り、そのパケットに対する
応答があるかを確認するコマンドです。

　以下に、ping コマンドの実行例を示します。

◉ 実行結果 6-15　ping で OS の稼働を確認

```
$ ping -c 3 dbserver0 ❶
PING dbserver0 (192.168.15.7) 56(84) bytes of data.
64 bytes from dbserver0 (192.168.15.7): icmp_seq=1 ttl=64 time=0.047 ms
64 bytes from dbserver0 (192.168.15.7): icmp_seq=2 ttl=64 time=0.056 ms  ❷
64 bytes from dbserver0 (192.168.15.7): icmp_seq=3 ttl=64 time=0.051 ms

--- dbserver0 ping statistics ---
3 packets transmitted, 3 received, 0% packet loss, time 1999ms
rtt min/avg/max/mdev = 0.047/0.051/0.056/0.006 ms
```

❶ dbserver0 というサーバーに対して、ping コマンドを実行しています。
　「-c 3」は、パケットを 3 回送るオプション指定です。
❷ dbserver0 から 3 回応答が返ってきています。よって、サーバー
　dbserver0 は正常に起動していると考えられます。

■ Oracle の起動状態を監視する

　Linux ／ UNIX の場合、Oracle データベースを起動すると、データをキャッシュするメモリ領域（SGA）が確保され、いくつかのプロセスが起動します[1]。このため、常時起動するはずのプロセスを ps コマンドでチェックすると、Oracle の起動状態を確認できます。これらのプロセスが起動していなかった場合、Oracle が停止している可能性が高いため、急いで詳細な調査を行います。

　常時起動する Oracle のおもなプロセスを、以下の表にまとめました。

▶ 表 6-14　Oracle のおもな常時起動プロセスと役割

プロセス名	おもな役割
SMON	Oracle の起動時に必要に応じてリカバリを実行する
PMON	ほかのプロセスの起動状態を監視する
LGWR	データベースへの変更処理を示す REDO ログをオンライン REDO ログファイルに書き込む
CKPT	変更されたブロックのデータファイル書き込み状況を示すチェックポイント情報を、制御ファイルとデータファイルのヘッダーに記録する

　Windows の場合、SGA とプロセスは、oracle.exe というプロセスに内包されています。このため、oracle.exe が起動しているかどうかをチェックすると、Oracle の起動状態を監視できます。

■ Oracle への接続可否を監視する

　OS と Oracle の起動状態に問題がなくても、Oracle 内部の動作に異常がある場合もあります。より詳細に Oracle の動作状態をチェックするには、Oracle への接続処理を定期的に実行し、これが成功することを確認します。Oracle へ接続後、テスト用の SQL を実行して、想定される結果が返ってくるかを確認する方法も有効です。

　以下に、テスト用 SQL で Oracle への接続を確認する例を示します。

※ 1　SGA とプロセスをまとめてインスタンスと呼ぶことがあります。

▶ 実行結果 6-16 system ユーザーで Oracle に接続し、テスト用の SQL を実行する例

```
C:¥Users¥oracle>sqlplus system/Password1@localhost:1521/orclpdb

SQL*Plus: Release 19.0.0.0.0 - Production on 水 3月 16 20:05:29 2022
Version 19.3.0.0.0

Copyright (c) 1982, 2019, Oracle.  All rights reserved.

最終正常ログイン時間: 水 3月  16 2022 16:43:01 +09:00


Oracle Database 19c Enterprise Edition Release 19.0.0.0.0 - Production
Version 19.3.0.0.0
に接続されました。
SQL> ALTER SESSION SET NLS_DATE_FORMAT = 'YYYY-MM-DD HH24:MI:SS'; ❶

セッションが変更されました。

SQL> SELECT sysdate FROM DUAL; ❷

SYSDATE
-------------------
2022-03-16 20:05:37

SQL> exit
Oracle Database 19c Enterprise Edition Release 19.0.0.0.0 - Production
Version 19.3.0.0.0との接続が切断されました。
```

❶ 日時データの表示形式を指定して、年（YYYY）、月（MM）、日（DD）、時（HH24）、分（MI）、秒（SS）を表示するように設定しています。なお、デフォルトの表示形式では、時、分、秒が表示されません。

❷ 現在の日時を返す SQL を実行しています。DUAL は、1 行のダミーデータを持つ疑似的な表です。SYSDATE は、OS の現在日時を返すファンクションです。

Oracle や OS のエラーを監視する

　頻繁に発生するものではありませんが、Oracle や OS でエラーが発生する場合もあります。エラーが発生すると、ログファイルにエラーメッセージが

記録されます。ログファイルにエラーメッセージが出力されていないか定期的にチェックすると、エラー発生状況を監視できます。

■ ORA エラー

Oracle のエラー（ORA エラー）は「ORA- 数字」という形式で表示されます。エラーの概要と対処方法は、マニュアル「Oracle Database エラー・メッセージ」に記載されています。また、My Oracle Support のナレッジベースからも情報を得ることができます。

Oracle の運用では、エラーが発生していないかどうかを常に監視し、仮にエラーが発生した場合は、いち早くそれを検知し、対処することが非常に重要です。Oracle のアラートログとアプリケーションのログを監視するしくみを作り、「ORA- 数字」という形式の文字列が出力されていないかをチェックしてください。

アラートログに記録されるおもな ORA エラーを、以下にまとめます。

◉ 表6-15　アラートログに記録されるおもな ORA エラー

エラー番号	エラーの内容
ORA-01578	データファイルを読み出すときにブロックの破損を検出
ORA-04030	OS からのメモリ割り当てに失敗
ORA-04031	共有プールというメモリ領域においてメモリの割り当てに失敗
ORA-00600	Oracle の内部処理において致命的問題が発生（問題を Oracle が検知）
ORA-07445	Oracle の内部処理において致命的問題が発生（問題を OS が検知）
ORA-19809 ORA-19804 ORA-19815	アーカイブログファイルやバックアップファイルを出力する高速リカバリ領域の空き領域が不足

Oracle の稼働継続に影響を与えない ORA エラーは、アラートログには記録されません。たとえば、INSERT 文を実行して制約違反の ORA エラーが発生した場合、INSERT 文を実行したプログラムには ORA エラーが返されますが、アラートログには記録されません。

■アラートログ

Oracle でまず監視すべきログファイルは、アラートログです。重大なエ

ラーが発生すると、アラートログにエラー内容が記録されます。このため、
ORA エラーが出力されていないかを常に監視します。

アラートログは、1つのデータベースに対して1つ存在します。ファイル
名は「alert_<ORACLE_SID>.log」です。出力先ディレクトリは、データベ
ースの ADR_HOME[※1] の trace ディレクトリです。

アラートログには、エラー以外にも多くの情報が出力されます。アラート
ログに出力されるおもな情報は以下のとおりです。

・データベースの起動／終了処理の状況
・デフォルト値以外の値が設定された初期化パラメータの値
・発生したすべての内部エラー（ORA-00600、ORA-07445）
・ブロック障害エラー（ORA-01578）
・デッドロック・エラー（ORA-00060）
・そのほかの重大なエラー
・実行した管理コマンド（CREATE ／ ALTER ／ DROP DATABASE ／
  TABLESPACE ／ ARCHIVE LOG の出力、リカバリ処理など）とその実
  行結果
・ジョブの実行エラー

以下の例は、ORA-07445 発生時のアラートログ出力例です。

● リスト 6-3　ORA-07445 発生時のアラートログ出力

```
2022-03-16T19:20:30.395065+09:00
PDB1(3):Exception [type: SIGSEGV, unknown code] [ADDR:0xD43100001309]
[PC:0x7F1A82CD173E, read()+14] [exception issued by pid: 4873, uid: 54321]
[flags: 0x0, count: 1]
Errors in file /u01/app/oracle/diag/rdbms/cdb/cdb/trace/cdb_ora_4843.trc
(incident=17073) (PDBNAME=PDB1):
ORA-07445: 例外が検出されました: コア・ダンプ [read()+14] [SIGSEGV]
[ADDR:0xD43100001309] [PC:0x7F1A82CD173E] [unknown code] []
PDB1(3):Incident details in: /u01/app/oracle/diag/rdbms/cdb/cdb/incident/
incdir_17073/cdb_ora_4843_i17073.trc
```

※1 ADR_HOME については、「自動診断リポジトリ（ADR）でログを確認する」を参照して
　　ください。

```
PDB1(3):Use ADRCI or Support Workbench to package the incident.
See Note 411.1 at My Oracle Support for error and packaging details.
2022-03-16T19:20:31.833816+09:00
Dumping diagnostic data in directory=[cdmp_20220316192031], requested by
(instance=1, osid=4843), summary=[incident=17073].
```

■自動診断リポジトリ（ADR）でログを確認する

　Oracle 11g 以降のバージョンでは、ログファイルなどの診断データを一括で管理する ADR（Automatic Diagnostic Repository：自動診断リポジトリ）というしくみが導入されています。

　ADR では、ログファイルなどの診断データを ADR_BASE ディレクトリ配下に、階層構造で保管します。ADR_BASE 内には、製品やデータベースなどに対応した複数の ADR_HOME があります。ADR_HOME 配下には、ログファイルの種類に応じたディレクトリがあり、そこにログファイルを格納しています。

　Oracle の ADR_BASE と ADR_HOME の場所は、V$DIAG_INFO ビューで確認できます。以下の実行例のうち、❶は ADR_BASE の場所を、❷は ADR_HOME の場所を示しています。

●実行結果 6-17　ADR_BASE と ADR_HOME の場所を確認する

```
SQL> SELECT name, value FROM V$DIAG_INFO;

NAME                            VALUE
------------------------------  ------------------------------------
Diag Enabled                    TRUE
ADR Base                        C:\ORACLE ❶
ADR Home                        C:\ORACLE\diag\rdbms\orcl\orcl ❷
Diag Trace                      C:\ORACLE\diag\rdbms\orcl\orcl\trace
Diag Alert                      C:\ORACLE\diag\rdbms\orcl\orcl\alert
Diag Incident                   C:\ORACLE\diag\rdbms\orcl\orcl\incident
（省略）

11行が選択されました。
```

　なお、ADR_BASE の場所を変更する場合は、初期化パラメータ

DIAGNOSTIC_DEST に変更先の場所を設定します。

■アプリケーションのログを確認する

　致命的なエラーは、アラートログと呼ばれるログファイルに記録されますが、すべてのエラーがアラートログに記録されるわけではありません。一部のエラーは、エラーメッセージがアプリケーションに返されるだけで、アラートログには記録されません。このため、アプリケーション側でもエラーをログファイルとして出力しておき、このログファイルにエラーが記録されてないかを監視する必要があります。

　たとえば、Java で実装した Web アプリケーションの場合は、使用しているアプリケーションサーバー（Oracle WebLogic Server、Tomcat、JBOSS など）のログを出力し、監視します。また、SQL*Plus を起動して SQL を実行するようなバッチアプリケーションの場合は、SQL*Plus に発行したコマンドとメッセージをログファイルとして出力し、これを監視することになるでしょう。

■OS のログを確認する

　忘れがちですが、OS のログも監視する必要があります。Oracle は OS 上で動作するアプリケーションにすぎませんので、OS が正常に動作していなければ、Oracle も正常に動作できません。

　以下の表に、おもな OS のログをまとめました。

⭕ 表6-16　OS ログ

OS	ログ
Linux／UNIX	/var/log/messages、/var/adm/messages、/var/adm/syslog/syslog.log など[1]
Windows	イベントログ

※1 ファイル名はログ出力サービスである syslog の設定により決定されます。

> **Column**

アラートログ以外のログファイル

　Oracle には、アラートログ以外にもログファイルが存在します。エラー監視の観点では、たいていの場合、本文で説明したログファイルを監視しておけば十分です。しかし、エラー検知後の詳細な分析においては、以下の表 6-17 のようなログファイルを参照することもあります。

▶ 表 6-17　アラートログ以外のログファイル

ログの名称	説明
トレースファイル	エラーの詳細な診断情報
リスナーログ	リスナー[※1] の起動／停止、リスナーで発生したエラー、接続などの情報が記録される

ストレージの空き状況を監視する

　たいていの場合、データベースに格納されるデータはどんどん増えていきます。データの増加にともない、ストレージの使用領域が増えると、当然ながら、そのぶんだけストレージの空き領域が減ります。すると、最終的にはストレージの空き領域がゼロになって、それ以上データを格納できなくなってしまい、最悪の場合システムの停止につながります。

　このため、ストレージの空き状況を監視しておき、空き領域がある一定の割合を超えたとき管理者がそれに気づけるようなしくみが必要となります。空き領域がゼロになる前に、ストレージの追加や、不要なデータの削除や再編成などによる使用領域サイズの縮小といった対策をおこなうことで、システムの停止などの問題を未然に回避できます。

■空き領域を監視する 2 つのポイント

　5.3 節の「Oracle がオブジェクトにストレージ領域を割り当てるしくみ」（P.232）で説明したように、Oracle は、データを格納するために階層的な考え方でストレージを使用しています。

※ 1　リスナーは外部からの接続要求を受け付けるプログラムです。詳細は 6.5 節「ネットワーク環境／本番環境で Oracle に接続する」（P.340）で説明します。

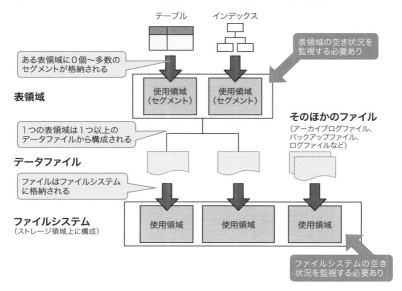

▶ 図6-20 Oracleがストレージを使用するしくみと必要な空き領域監視

・テーブルやインデックスに対応するセグメントは、表領域に格納される
・表領域はデータファイルから構成される
・データファイルはストレージ領域（ディスクなど）に構成されたファイル
　システムに格納される

　このような階層的構造になっているため、一般にOracleでは、以下の2
つの観点で空き領域を監視します。

1. 表領域の空き領域監視

　表領域全体の領域のうち、セグメントに割り当てられていない領域が空き
領域となります。新規にセグメントが作成されたり、セグメントサイズが大
きくなると、空き領域が減ります。

2. ファイルシステムの空き領域監視

　ファイルシステム領域全体のうち、ファイルが格納されていない領域が空
き領域となります。新規にファイルが作成されたり、ファイルのサイズが大
きくなると、空き領域が減ります。

■表領域の空き領域を監視する

　テーブルやインデックスなどのセグメントは、表領域に格納されて領域を使用しています。新規にセグメントを作成したり、既存のセグメントのサイズを拡張した場合、表領域の空き領域から新しく領域が割り当てられます。しかし、表領域の空き領域が不足した場合は、ORA-01658、ORA-01653 などの ORA エラーが発生し、データを追加できない状況になります。このようなエラーの発生を防止するため、表領域の空き領域監視が必要です。

　表領域は SQL を使って監視できます。実行結果 6-18 の例では、SQL を用いて以下の 3 つを確認しています。

・表領域 TBS0 の総サイズ（TOTAL）
・表領域の空き領域の総サイズ（AVAIL）
・表領域の使用率（PCT_USED）

● 実行結果 6-18　表領域の領域使用率を確認する

```
SQL> SELECT dbf.bytes total,
  2          fs.bytes avail,
  3          trunc((1- fs.bytes / dbf.bytes ) * 100 , 1) pct_used ❸
  4    FROM (SELECT sum(bytes) bytes FROM DBA_DATA_FILES
  5            WHERE tablespace_name = 'TBS0') dbf,                  ❶
  6         (SELECT sum(bytes) bytes FROM DBA_FREE_SPACE
  7            WHERE tablespace_name = 'TBS0') fs;                   ❷

    TOTAL      AVAIL   PCT_USED
---------- ---------- ----------
  18874368   16384000       13.1
```

❶ 表領域を構成するデータファイルのサイズ（DBA_DATA_FILES[*1] の bytes 列）を sum() ファンクションで合計し、表領域 TBS0 の総サイズを得ています。

❷ データファイルの空き領域のサイズ（DBA_FREE_SPACE[*1] の byte 列）を sum() ファンクションで合計し、表領域 TBS0 の空き領域の総サイズを得ています。

※ 1　DBA_FREE_SPACE、DBA_DATA_FILES はディクショナリビューです。ディクショナリビューは Oracle 内部の状態を確認できる特殊なビューです。

❸「1- 表領域の空き領域の総サイズ / 表領域の総サイズ」の計算結果をもとに、表領域の使用率を得ています。trunc() ファンクションは小数点を切り捨てるファンクションです。

なお、Oracle Enterprise Manager Cloud Controlを使うと、視覚的に空き領域を確認できます。

▶図 6-21　Oracle Enterprise Manager Cloud Control での表領域使用量表示

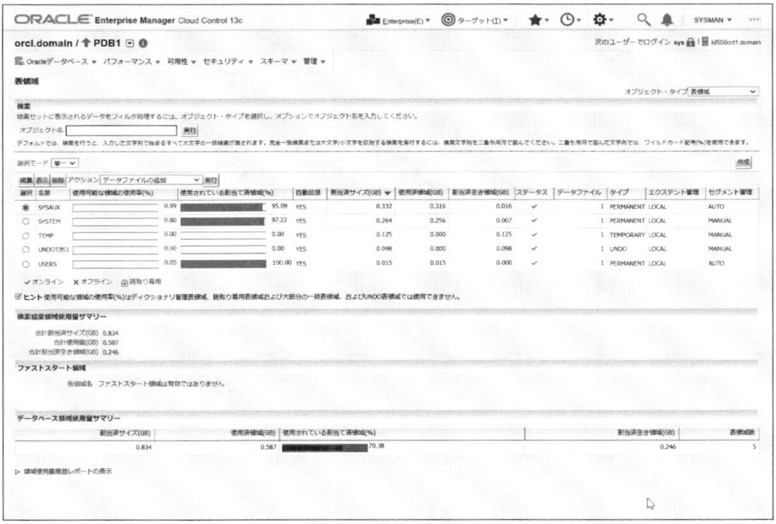

■データファイルの自動拡張を ON にする

表領域の空き領域が不足して、セグメントへの領域割り当てが失敗した場合、ORA エラーが発生します。しかし、表領域を構成するデータファイルの自動拡張設定を有効にしておくと、空き容量が不足したとき、自動的にデータファイルが拡張され、セグメントへ領域を割り当てられるようになります。この場合、領域不足の ORA エラーは発生せず、データの追加も継続して実行できます。

● 構文 データファイルの自動拡張設定を ON にする

```
ALTER DATABASE DATAFILE '<データファイルのパス>' AUTOEXTEND ON;

-- データファイルの最大サイズを設定する場合
ALTER DATABASE DATAFILE '<データファイルのパス>' AUTOEXTEND ON MAXSIZE <サイズ>;
```

　ただし、データファイルの自動拡張は、データファイルを格納するファイルシステムの空き領域がある場合のみ、実行できます。このため、ファイルシステムの空き領域の監視が必要です。

　また、意図しないデータファイルの際限ない拡張を防ぐために、データファイルの最大サイズを設定することも有効です。

■ファイルシステムの空き領域を監視する

　Oracle は、データファイルをファイルシステムに配置するので、そのファイルシステムの空き領域を監視する必要があります。データファイル以外にも、アーカイブ REDO ログファイルなどのファイルも出力するため、これらの出力先となるファイルシステムについても、空き領域を監視する対象となります。

　ファイルシステムの空き領域は、df コマンド（Linux ／ UNIX）や、fsutil コマンド（Windows）などで確認できます。以下に、それぞれのコマンドを使用した例を示します。

● 実行結果 6-19　df コマンドでファイルシステムの空き領域を確認する

```
$ df -m
Filesystem        1M-ブロック    使用    使用可 使用% マウント位置
/dev/xvda2            9985       3848      5631  41% /
tmpfs                1502       1157       346  78% /dev/shm
/dev/xvda1             99         50        45  53% /boot
/dev/xvdb1          30237       6345     22357  23% /u01
```

● 実行結果 6-20　fsutil コマンドでファイルシステムの空き領域を確認する

```
C:¥Windows¥system32>fsutil volume diskfree C:
空きバイト総数          : 139391635456
バイト総数             : 480336236544
利用可能な空きバイト総数  : 139391635456
```

　空き領域が不足した場合、不要なファイルを削除するなどして、空き領域を増やすことができないか検討します。十分な空き領域を確保できない場合は、ファイルシステムのサイズを拡張する必要があります。これにはディスク装置を増設する必要があるため、かんたんにはできません。

Column

ASM ディスクグループの空き領域監視

　Oracle では、データベース関連ファイルを、ASM と呼ばれる Oracle 専用のファイルシステムに格納できます。ASM は、RAC（Real Application Clusters）構成を用いたクラスタ環境でおもに使用されます。クラスタとは、大規模環境向けの複数サーバーを連携させて動作させるシステム構成です。

　ASM は、通常のファイルシステムとはまったく異なる方法でファイルを管理しているため、ファイルシステムと同じ方法で空き領域を確認することはできません。

　ASM では、ASM ディスクグループと呼ばれるファイルシステム相当の記憶域を作成し、ここにファイルを格納します。ASM ディスクグループの空き領域は、V$ASM_DISKGROUP ビューから確認できます。

▶ 実行結果 6-21　ASM ディスクグループの空き領域を確認する

```
SQL> SELECT name, total_mb, free_mb FROM V$ASM_DISKGROUP;

NAME          TOTAL_MB    FREE_MB
------------ ---------- ----------
CLU                3057       2869
DB                18429      14305
FRA               24566      24100
```

　V$ASM_DISKGROUP の FREE_MB 列が、それぞれのディスクグループの空き領域のサイズです。

　V$ASM_DISKGROUP の列の意味は、以下のとおりです。

● 表6-18　V$ASM_DISKGROUP の列

列名	説明
NAME	ディスクグループの名称
TOTAL_MB	ディスクグループの総サイズ
FREE_MB	ディスクグループの空き領域のサイズ

■**システム管理ソフトウェアを使って監視する**

　これまでの空き領域監視では、OS 標準のコマンドや SQL を使用して監視する方法を紹介してきました。しかし、中規模／大規模なシステムでは、システム管理ソフトウェアを導入して監視する場合が多いです。システム管理ソフトウェアを使用すると、以下のようなメリットがあります。

・多くのサーバーを効率的に監視できる
・取得したデータをグラフなどでわかりやすく表示できる
・過去のデータを保管できる

　多くのベンダーからシステム管理ソフトウェアが提供されています（オラクル社は「Oracle Enterprise Manager Cloud Control」を提供）。オープンソース製品では、「Zabbix」などがよく使われます。

OS リソースの使用状況を監視する

　Oracle をはじめとするプログラムの動作には、CPU やメモリなどの OS リソースが必要です。しかし、一部のプログラムが大量に OS リソースを使用すると、ほかのプログラムが使える OS リソースが減るため、望ましくありません。また、通常よりも多くの OS リソースを使用する状況は、なんらかの異常動作が発生していることを示している場合があります。

　このため、「OS リソースが使い切られていないか」「通常時よりも多くの OS リソースを使用していないか」について、リソースの使用状況を監視する必要があります。ただ、監視するといっても、管理者が統計値をずっと眺めているわけにはいきません。一般的には、「それぞれの OS リソース統計

に対してしきい値を設定し、OS リソース統計値がしきい値を超えた場合には、管理者にメールが送信される」といったしくみを作ります。

● 図6-22　しきい値による OS リソース統計値の監視

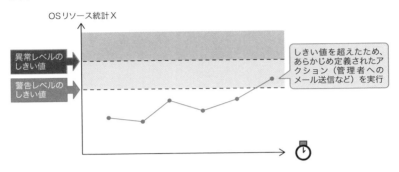

一般に、監視すべき OS リソース統計値には、以下のようなものがあります。

・CPU 使用率
・CPU 割り当てを待機するプロセスの数
・メモリ使用率、またはスワップの発生状況
・ディスク I/O 処理していた時間の割合
・ディスク I/O の完了を待機するプロセスの数

リソースの使用状況は、OS に含まれるコマンドやツールを使用して確認することもできますし、汎用のシステム管理ソフトウェアを用いて確認することもできます。汎用のシステム管理ソフトウェアを使うと、しきい値の設定やしきい値を超えた場合のアクション実行などを、比較的かんたんに実現できます。

また、監視結果は保管しておき、あとから確認できるようにしましょう。問題発生後の詳細分析や、平常時と異常時の比較に、過去の監視結果が必要となる場合があるためです。

■ **Linux ／ UNIX でのリソース監視**

Linux ／ UNIX では、リソースの使用状況を確認するためのさまざまなコマンドがあります。主要なコマンドを以下の表にまとめました。

◉ 表 6-19　Linux ／ UNIX の主要なリソース監視コマンド

コマンド名	説明
vmstat	現在のリソースの使用状況をマクロ的な観点で確認できます。 確認できる統計：CPU 待ち・I/O 待ちのプロセス数、メモリ使用率、I/O 統計、CPU 使用率など
sar	現在および過去のリソースの使用状況をマクロ的な観点で確認できます。 確認できる統計：CPU 使用率、メモリ使用率、ディスク I/O 統計、ネットワーク I/O 統計など
top	現在の OS 全体およびプロセス単位でのリソース使用状況を確認できます。 確認できる統計：CPU 使用率、メモリ使用量など（OS 全体） 　　　　　　　　メモリ使用量、CPU 使用率、メモリ使用率、実行時間など（プロセス単位）

なかでも sar コマンドは、定期的にリソース統計を収集して監視結果を一定期間保管する機能を持っているため、便利なコマンドです。sar コマンドで収集できるおもなリソース統計は、以下の表 6-20 のとおりです。

vmstat コマンドや top コマンドを使用する場合は、リソース統計の定期収集処理などを別途作成する必要があります。

◉ 表 6-20　sar コマンドで収集できるおもなリソース統計

リソース統計	説明
%sys	OS 内部における処理の CPU 使用率
%usr	OS が介在しないプロセス（スレッド）自体の処理の CPU 使用率
runq-sz	CPU 競合によりキュー（待ち行列）で CPU 割り当てを待機するプロセスの数
%iowait	ディスク I/O 処理していた時間の割合
avque	ディスク内の処理競合によりキュー（待ち行列）で待機している I/O 要求の数の平均値

以下の例は、sar コマンドを使って直近 15 日（-f /var/log/sa/sa15）の 18:00（-s 18:00:00）から 18:30（-e 18:30:00）の間に収集したリソース統計を参照する例です。

実行結果 6-22　指定した時間帯のリソース統計を参照（sar コマンド）

```
$ sar -A -s 18:00:00 -e 18:30:00 -f /var/log/sa/sa15
Linux 5.4.17-2011.7.4.el8uek.x86_64 (l83ora.domain)      03/15/2022      _x86_64_      CPU)

06:00:03 PM   CPU   %usr   %nice   %sys   %iowait   %steal   %irq   %soft   %guest   %gnice   %idle
06:10:04 PM   all   0.29   0.00    0.08   0.28      0.15     0.78   0.12    0.00     0.00     98.31
06:10:04 PM   0     0.26   0.00    0.06   0.37      0.06     0.11   0.10    0.00     0.00     99.04
06:10:04 PM   1     0.32   0.00    0.09   0.19      0.24     1.47   0.14    0.00     0.00     97.55

06:10:04 PM   CPU   %usr   %nice   %sys   %iowait   %steal   %irq   %soft   %guest   %gnice   %idle
06:20:04 PM   all   0.15   0.00    0.06   0.19      0.14     0.77   0.11    0.00     0.00     98.59
06:20:04 PM   0     0.09   0.00    0.05   0.12      0.06     0.13   0.10    0.00     0.00     99.45
06:20:04 PM   1     0.21   0.00    0.07   0.25      0.23     1.43   0.11    0.00     0.00     97.70

Average:      CPU   %usr   %nice   %sys   %iowait   %steal   %irq   %soft   %guest   %gnice   %idle
Average:      all   0.22   0.00    0.07   0.23      0.15     0.77   0.11    0.00     0.00     98.45
Average:      0     0.17   0.00    0.06   0.25      0.06     0.12   0.10    0.00     0.00     99.25
Average:      1     0.26   0.00    0.08   0.22      0.24     1.45   0.12    0.00     0.00     97.63

06:00:03 PM   proc/s   cswch/s
06:10:04 PM   0.20     2277.24
06:20:04 PM   0.19     2260.46
Average:      0.19     2268.86
```

■ Windows でのリソース監視

Windows では、パフォーマンスモニターを用いて定期的にリソース統計を収集して、監視結果を保管できます。

あらかじめ用意されているカウンタから取得したいものを選ぶ必要があります。非常に多くのカウンタが用意されているため困惑するかもしれませんが、最低限、以下に示すカウンタを監視しましょう。

表 6-21　パフォーマンスモニターで収集できるおもなリソース統計

カウンタ	説明
Processor: % Processor Time	CPU 使用率
System¥Processor Queue Length	CPU 割り当てを待機するスレッドの数
Memory: Available Bytes	メモリ空き領域のサイズ
Memory: Pages/sec	ページング数
PhysicalDisk: Avg. Disk Queue Length	ディスク I/O 完了を待機する要求の数

パフォーマンスモニターの監視結果は、「カウンタログ」として保管することで、あとから確認できます。

Oracle のパフォーマンス情報を定期的に取得する

データベースは、システムの心臓のような位置づけにあります。万が一、データベースのパフォーマンスが低下すると、システム全体のパフォーマンス低下につながります。このため、データベースが適切なパフォーマンスで処理できることが重要ですが、データベースをとりまく動作環境（データの状態や量、実行される SQL の種類や実行数など）は日々刻々と変化するため、状況によっては、想定外のパフォーマンス低下が発生する場合があります。

Oracle は、パフォーマンス問題の分析を助けるため、非常に多くの診断情報を内部で保持しています。しかし、これらは多岐にわたっており、そのままで分析することは困難です。また、診断情報は使用状況に応じて変化するため、過去のデータを参照できない場合があります。

このようなパフォーマンス問題の分析作業を円滑に進めることができるように、Oracle では、内部のパフォーマンス診断情報を保管して、分析しやすい形で整理されたレポートを出力する機能が提供されています。これが、「Statspack」です。Statspack を使うと、ある期間内のパフォーマンス統計をまとめたテキスト形式のレポートを生成できます。

▶ 図 6-23　データベースと Statspack レポート

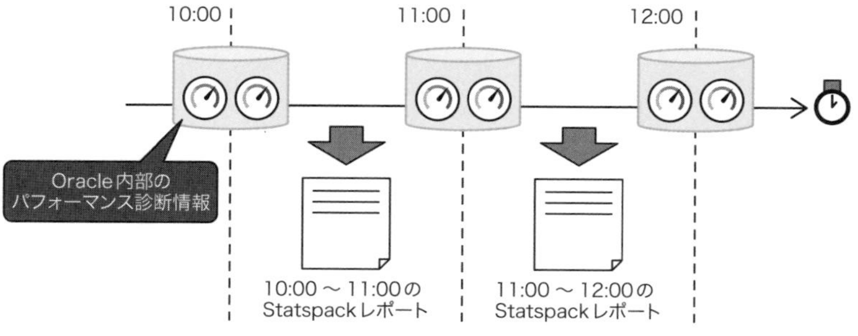

Statspack レポートからは、分析対象期間内のシステムの負荷特性や処理

効率、Oracle 内部で発生した待機の発生状況を、マクロ的に捉えた情報が
確認できるので、データベース全体のパフォーマンス状況を概観的に捉えら
れます。また、処理の統計値（CPU 時間、アクセスブロック数など）がし
きい値を超えた高負荷 SQL もリストアップされるため、問題がある SQL の
特定にも活用できます。

■ Statspack を導入する

　Statspack の導入には、対象の PDB に接続して、Oracle に同梱されている
スクリプト「spcreate.sql」を SYS ユーザーで実行します。このスクリプト
を実行すると、Statspack 専用の「perfstat ユーザー」が作成され、インスト
ール先の表領域に、パフォーマンス情報を格納するためのテーブルが作成さ
れます。導入完了後、perfstat ユーザーで「spauto.sql」を実行し、定期的に
スナップショット（パフォーマンス情報）を取得するように設定します。

　なお、CDB ルートに Statspack は導入できません。

▶ 実行結果 6-23　Statspack の導入

```
SQL> connect sys/Password1@localhost:1521/orclpdb as sysdba ❶
接続されました。
SQL> @?/rdbms/admin/spcreate ❷
（略）
SQL> connect perfstat/perfstat@localhost:1521/orclpdb ❸
接続されました。
SQL> @?/rdbms/admin/spauto ❹
（略）
```

❶ インストール対象の PDB に SYS ユーザーでリモート接続（6.5 節参照）
します。

❷ <ORACLE_HOME>/rdbms/admin/spcreate.sql を実行して、Statspack
を導入します。SQL*Plus の「@」コマンドは指定された SQL ファイル
を実行します。「?」は ORACLE_HOME に置き換えられます。拡張子「sql」
は省略できます。

❸ インストール対象の PDB に perfstat ユーザーでリモート接続（6.5 節
参照）します。

❹ <ORACLE_HOME>/rdbms/admin/spauto.sql を実行して、定期的な
スナップショット取得を設定します。

■ **Statpack レポートを出力する**

定期的に取得されたスナップショットからレポートを生成するには、
Oracle に同梱されているスクリプト「spreport.sql」を実行します。

スナップショット ID を用いて、分析対象時間帯の開始時間と終了時間を
指定します。

▶ 実行結果 6-24　Statpack レポートの出力

```
C:¥Users¥oracle>sqlplus perfstat/perfstat@localhost:1521/orclpdb ❶

SQL*Plus: Release 19.0.0.0.0 - Production on 水 3月 16 14:28:31 2022
Version 19.3.0.0.0

Copyright (c) 1982, 2019, Oracle.  All rights reserved.

最終正常ログイン時間: 水 3月  16 2022 11:28:06 +09:00


Oracle Database 19c Enterprise Edition Release 19.0.0.0.0 - Production
Version 19.3.0.0.0
に接続されました。
SQL> @?/rdbms/admin/spreport ❷

(略)

Specify the number of days of snapshots to choose from
~~~~~~~~~~~~~~~~~~~~~~~~~~~~~~~~~~~~~~~~~~~~~~~~~~~~~~~~~
Entering the number of days (n) will result in the most recent
(n) days of snapshots being listed.  Pressing <return> without
specifying a number lists all completed snapshots.




Listing all Completed Snapshots

                                                      Snap
Instance    DB Name        Snap Id   Snap Started   Level Comment
```
❸

```
------------- ------------- --------- ------------------ ----- -------------
--------
orcl        ORCL              1 15 3月  2022 22:1      5
                                9
                              2 15 3月  2022 22:1      5
                                9
                             11 16 3月  2022 11:1      5
                                8

                             12 16 3月  2022 12:0      5
                                0
                             13 16 3月  2022 13:0      5
                                0
                             22 16 3月  2022 14:0      5
                                0


Specify the Begin and End Snapshot Ids
~~~~~~~~~~~~~~~~~~~~~~~~~~~~~~~~~~~~~~~~

begin_snapに値を入力してください: 12 ❹
Begin Snapshot Id specified: 12

end_snapに値を入力してください: 13 ❺
End   Snapshot Id specified: 13



Specify the Report Name
~~~~~~~~~~~~~~~~~~~~~~~~

The default report file name is sp_12_13.  To use this name,
press <return> to continue, otherwise enter an alternative.

report_nameに値を入力してください: ❻

Using the report name sp_12_13

STATSPACK report for

Database   DB Id     Instance    Inst Num Startup Time   Release      RAC
~~~~~~~~   ---------- ----------- -------- -------------- ------------ ---    ❼
           1627118553 orcl              1 16-3月 -22 11:3 19.0.0.0.0  NO
(略)
```

335

❶ perfstat ユーザーで対象の PDB に接続します。

❷ <ORACLE_HOME>/rdbms/admin/spreport.sql スクリプトを実行します。

❸ 取得済みスナップショットの一覧が表示されます。

❹ 分析対象時間帯の開始時間に対応するスナップショット ID を入力します。

❺ 分析対象時間帯の終了時間に対応するスナップショット ID を入力します。

❻ レポートのファイル名を指定します。指定を省略したときのファイル名は、「st_< 開始スナップショット ID>_< 終了スナップショット ID>.lst」です。

❼ レポートが出力されます。出力内容は、カレントディレクトリのファイルにも保存されます。

以下に、Statspack レポートの出力例を示します。

● 実行結果 6-25　Statspack レポートの出力例（冒頭部分のみ抜粋）

```
STATSPACK report for

Database   DB Id    Instance    Inst Num Startup Time  Release     RAC
~~~~~~~~   ---------- ----------- -------- ------------- ----------- ---
           1627118553 orcl             1 16-3月 -22 11:3 19.0.0.0.0  NO
                                         2

Host     Name             Platform                 CPUs Cores Sockets
 Memory (G)
~~~~     ---------------- ---------------------- ----- ----- ------- ------------
         DBSERVER0        Microsoft Windows x86     2     2      1         8.0

Snapshot        Snap Id    Snap Time        Sessions Curs/Sess Comment
~~~~~~~~        ---------- ------------------ -------- --------- ----------------
--
Begin Snap:         12 16-3月 -22 12:00:00      5      5.4
  End Snap:         13 16-3月 -22 13:00:04      7      4.4
  Elapsed:      60.07 (mins) Av Act Sess:      3.9
  DB time:     231.49 (mins)    DB CPU:     107.04 (mins)

Cache Sizes           Begin        End
~~~~~~~~~~~           ---------- ----------
```

```
     Buffer Cache:    1,776M          Std Block Size:       8K
      Shared Pool:     528M             Log Buffer:    7,008K

Load Profile           Per Second   Per Transaction   Per Exec     Per
Call
~~~~~~~~~~~          ----------------  ----------------  ----------  ---------
--
      DB time(s):         3.9              0.0            0.00
0.00
      DB CPU(s):          1.8              0.0            0.00
0.00
      Redo size:      666,973.0         3,776.7
   Logical reads:     65,033.7            368.3
   Block changes:      4,547.7             25.8
  Physical reads:          0.3              0.0
 Physical writes:          0.0              0.0
      User calls:        898.3              5.1
          Parses:        305.0              1.7
     Hard parses:          0.0              0.0
W/A MB processed:          1.8              0.0
          Logons:          0.0              0.0
        Executes:      5,040.2             28.5
       Rollbacks:          0.0              0.0
    Transactions:        176.6
(略)
```

■ Statpack レポートを解析する

　実際に出力してみると驚くかもしれませんが、Statspack レポートは非常に情報量が多く、出力される項目やセクションがたくさんあります。この中で、最初に確認すべきセクションは以下の4つです。

◉ 表6-22　Statspack レポートでまず確認すべきセクション

セクション	説明
Load Profile	システム／アプリケーションの負荷特性
Instance Efficiency	典型的な指標におけるデータベースの処理効率
Top 5 Timed Events	最も待機時間を要した上位5種類の待機イベントに関する情報
SQL Ordered by xxx	各種統計項目においてしきい値を超えた高負荷 SQL に関する情報

　これらのセクションの出力内容を、基準となるレポート（ベースラインレ

ポート）と比較して、以下の手順で分析します。

1. Load Profile セクションからおおまかな負荷特性をつかみ、ベースライ
   ンレポートと負荷特性が同様であることを確認する
2. Instance Efficiency セクションを比較し、それぞれの項目でベースラ
   インレポートと顕著な相違がないかを確認する
3. Top 5 Timed Events セクションを比較し、待機イベントの発生状況
   に顕著な相違がないかどうかを確認する
4. SQL Ordered by xxx セクションを比較し、SQL の発生状況（同一の
   SQL のパフォーマンス統計に相違がないか、ベースラインレポートに存
   在しない高負荷 SQL が存在しないかどうか）を確認する
5. 必要に応じてそのほかのセクションを確認する

AWR レポート

　Enterprise Edition で Diagnostics Pack オプションを購入している場合、Statspack を発展 / 強化させた機能である AWR（Automatic Workload Repository：自動ワークロード・リポジトリ）を使用できます。Statspack と異なり、事前の導入作業は不要です。

　以下に、AWR レポートの出力の一部を示します。Statspack と同様に、多くのセクションから構成されています。基本的な分析手順は、Statspack と同様です。

◉ 図 6-24　AWR レポート

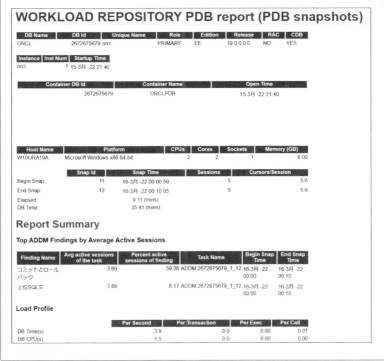

6.5 ネットワーク環境／本番環境で Oracle に接続する

　一般的なシステムでは、データベースサーバーとは別のマシンからネットワークを介して Oracle に接続します。このようにネットワークを介して Oracle に接続する方法をリモート接続と呼びます。

　本節では、リモート接続の構成方法を説明します。

ローカル接続とリモート接続

　リモート接続について説明する前に、もう 1 つの接続方法であるローカル接続と併せて両者を整理しておきます。

● 表 6-23　ローカル接続とリモート接続

接続方法	説明
ローカル接続	データベースとクライアント（接続元のプログラム）が同じマシンの場合のみ使用可能な接続方法。 データベース管理者からのアクセスや、データベースサーバーでのバッチ処理などでおもに使用される。 接続先コンテナは CDB ルートのみ。
リモート接続	TCP/IP などのネットワークプロトコルを用いる接続方法。 データベースサーバー以外のマシンからの接続が可能。 実際のシステムでは、データベースサーバー以外のマシンにアプリケーションが配置されることが多いため、アプリケーションからの接続にはリモート接続が用いられることが多い。 接続先コンテナは CDB ルートおよび PDB に対応。

　なおこれまでの説明では、接続先コンテナに応じて接続方式を使い分けてきました。CDB ルートへ接続する場合はローカル接続を、PDB へ接続する場合はリモート接続を使用しました。

　これは、PDB へはローカル接続できない[1] ためです。

※ 1　一部の管理用ユーザー（接続先 PDB における SET CONTAINER 権限を持つ共通ユーザー）は、ALTER SESSION SET CONTAINER 文を用いて PDB へのローカル接続と似た動作を実現できます。詳細はマニュアル「管理者ガイド」を参照してください。

リモート接続の全体像と Oracle クライアント

　実際のシステムで中心に使われる接続方法はリモート接続です。以下の図 6-25 では、次の 3 つのシステム構成パターンを示しています。いずれの構成でも、Oracle への接続はリモート接続が用いられます。

・Web 3 層構成を取ってアプリケーションサーバーを配置する
・独自に開発したデータ処理目的のカスタムアプリケーションを使用する
・データベースサーバー以外のマシンで SQL*Plus などの Oracle が提供するツール、コマンド類を使用する

● 図 6-25　システム構成とリモート接続

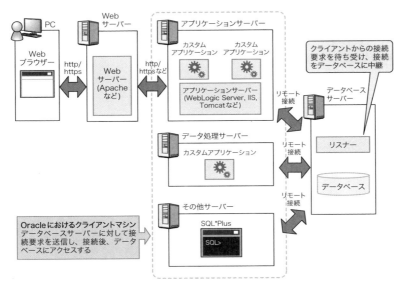

　なお、Oracle におけるクライアントマシンとは、データベースへの接続元となるマシンです。たとえば、Web 3 層構成のシステムの場合、Oracle におけるクライアントマシンは、アプリケーションサーバー（AP サーバー）です。「クライアント」というと、システムの利用者（人間）が操作するマシンをイメージしがちですが、Web ブラウザーが動作するマシン（PC）は、

Oracle におけるクライアントマシンではありませんのでご注意ください。

　リモート接続を使用するためには、以下の表 6-24 のとおり、データベースサーバーとクライアントマシンの両方にリモート接続のための構成が必要です。

◉ 表 6-24　リモート接続に必要な構成

項目	構成対象	説明
ネットワークの構成 (OS の設定)	データベースおよびクライアントマシン	データベースサーバーとクライアントマシンとの間で TCP/IP で通信できるように構成します。 ホスト名を使用する場合、ホスト名から IP アドレスに名前解決できるように hosts ファイルや DNS の構成が必要です。 ファイアウォールを使用している場合、リモート接続で使用するポートの通信許可設定が必要です。
リスナーの構成	データベースサーバー	NetCA を用いてリスナーを構成します。 リスナーはクライアントからの接続を待ち受け、データベースに中継する常駐プログラムです。
データベースのサービス登録設定	データベース	データベースが、自身の情報をリスナーに自動登録できるよう、リスナーのエンドポイント（接続を待ち受けるアドレス）を LOCAL_LISTENER 初期化パラメータに設定します。 このような、リスナーへのデータベース情報の登録を、サービス登録と呼びます。
クライアントマシン (AP サーバー) の構成	クライアントマシン	Oracle Database Client などの Oracle クライアント用ソフトウェアをインストールし、接続するデータベースの情報を設定します。 具体的な手順はクライアントマシンで使用するプログラムにより異なります。

　リモート接続を受け付けるデータベースサーバーには、リスナーを構成する必要があります。リスナーはクライアントからの接続を待ち受け、データベースに中継する常駐プログラムです。1 つのリスナーは複数のデータベースへの接続を中継できます。このため、特に理由がない限り、1 つのデータベースサーバーには、1 つのリスナーを構成すれば十分です。

　Oracle 19c では、OUI や DBCA でデータベースを作成するときに、リスナーを作成できます。もし、すでにリスナーを構成済みの場合は、次の項で説明する NetCA でリスナーを構成する手順を実行する必要はありません[※1]。

※1　本書の 2.1 節「データベースを構成する」(P.28) で記載した手順ではデータベース作成時にリスナーを構成済みです。

リスナーを構成する

リスナーを構成するには、Net Configuration Assistant（以下、NetCA）というツールを使用します。ここでは、以下の設定内容でリスナーを構成する手順を説明します。なお、すでにリスナーを構成済みの場合は実施不要です。

▶ 表 6-25　今回構成するリスナーの設定内容

設定項目	設定値	説明
リスナー名	LISTENER	リスナーを識別する名前です。 同一のデータベースサーバーに複数のリスナーを構成する場合、それぞれのリスナーに異なるリスナー名を指定する必要があります。
使用するプロトコル	TCP	リスナーがリモート接続で使用するプロトコルを指定します。
TCP ポート番号	1521	TCP プロトコルを使用する場合で、リスナーが接続を待ち受ける TCP ポート番号を指定します。

■ NetCA を起動してリスナーを構成する

Windows のスタートメニューから「Oracle - OraDB19Home1 [※2]」→「Net Configuration Assistant」をクリックすると、NetCA が起動します。

※2 同じマシンに Oracle 19c を複数インストールした場合、末尾の数字が 2、3、…となる場合があります。

● 図 6-26　NetCA の起動

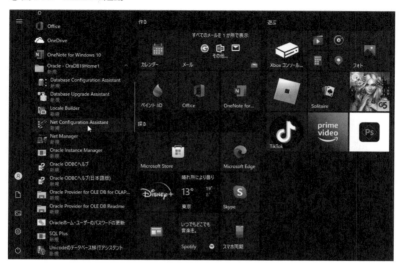

　NetCA では、リスナーの構成以外にもさまざまな構成処理を実行できます。ここでは、「リスナー構成」を選択し、リスナーの構成処理を実行します。

● 図 6-27　「ようこそ」画面

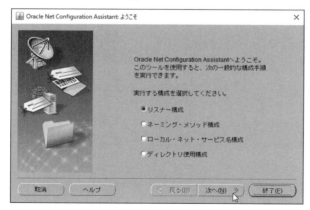

　「追加」を選択し、新しいリスナーを構成します。

● 図 6-28　「リスナーの構成 - リスナー」画面

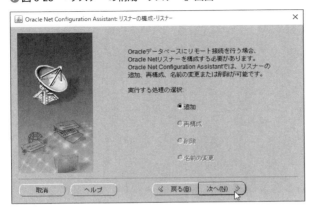

■リスナーの詳細を決める

　次に、リスナー名を指定します。今回は、デフォルトのリスナー名
"LISTENER" を使用します。

● 図 6-29　「リスナーの構成 - リスナー名」画面

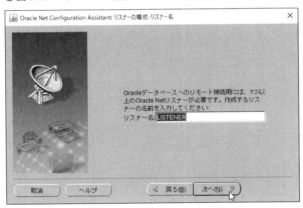

　リスナーが使用するプロトコルを選択します。今回はデフォルトの "TCP"
のみを使用します。

● 図 6-30　「リスナーの構成 - プロトコルの選択」画面

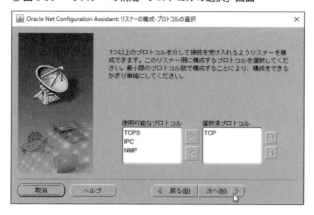

　リスナーが接続を待ち受ける TCP ポートを指定します。今回は「標準ポート番号の 1521 を使用」を選択し、デフォルトの 1521 ポートを使用します。

● 図 6-31　「リスナーの構成 - TCP/IP プロトコル」画面

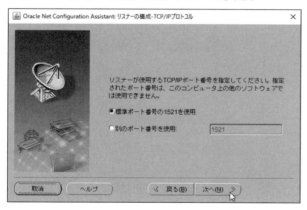

　「いいえ」を選択します。

◉ 図6-32　「リスナーの構成 - リスナーを追加しますか」画面

　「リスナーの構成が完了しました。」という表示から、構成が完了したことがわかります。

◉ 図6-33　「リスナーの構成が完了」画面

　NetCA の画面にしたがって入力した設定は、「<ORACLE_HOME>¥network¥admin¥listener.ora」[※1] というテキスト形式の設定ファイルに記録

※1　従来構成（読み書き可能 Oracle ホーム）の場合です。18c 新機能の読取り専用 Oracle ホームを使用した場合の listener.ora のファイルパスについては、P.312 のコラムを参照してください。

347

されます。じつは、NetCA を使用しなくても、テキストエディタなどで listener.ora を編集して、リスナーを構成することもできます。しかし、NetCA を使用すると編集ミスによるトラブルを抑止できるため、NetCA の使用をおすすめします。

　また、インストールの方法によっては、すでにリスナーが構成済みな場合もあります。listener.ora を参照すると、リスナーが構成済みかどうかを確認できます。

　Windows 環境では、作成したリスナーは、データベースと同様に Windows サービスとして OS に登録され、デフォルトで OS 起動時にあわせて起動されます。サービス名は「OracleOraDB19Home1TNSListener[1]」です。

リスナーを起動／停止する - lsnrctl コマンド

　リスナーを起動／停止するには、lsnrctl コマンドを使用します。lsnrctl コマンドはコマンドプロンプトから実行できる OS コマンドですが、コマンドプロンプトは、管理者権限で実行している必要があります[2]。

▶構文　リスナーの起動

```
lsnrctl start [リスナー名]
```

▶構文　リスナーの停止

```
lsnrctl stop [リスナー名]
```

　lsnrctl コマンドには、対象となるリスナーの名前を指定します。ただし、リスナー名がデフォルトの「LISTENER」である場合、リスナー名の指定を省略できます。以下の実行結果では、リスナー名の指定を省略し、「LISTENER」という名前のリスナーを起動／停止しています。

※1　同じマシンに Oracle 19c を複数インストールした場合、OraDB19Home1 の末尾の数字が2、3、…となる場合があります。

※2　くわしくは、コラム「コマンドプロンプトを管理者として実行する」（P.350）を参照してください。

▶ 実行結果 6-26　リスナーの起動

```
C:¥WINDOWS¥system32>lsnrctl start

LSNRCTL for 64-bit Windows: Version 19.0.0.0.0 - Production on 15-3月 -2022
22:46:38

Copyright (c) 1991, 2019, Oracle.  All rights reserved.

tnslsnrを起動しています。お待ちください...

TNSLSNR for 64-bit Windows: Version 19.0.0.0.0 - Production
システム・パラメータ・ファイルはC:¥oracle¥product¥19.0.0¥dbhome_1¥network
¥admin¥listener.oraです。
ログ・メッセージをC:¥oracle¥diag¥tnslsnr¥dbserver0¥listener¥alert¥log.xmlに
書き込みました。
リスニングしています: (DESCRIPTION=(ADDRESS=(PROTOCOL=tcp)(HOST=127.0.0.1)
(PORT=1521)))
リスニングしています: (DESCRIPTION=(ADDRESS=(PROTOCOL=ipc)(PIPENAME=¥¥.¥pipe
¥EXTPROC1521ipc)))

(DESCRIPTION=(ADDRESS=(PROTOCOL=TCP)(HOST=localhost)(PORT=1521)))に接続中
リスナーのステータス
------------------------
別名                      LISTENER
バージョン                 TNSLSNR for 64-bit Windows: Version 19.0.0.0.0
- Production
開始日                    15-3月 -2022 22:46:43
稼働時間                  0 日 0 時間 0 分 10 秒
トレース・レベル            off
セキュリティ               ON: Local OS Authentication
SNMP                     OFF
パラメータ・ファイル         C:¥oracle¥product¥19.0.0¥dbhome_1¥network¥admin
¥listener.ora
ログ・ファイル              C:¥oracle¥diag¥tnslsnr¥dbserver0¥listener¥alert
¥log.xml
リスニング・エンドポイントのサマリー ...
  (DESCRIPTION=(ADDRESS=(PROTOCOL=tcp)(HOST=127.0.0.1)(PORT=1521)))
  (DESCRIPTION=(ADDRESS=(PROTOCOL=ipc)(PIPENAME=¥¥.¥pipe¥EXTPROC1521ipc)))
サービスのサマリー ...
サービス"CLRExtProc"には、1件のインスタンスがあります。
  インスタンス"CLRExtProc"、状態UNKNOWNには、このサービスに対する1件の
ハンドラがあります...
コマンドは正常に終了しました。
```

▶ 実行結果 6-27　リスナーの停止

```
C:¥WINDOWS¥system32>lsnrctl stop

LSNRCTL for 64-bit Windows: Version 19.0.0.0.0 - Production on 15-3月 -2022
22:46:18

Copyright (c) 1991, 2019, Oracle.  All rights reserved.

(DESCRIPTION=(ADDRESS=(PROTOCOL=TCP)(HOST=localhost)(PORT=1521)))に接続中
コマンドは正常に終了しました。
```

Column

コマンドプロンプトを管理者として実行する

Windows 10 では、コマンドプロンプトを通常の方法で起動した場合、そのコマンドプロンプトから OS の管理者権限が必要なコマンドを実行できません。リスナーの起動／停止などの Windows サービスの制御もできません。

管理者権限が必要なコマンドを実行する場合、あらかじめコマンドプロンプトを管理者として実行する必要があります。これは、Windows のユーザーアカウント制御（UAC）に起因する制限です。

本文のように、lsnrctl コマンドでリスナーの起動／停止を行う場合、管理者として実行したコマンドプロンプトから、lsnrctl コマンドを実行してください。

サービス登録を構成する

リスナーは、クライアントからの接続要求をデータベースに中継します。このためには、中継するデータベースの情報をリスナーに登録する必要があります。これをサービス登録と呼びます。なお、ここでのサービスは「リスナーに登録したデータベース情報」のことで、Windows の常駐プログラムである Windows サービスのことではない点に注意してください。

データベースで、LOCAL_LISTENER 初期化パラメータにリスナーのエンドポイント（接続を待ち受けるアドレス）を設定[1]すると、データベー

※1 tnsnames.ora に記載したエンドポイントの別名（ネットワーク名）を設定することも可能です。詳細はマニュアル「Net Services 管理者ガイド」を参照してください。

ス自身の情報をリスナーに自動登録します。

ただし、デフォルトの構成でリスナーを作成した場合は、LOCAL_
LISTENER 初期化パラメータの設定（サービス登録の構成）は不要です。
最初から、デフォルト構成のリスナー（TCP ポート番号 1521）に対してサ
ービス登録を行うように設定されているからです。

デフォルトとは異なる構成（1521 以外の TCP ポート番号を使用するなど）
でリスナーを作成した場合は、明示的に LOCAL_LISTENER 初期化パラメ
ータを設定する必要があります。以下に、TCP ポート番号 1522 のリスナー
に対してサービス登録するように、LOCAL_LISTENER 初期化パラメータ
を設定する例を示します。

● 実行結果 6-28　LOCAL_LISTENER 初期化パラメータの設定例

```
SQL> ALTER SYSTEM SET LOCAL_LISTENER='(ADDRESS=(PROTOCOL=TCP)(HOST= 
LOCALHOST)(PORT=1522))';

システムが変更されました。
```

■サービス登録状況を確認する － lsnrctl services コマンド

データベースの情報が適切にリスナーに登録されたかどうかは、lsnrctl
services コマンドで確認できます。

● 構文　lsnrctl services コマンド

```
lsnrctl services [リスナー名]
```

lsnrctl services には、リスナー名を指定します。リスナー名がデフォル
トの「LISTENER」である場合、リスナー名の指定を省略できます。以下
の実行結果では、リスナー名の指定を省略しているため、「LISTENER」と
いう名前のリスナーに対するサービス登録の状況が表示されます。

● 実行結果 6-29　サービス登録の状態を確認する（lsnrctl services）

```
C:¥WINDOWS¥system32>lsnrctl services

LSNRCTL for 64-bit Windows: Version 19.0.0.0.0 - Production on 14-3月 -2022
19:57:44
```

```
Copyright (c) 1991, 2019, Oracle.  All rights reserved.

(DESCRIPTION=(ADDRESS=(PROTOCOL=TCP)(HOST=localhost)(PORT=1521)))に接続中
サービスのサマリー ...
サービス"52448234712340b69f274bcc790ecfe0"には、1件のインスタンスがあります。
  インスタンス"orcl"、状態READYには、このサービスに対する1件のハンドラが
あります...
    ハンドラ:
      "DEDICATED" 確立:0 拒否:0 状態:ready
        LOCAL SERVER
サービス"8f9c5389fa334d65be194843a7c387bd"には、1件のインスタンスがあります。
  インスタンス"orcl"、状態READYには、このサービスに対する1件のハンドラが
あります...
    ハンドラ:
      "DEDICATED" 確立:0 拒否:0 状態:ready
        LOCAL SERVER
サービス"CLRExtProc"には、1件のインスタンスがあります。
  インスタンス"CLRExtProc"、状態UNKNOWNには、このサービスに対する1件の
ハンドラがあります...
    ハンドラ:
      "DEDICATED" 確立:0 拒否:0
        LOCAL SERVER
サービス"orcl"には、1件のインスタンスがあります。
  インスタンス"orcl"、状態READYには、このサービスに対する1件の
ハンドラがあります...
    ハンドラ:
      "DEDICATED" 確立:0 拒否:0 状態:ready
        LOCAL SERVER
サービス"orclXDB"には、1件のインスタンスがあります。
  インスタンス"orcl"、状態READYには、このサービスに対する1件の
ハンドラがあります...
    ハンドラ:
      "D000" 確立:0 拒否:0 現行:0 最大:1022 状態:ready
        DISPATCHER <machine: DBSERVER0, pid: 2556>
        (ADDRESS=(PROTOCOL=tcp)(HOST=dbv)(PORT=50053))
サービス"orclpdb"には、1件のインスタンスがあります。
  インスタンス"orcl"、状態READYには、このサービスに対する1件の
ハンドラがあります...
    ハンドラ:
      "DEDICATED" 確立:0 拒否:0 状態:ready
        LOCAL SERVER
コマンドは正常に終了しました。
```

❶

❷

❸

❹

352

実行結果 6-29 から、リスナーに登録されたサービスが確認できます。リモート接続のためのサービスは、CDB ルートに対応するサービス「orcl」❷および PDB orclpdb に対応するサービス「orclpdb」❹です。

CDB ルートに対応するサービス名には、DBCA でデータベースを作成したときに「グローバル・データベース名」として入力した値がデフォルトで使用されます。PDB に対応するサービス名には、PDB 名がデフォルトで使用されます。

サービス名は、クライアントからリモート接続する際に指定します。リスナーの登録されたサービス名と同じ文字列を指定しないと接続できないので注意してください。

なお、❶、❸のサービスは、高度な Oracle の機能のために構成されています。実際の運用上はあまり意識する必要がないため、本書では説明を割愛します。

クライアントマシンを構成する

接続元となるクライアントマシンについても、リモート接続のための構成作業が必要です。

図 6-25（P.341）のとおり、クライアントマシンからデータベースにアクセスするプログラムとしては、Oracle が提供するツール、コマンド類か、Java や .NET を用いて独自開発したカスタムアプリケーションが一般的でしょう。ここでは、Oracle が提供するツール、コマンド類を使用することを想定し、構成手順を説明します。

■ Oracle Client をインストールする

データベースにリモート接続するクライアントマシンには、Oracle Client（Oracle Database Client）をインストールする必要があります[※1]。Oracle Client は、アプリケーションが Oracle に接続するための機能を提供するソフトウェアです。SQL*Plus などの Oracle が提供するツール、コマンド類も同梱されています。

※1　一部の例外を除く（JDBC Thin ドライバを使用する Java アプリケーションの場合。詳細は後述）

　Oracle Client は、Oracle と同様にオラクル社の Web サイトからダウンロードできます。また、ダウンロードした ZIP ファイルを解凍して setup.exe を実行して OUI でソフトウェアをインストールできる点、インストール先のディレクトリを ORACLE_HOME と呼ぶ点なども Oracle と同様です。

　なお、ZIP ファイルは、バージョン、OS ごとに別々のファイルが用意されています。ZIP ファイルは、データベースサーバーの OS ではなく、クライアントマシンの OS に合わせたものをダウンロードしてください。

Column

Oracle Database Instant Client

　Oracle Client に含まれるツール、コマンド類などが不要な場合は、Oracle Database Instant Client（以下 Instant Client）と呼ばれるコンパクト版のソフトウェアを使用することもできます。Instant Client は、アプリケーションとともに配布することが許されているため、アプリケーションの導入手順を簡略化できます。

・Oracle Database Instant Client

　http://www.oracle.com/jp/database/technologies/instant-client.html

---

■ネットサービス名を設定する

　クライアントからデータベースにリモート接続するためには、接続先となるリスナーおよびデータベースの情報をクライアントに与える必要があります。これらの接続先情報は、クライアントの「<ORACLE_HOME>\network\admin\tnsnames.ora」[※1]というテキスト形式の設定ファイルに記載します。

　tnsnames.ora には「<ネットサービス名>=(DESCRIPTION …)」という形式で、ネットサービス名と接続先情報の対応を記載します。これにより、ネットサービス名という「名前」と接続先情報が対応づけられます。

　2.1 節で作成したコンテナデータベース orcl の CDB ルートおよび PDB

※1　従来構成（読み書き可能 Oracle ホーム）の場合です。18c 新機能の読取り専用 Oracle ホームを使用した場合の tnsnames.ora のファイルパスについては、P.312 のコラムを参照してください。

orclpdb に接続するための設定項目および tnsnames.ora の設定例を示します。ここで、コンテナデータベース orcl を作成したデータベースサーバーのホスト名は dbserver0 であるとします。

● 表 6-26　接続先情報の設定項目例

項目	設定値	
	CDB ルート	PDB orclpdb
ネットサービス名	ORCL	ORCLPDB
データベースサーバーのホスト名	dbserver0	dbserver0
リスナーの TCP ポート番号	1521	1521
接続先データベースのサービス名	orcl	orclpdb

● 図 6-34　tnsnames.ora の記載例と要素

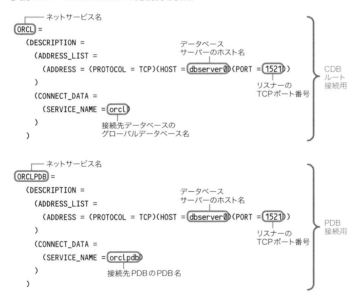

tnsnames.ora に正しい設定内容を指定しないと正常に接続できないため、慎重に設定してください。接続先データベースのサービス名は、lsnrctl services コマンドの出力内容を参考に設定するのが、おすすめのやり方です。

なお、tnsnames.ora の設定は、NetCA からも実行できます。NetCA を起動し、「ローカル・ネット・サービス名構成」を選択して、設定項目を入力

してください。

クライアントの SQL*Plus からデータベースにリモート接続する

　ローカル接続と同様に、リモート接続でも、CONNECT コマンドまたは
SQL*Plus の起動オプションに接続情報を指定してデータベースに接続しま
す。ただし、ローカル接続の場合と異なり、「＜ユーザー名＞/＜パスワード
＞」のあとに、接続先データベースに対応するネットサービス名を指定しま
す。

◉ 構文　CONNECT コマンド（リモート接続）

```
CONNECT <ユーザー名>/<パスワード>@<ネットサービス名>
```

◉ 構文　SQL*Plus の起動時にデータベースに接続する（リモート接続）

```
sqlplus <ユーザー名>/<パスワード>@<ネットサービス名>
```

　以下に、「ORCL」というネットサービス名で、CDB ルートにリモート接
続する例と、「ORCLPDB」というネットサービス名で PDB にリモート接続
する例を示します。

◉ 実行結果 6-30　SQL*Plus で CDB ルートにリモート接続する

```
C:¥Users¥oracle>sqlplus system/Password1@ORCL

SQL*Plus: Release 19.0.0.0.0 - Production on 水 3月 16 16:42:42 2022
Version 19.3.0.0.0

Copyright (c) 1982, 2019, Oracle.  All rights reserved.

最終正常ログイン時間: 水 3月  16 2022 11:27:52 +09:00


Oracle Database 19c Enterprise Edition Release 19.0.0.0.0 - Production
Version 19.3.0.0.0
に接続されました。
SQL>
```

▶実行結果 6-31　SQL*Plus で PDB にリモート接続する

```
C:¥Users¥oracle>sqlplus system/Password1@ORCLPDB

SQL*Plus: Release 19.0.0.0.0 - Production on 水 3月 16 16:42:58 2022
Version 19.3.0.0.0

Copyright (c) 1982, 2019, Oracle.  All rights reserved.

最終正常ログイン時間: 水 3月  16 2022 16:42:44 +09:00


Oracle Database 19c Enterprise Edition Release 19.0.0.0.0 - Production
Version 19.3.0.0.0
に接続されました。
SQL>
```

簡易接続ネーミングメソッド（EZCONNECT）

　簡易接続ネーミングメソッド（EZCONNECT）を使用すると、tnsnames.ora の設定を省略することができます。

　EZCONNECT は、ネットサービス名の代わりに、以下の書式の文字列を指定することで接続情報を与える方法です。

▶構文　EZCONNECT の接続文字列書式（@ のあとに指定する）

```
[//]<データベースサーバーのホスト名>[:<リスナーのTCPポート番号>]
[/<接続先データベースのサービス名>]
```

　リスナーの TCP ポート番号を省略すると「1521」が使用されます。接続先データベースのサービス名には、リスナーに登録されたサービス名を指定します。サービス名の指定を省略すると、代わりにデータベースサーバーのホスト名が使用されますが、一般に「ホスト名 ≠ データベースのサービス名」なので、必ず接続先データベースのサービス名を指定するようにしてください。

● 実行結果 6-32　EZCONNECT を用いて SQL*Plus でリモート接続する

```
C:¥Users¥oracle>sqlplus system/Password1@dbserver0:1521/orcl

SQL*Plus: Release 19.0.0.0.0 - Production on 火 3月 15 22:51:40 2022
Version 19.3.0.0.0

Copyright (c) 1982, 2019, Oracle.  All rights reserved.

最終正常ログイン時間: 火 3月   15 2022 22:06:06 +09:00


Oracle Database 19c Enterprise Edition Release 19.0.0.0.0 - Production
Version 19.3.0.0.0
に接続されました。
SQL>
```

アプリケーションとドライバ

　これまで、SQL*Plus を使用してデータベースに接続する例を説明しましたが、実際のシステムでは、Java、C#.NET や Visual Basic.NET（VB.NET）などのプログラミング言語を使ってアプリケーションを作成し、アプリケーションからデータベースに接続して、SQL を発行することになるでしょう。アプリケーションが Oracle にアクセスするためには、使用するプログラミング言語に対応したドライバ[1] が必要です。ドライバは Oracle Client に含まれているため、Oracle Client をインストールする必要があります。

　現在一般的に使用されているドライバは、Java アプリケーションから Oracle に接続するために使用される Oracle JDBC ドライバ（以下、JDBC ドライバ）と、C#、VB.NET などで開発された .NET アプリケーションから接続するための Oracle Data Provider for .NET（以下、ODP.NET）です。JDBC ドライバには、Thin と OCI の 2 つの種類があります。

　対応するプログラミング環境と導入方法を以下の表にまとめています。

※ 1 Oracle のマニュアルでは「プログラミング・インタフェース」という用語が使用されていますが、本書では一般的に使用される「ドライバ」という用語を使用します。

● 表 6-27　ドライバの種別と対応するプログラミング環境とドライバの導入方法

ドライバの種類	対応するプログラミング環境	ドライバの導入方法
JDBC Thin ドライバ	Java	ドライバを含む JAR ファイルをクライアントマシンにコピーする。なお、JAR ファイルは Oracle Client にも同梱されています
JDBC OCI ドライバ		Oracle Client をクライアントマシンにインストールする
ODP.NET	.NET(C#、VB.NET など)	Oracle Client または Oracle Data Access Components(ODAC) をクライアントマシンにインストールする

　表 6-27 からわかるとおり、.NET アプリケーションの場合は ODP.NET を使用します。

　Java の場合は、JDBC Thin ドライバまたは JDBC OCI ドライバが使用できますが、一般に JDBC Thin ドライバの使用が推奨されています。OCI 固有の機能が必要な場合は、JDBC OCI ドライバを使用することもあります。Thin と OCI の機能の差異については、「Oracle Database JDBC 開発者ガイド」を参照してください。ただ、基本機能の差異はないため、基本的に Thin を使うと考えて構いません。

　使用するドライバに応じて導入手順が異なることに注意してください。JDBC Thin ドライバを使用する場合、Oracle Client をインストールしなくても、別途単独で入手できます。以下の URL よりファイルをダウンロードし、必要な JAR ファイルをコピーするだけで OK です。

・Oracle JDBC Driver ダウンロード
https://www.oracle.com/jp/database/technologies/appdev/jdbc-downloads.html

　また、ODP.NET は、Oracle Client からも導入できますが、パッチバージョンによっては、Oracle Data Access Components（ODAC）から導入する必要があります。

・Oracle Data Access Components（ODAC）for Windows ダウンロード

https://www.oracle.com/jp/database/technologies/oracle-data-access-components-odac.html

　詳細なインストール手順の説明は、本書の範囲を超えるため、マニュアル「Oracle Database JDBC 開発者ガイド」や「Oracle Data Provider for .NET 開発者ガイド」を参照してください。

リモート接続でエラーが発生するときには

　本文の説明のとおり、リモート接続の構成にはリスナー、データベース、クライアントの設定が必要であり、かつ、それぞれの設定の対応が取れている必要があります。逆にいうと、設定漏れや対応の不備がある場合、リモート接続時にエラーが発生して、うまく接続できません。

　リモート接続でエラーが発生した場合は、以下の点に留意して設定を再度確認してください。

● ORA-12154 が発生した場合

　SQL*Plus やアプリケーションで指定したネットサービス名とtnsnames.ora に設定したネットサービス名が同じであることを確認します。

● ORA-12514 が発生した場合

　リスナーに対して適切にサービス登録できていない可能性があるため、リスナーの TCP ポート番号とデータベースの LOCAL_LISTENER 初期化パラメータの TCP ポート番号が同じかどうかを確認します。また、クライアントにおけるサービス名の指定に誤りがある可能性があるため、クライアント tnsnames.ora における接続先データベースのサービス名が、lsnrctl services コマンドで確認したサービス名と同じかどうかを確認します。

● ORA-12545、ORA-12170、TNS-12541、ORA-12541 が発生した場合

クライアントにおける接続先アドレス情報の指定に誤りがある可能性があるため、クライアント tnsnames.ora におけるデータベースサーバーのホスト名（HOST=...）が正しいかどうか、クライアント tnsnames.ora におけるリスナーの TCP ポート番号（PORT=...）とリスナーの TCP ポート番号と同じかどうかを確認します。また、リスナーへの接続に失敗している可能性があるため、リスナーが起動しているかどうかも確認します。

上記に挙げたエラー以外のエラーが発生することもあります。この場合は、まず上記エラーで紹介した確認項目を確認し、これで解決しない場合は、マニュアル「Oracle Database エラー・メッセージ」に記載された対処策や My Oracle Support の情報を参考にして対処してください。サポート契約がある場合は、サポート窓口に問い合わせることも有効です。

6.6　トラブルに
立ち向かうためには

　なにもトラブルが起きないことが最も望ましいのですが、運用を続けてい
くと、やはりなにかしらのトラブルに出くわすことになります。トラブルの
種類はさまざまであり、網羅的な説明は難しいのですが、いくつか重要なポ
イントはあります。この節では、トラブル対処で押さえておくべきいくつか
のポイントを説明します。

まず、なにが起きているのか確認する

　トラブルは不意にやってきます。通常は、エラー監視やユーザーからの苦
情により、トラブルに気づくことが多いでしょう。

　ログファイルを見るなど、すぐに技術的な調査に着手したくなるところで
すが、まずは落ち着いて、業務を含めた広い視点で情報を収集／整理しまし
ょう。限られた情報から誤った判断をすると、時間を浪費してしまいます。

■業務への影響を確認する

　まずは、トラブルが業務に与える影響を確認しましょう。Oracle 上のト
ラブルの重大さと、業務におけるトラブルの重大さが異なる場合もあります。

　たとえば、データベースが起動できないような問題は、Oracle 上では深
刻なトラブルといえます。しかし、そのシステムの使用頻度が低く、「近々
での使用予定は 2 週間後」ということであれば、現時点での業務影響はゼロ
です。2 週間後までに復旧を完了すればよいはずです。

　ここで把握した業務影響は、テクニカルサポートに調査を依頼するとき活
用できます。一般にサポート問い合わせでは、業務影響に応じた重要度
（Severity）を入力します。実情に合った重要度を入力すると、適切な調査
の進展が期待できます。

発生しているトラブルの全容がつかめなければ、業務に与える影響がどの程度であるか判断できないこともあります。たとえば、バッチ処理で最初にエラーが確認されたからといって、ほかの処理ではエラーが発生していないと判断することはできないでしょう。念のため、すべての処理についてエラーが発生していないかどうか確認する必要があるはずです。このため、業務影響の確認は初期の段階だけではなく、調査を進めるなかで都度行いましょう。

■「3W1H」で状況を把握する

状況の把握／伝達には、5W1H（What、When、Where、Why、Who、How）が重要と一般にいわれます。トラブル発生時の状況把握においてはWhat、When、Where、How の「3W1H」が特に重要です。

【What】
・なにが起こっていたのか？
・できるだけ具体的に事象をとらえたい。問題の SQL は、具体的にどのような SQL か？
・回数（エラーの発生数、処理の実行数など）はどのくらいか？
・トラブル発生時の状態は、本来あるべき状態とどのような点で異なっていたか？

【When】
・いつトラブルを確認したか？
・どれくらいの期間、トラブルが発生したか？
・もしトラブルが自然解消したならば、その日時はいつか？

【Where】
・システム全体におけるどの箇所で問題が発生したか？
・システムが複数のマシン、複数のインスタンスで構成されるならば、どのマシン、どのインスタンスか？
・エラーは Oracle のログに記録されたか、それとも、アプリケーションに

返されたか？

【How】
・どのような方法で事象を確認したか？
・たとえば、「ハングした（意図しない動作停止）」という情報だけでなく、どのような方法で調査を行い、「ハングした」と判断したのかを確認する
　（例）「データベースサーバーに ssh でログインし、sqlplus / as sysdba を実行したが接続できなかった」

■エラーの内容と発生有無を確認する

　トラブルの分析において、初動調査の鍵になるのが、エラー番号とエラーメッセージです。Oracle のログファイル（アラートログ、リスナーログなど）やアプリケーションのログを確認して、以下の情報を収集しましょう。

・そもそもエラーを伴うトラブルであるかどうか
・エラー番号とメッセージはなにか
・エラーが出力された箇所はどこか

　一般的な対処方法が確立されているエラーであれば、エラー番号を得るだけで、トラブルに対処できる場合もあります。ただし、一般的な対処方法が有効でないこともあるので、その場合は、詳細な情報を取得／分析して、原因を調査してから、対処方法を検討する形になるでしょう。
　また、処理が途中で停止したケースや、処理パフォーマンスが低下したケースなど、エラーを伴わないトラブルもあります。この場合は、別の情報を収集／分析して対処方法を検討します。

■そのほかの重要なこと

　そのほか、以下のようなことが原因特定の手がかりになる場合があります。

〈問題発生の契機〉
・ある SQL を実行したり、ある操作を実行したタイミングでエラーが発生

したのか
・明確な契機がなく、エラーが発生したのか

〈再現性と発生頻度〉
・同じ操作を実行して同じ問題が発生するどうか
・発生しない場合は、タイミング的な問題か、複合的な要因である可能性が
　ある
・発生頻度もあわせて確認する

〈トラブル発生前に変更を加えていないか〉
・「なにか」を変えたことをきっかけにトラブルが発生する場合がある
・新しいアプリケーションを導入したか（＝実績のない新しい SQL が実行
　されたか）
・初期化パラメータを変更したか

〈問題となった処理は、以前、成功／失敗したことがあるか〉
・過去に何度も成功している処理が失敗したのならば、処理そのものではな
　く、実行した環境になにか新しい問題が発生している可能性が高い
・1 度も成功したことがない処理がまた失敗したのならば、そもそもその処
　理自体に問題がある可能性も考える

ログを確認する

　業務影響やエラーの発生状況などのトラブルの状況を把握したら、Oracle
の観点から、トラブル調査を進めていきましょう。

　Oracle のトラブル調査において、まず確認すべきものはアラートログで
す。アラートログに、ORA エラーが出力されていないか、「Error」や
「Warning」などの異常を示す文字列が出力されていないか、確認してくだ
さい。

　なお、一部の ORA エラーはアプリケーションにのみ返され、アラートロ
グには記録されません。このため、アラートログだけではなく、アプリケー

ションのログも確認するようにしてください。ログの確認方法やエラーについ
ては、6.4 節の「Oracle や OS のエラーを監視する」(P.317) を参照して
ください。

My Oracle Support やインターネット検索を活用する

　ログに記録されたエラーや異常を示す文字列を検索キーワードにして、以
下の「My Oracle Support」で該当する事例や問題を検索してみましょう。
たいていの場合、該当する既知の事例や問題が見つかるはずです。

・My Oracle Support
　`https://support.oracle.com`

　ただし、My Oracle Support にアクセスするには、Oracle.com シングル
サインオンアカウントとサポート契約番号が必要です。Oracle を商用利用
している場合は、原則的にサポート契約を締結しているはずなので、担当者
にサポート契約番号を確認しましょう。サポート契約がない場合は、My
Oracle Support を利用できません。インターネット検索などを活用して、
問題に関する情報収集を行いましょう。しかし、率直に言って、My Oracle
Support の情報に頼らずに Oracle を使うことは、なかなか大変です。

テクニカルサポートに迅速に支援を依頼できる準備をしておく

　過去の経験や My Oracle Support のドキュメントなどを参考にして、問
題に対処できればよいですが、それでも対処できない場合は、テクニカルサ
ポートの助けを借りることになります。日ごろサポートを利用していないと、
思わぬところで時間を要する場合があるので、迅速に支援を依頼できるよう
に準備しておいてください。

■サポート窓口情報を整理しておく

　ライセンスの購入方法により、テクニカルサポートへの問い合わせ作成方
法が異なります。トラブル発生時に円滑に問合せを作成できるよう、以下の

情報をあらかじめまとめておきましょう。

・サポート用 Web サイトの URL
・サポート用 Web サイトへのログイン ID とパスワード
・サポート契約番号（My Oracle Support では CSI を使用する。また、サ
　ポート提供会社によっては独自の ID がある場合がある）
・サポート窓口の電話番号

■迅速にログファイルを集める

　通常、障害の分析にはログファイルが必要です。迅速にサポートに対して
ログファイルを提供できるように、ログファイルを自動的に集められるしく
みを作っておきましょう。tar や zip でファイルを圧縮するスクリプトを作
成するのもよいですし、以下の My Oracle Support で配布している RDA な
どのユーティリティを使用してもよいです。

・My Oracle Support で配布している RDA ユーティリティ（要ログイン）
　https://support.oracle.com/epmos/faces/DocContentDisplay?id=1604502.1

　ログファイルが大きなサイズになっていると、ファイルの転送やサポート
用 Web サイトへのアップロードに時間を要するため、不便です。ログロー
テーション（定期的にログファイルを分割するログファイルの管理方法）を
行って、ログファイルがあまり大きなサイズにしないことをおすすめします。
　Oracle 11g R1 以降は、問題に関連するログファイル類を ZIP ファイルに
まとめてくれる「インシデントパッケージ」というしくみがあります。以下
の手順を参考に、インシデントパッケージを作成し、サポートに提供してく
ださい。ログファイルとあわせて提供するのが、おすすめのやり方です。
adrci コマンドの詳細については、マニュアル「Oracle Database ユーティ
リティ」を参照してください。

●実行結果 6-33　adrci コマンドを使用したインシデントパッケージの作成

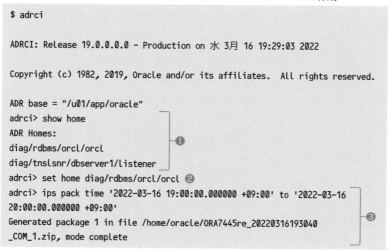

```
$ adrci

ADRCI: Release 19.0.0.0.0 - Production on 水 3月 16 19:29:03 2022

Copyright (c) 1982, 2019, Oracle and/or its affiliates.  All rights reserved.

ADR base = "/u01/app/oracle"
adrci> show home
ADR Homes:
diag/rdbms/orcl/orcl
diag/tnslsnr/dbserver1/listener
adrci> set home diag/rdbms/orcl/orcl
adrci> ips pack time '2022-03-16 19:00:00.000000 +09:00' to '2022-03-16
20:00:00.000000 +09:00'
Generated package 1 in file /home/oracle/ORA7445re_20220316193040
_COM_1.zip, mode complete
```

❶ show home で ADR 内にある ADR_HOME を確認しています。

❷ 調査対象のデータベースに対応する ADR_HOME を指定しています。

❸ 指定期間内に発生した問題に関連するログファイルをまとめたインシデ
　ントパッケージを作成しています。ここでは、「/home/oracle/
　ORA7445re_20220616193040_COM_1.zip」というファイルが作成
　されたインシデントパッケージです。

おわりに

　Oracle は非常に多くの機能を持つ RDBMS です。入門書という位置づけ、および紙面の都合上、残念ながら本書ではすべてを説明することはできません。そのため、本書を読み終えたあとも、引き続き、多くのことを学んでほしいと考えています。

　ここでは、これからの学習のヒントをいくつか紹介したいと思います。

アーキテクチャを知る

　入門書という位置づけから、本書では、機能や使用方法に重点をおいて説明しました。よって、アーキテクチャについての説明を割愛しているところがあります。

　しかし、ひととおり Oracle を使えるようになったら、アーキテクチャにも目を向けてみてください。エンジニアであれば、「ソフトウェアがどうやって動いているか」ということに興味を持つのは自然なことですし、なにより、アーキテクチャを知っているかどうかで、理解度やスキルの伸びに大きな差が出てきます。

　Oracle のアーキテクチャを学ぶには、次のようなものが参考になります。

・マニュアル「Oracle Database 概要」
・市販の書籍
・インターネット上の資料

　また、Oracle は、OS 上で動くアプリケーションにすぎません。6.4 節で学んだように、CPU やメモリなどの OS が管理するリソースが不足すれば、データベースの動作に影響を与えます。

　ストレージやネットワークに問題が発生した場合も同様です。Oracle の
アーキテクチャについて理解するのも大事ですが、Oracle 周辺の OS、スト
レージ、ネットワークについて理解することも重要です。これらについても
理解を深めてください。

■**今後学んでほしいこと**
・Oracle を構成するプロセス、メモリ領域の役割と特徴を理解する
・ASM や専用のストレージ機器を用いた大規模システムの物理設計（領域
　設計）ができるようになる

┃ パフォーマンスを向上させる

　システムにおいて、データベースのパフォーマンスは重要です。データベ
ースのパフォーマンス低下は、システム全体のパフォーマンス低下に直結す
るためです。

　しかし、いわゆる「チューニング」と呼ばれるパフォーマンス向上の対処
を行うためには、Oracle のアーキテクチャおよび周辺テクノロジーに関す
る深い知識が必要です。本書での学習に引き続き、これらへの知識を深め、
チューニングができるスキルをぜひ身につけてほしいと思います。

　ただ、Oracle の機能を使ってパフォーマンスを向上させることも検討し
てください。Oracle はバージョン 10g 以降、自動設定機能や自動チューニ
ング機能を改善しており、これらを利用することで、深いスキルが無くても
パフォーマンスを改善できる場合があります。

▶ 表 7-1　パフォーマンス改善に有用な Oracle 機能

要件	説明	機能
最適なメモリ設定を行う	用途が異なるメモリ領域に対して最適なサイズを設定する また、使用状況の変化に応じてサイズを調整する	自動メモリ管理機能
遅い SQL をチューニングする	想定したパフォーマンスを得られない SQL をチューニングし、パフォーマンスを改善する	SQL チューニングアドバイザ SQL アクセスアドバイザ
パフォーマンス問題にかかわる重要事項をアドバイスする	将来または現在パフォーマンス問題になりうる重要な事項について、管理者に情報を提示し、改善策などをアドバイスする	ADDM

■ 今後学んでほしいこと

・Oracle のアーキテクチャ（おもにデータベースバッファキャッシュとディスク I/O の関係）とパフォーマンスとの関係を理解する
・実行計画を読んで理解し、ボトルネックを特定できるようにする
・表 7-1 にまとめたパフォーマンス関連機能の使いどころを理解する

セキュリティに配慮する

　最近、個人情報や機密情報が漏えいする事件が相次いでおり、システムにおいてデータの外部漏えいを防ぐ必要性が高まっています。データベースにはさまざまなデータが格納されているため、データを不正なアクセスから厳重に保護する必要がありますが、運用手順を厳格化するなど、現場レベルでの対処だけでカバーするのはなかなか大変です。

　Oracle には、以下の表 7-2 のようなセキュリティ機能があり、これらを活用することで、運用への影響を最小限にしながらセキュリティを向上させることができます。

　一般的に、データベースに求められるセキュリティ要件と対応する Oracle の機能をまとめます。

● 表 7-2　セキュリティ要件と Oracle 機能

要件	説明	機能
データベース監査	データベースで実行された SQL を記録し、不正な処理が実行されていなかったか、実行されていればいつだれが実行したか、を後日チェックできる	DBA 監査 標準監査 ファイングレイン監査 統合監査
データ暗号化	データベースやバックアップ、ダンプファイルを暗号化し、万が一ファイルにアクセスされた場合でも、データを確認できないようにする	Advanced Security オプション
高度なデータアクセス制限	表よりも細かいレベルでアクセスできるデータ、できないデータを制御する。	Virtual Private Database Label Security オプション
取扱い注意データのマスキング	データへのアクセスは可能とするが、クレジットカード番号や住所など取扱いに注意を要する一部データをマスクする	Data Masking Data Redaction
Oracle 管理者ユーザの権限限定	SYS などの管理者ユーザーの権限を限定し、データにアクセスできないようにすることで、管理担当者による内部犯行や、管理ユーザーのパスワードが奪われた場合のデータ漏えいを抑止する	Database Vault

■**今後学んでほしいこと**

・自身が構築した Oracle データベースの潜在的なセキュリティリスクの内容と、それをカバーするために求められる運用手順（特に、管理者が悪意を持った場合）を理解する
・表 7-2 にまとめた、セキュリティ関連機能の使いどころを理解する

分散データベースとレプリケーション（データ連携）を知る

　1つの企業には、たいてい、複数のシステムと複数のデータベースが存在します。データベースによって保持しているデータが異なるため、「あるデータベースに格納されたデータを、ほかのデータベースで参照したい」という状況が発生することがあります。

　このような状況への解決策として、複数存在するデータベースを連携させる、すなわち分散データベースとして動作させる方法や、データをコピーして別のデータベースに転送するレプリケーション機能があります。

●表 7-3 データ連携に有用な Oracle 機能

要件	説明	機能
複数のデータベースを連携させた分散データベースの実現	あるデータベースに格納されたデータを、別のデータベースより参照または更新できるようにする	データベースリンク
データレプリケーションによるデータベース間のデータ連携	あるデータベースに格納されたデータを、別のデータベースにリアルタイムまたは一定の間隔で転送し、異なるデータベースで同じデータを参照できるようにする	GoldenGate

■**今後学んでほしいこと**

・表 7-3 にまとめたデータ連携関連機能の使いどころを理解する
・システムの要件に応じて、適切なデータ連携関連機能を選択し、システムを設計できるようになる

障害に強い（高可用性のある）データベースを構築する

　データベースはシステムにおいて非常に重要な位置づけです。たいていのシステムで、データベースが止まれば、システムが止まります。このため、データベースには高い可用性、すなわち、「障害が発生しても動作を継続すること」や「最小限の停止時間で復旧すること」が求められます。

　また、データベースにとって高可用性とは、障害への耐久性だけではありません。データベースに格納されたデータが失われることなく、安全に保護することも重要です。システムが継続して動作していても、中身であるところのデータが失われていては意味がないからです。

● 表 7-4　高可用性要件と Oracle 機能

要件	説明	機能
データベースサーバーのハードウェア障害およびメンテナンス停止への対処	データベースサーバーにおいて発生するディスク障害やマザーボードの故障といったハードウェア障害や、予定されたメンテナンス作業にともなうサーバー停止においても、データベースの動作を継続する	Real Application Clusters(RAC)
大規模災害発生時の対処	大規模災害が発生し、データセンター全体でサービスの提供ができなくなった場合においても、データベースの動作を継続する	Data Guard
テクノロジー要因によるデータ損失への対処	ハードウェア障害や Oracle のバグなどが発生した場合でも、データが失われないように保護する	バックアップとリカバリ 各種破損検出機能
人為的なデータ損失への対処	誤操作などにより意図せずデータが失われた場合に、失われたデータを復元する	Flashback テクノロジー

■今後学んでほしいこと

・表 7-4 にまとめた高可用性関連機能の使いどころを理解する

・システムの要件に応じて、適切な高可用性関連機能を選択し、システムを設計できるようになる

索引

著者略歴

●渡部 亮太（わたべ りょうた）

Oracle Database 製品サポートに従事したのち、現在は企画／技術広報業務およびコーソル全体の技術力向上活動を行う。講演および執筆実績多数。福岡在住。

日本で7人しかいない Oracle ACE（Oracle Database）の1人。Japan Oracle User Group（JPOUG）共同設立者、ボードメンバー。

ORACLE MASTER Platinum Oracle Database 10g、11g、12c 保有。

最近の楽しみは11歳の息子とタッチラグビーをすること、ラグビーを観戦すること。日本開催のラグビーワールドカップ2019では、息子と一緒に日本 vs サモアを含む全6戦を観戦した。

●舛井 智行（ますい ともゆき）

Oracle Database に関するサービス（設計／構築／運用）業務を経て、現在は企画＆マーケティング部門で取扱製品拡販、プロモーション活動を行う。

最近は Oracle Database でなく、複数 DB 製品を一元管理できる Database Performance Analyzer（DPA）、Oracle SE2 向け災害対策製品 Dbvisit やデータベース管理製品 Toad の拡販に力を入れている。

趣味は株とライトノベル。

●岡野 平八郎（おかの へいはちろう）

独立系ソフトハウスで約4年間 DB2、SQL Server の運用管理を担当した後、スキルアップできる環境があり、行動指針にも共感できたコーソルへ2006年4月に転職。

現在は Oracle Database の技術支援を行う傍ら、チームの「ご意見番」として、蓄積した技術や対応スキルなどを惜しみなくメンバーへ伝えている。

ORACLE MASTER Platinum Oracle Database 12c（1番乗り）など、保有資格は多数。

趣味はソロスタイルのアコースティックギター。

●峯岸 隆一（みねぎし りゅういち）

2006年コーソルに中途入社後、Oracle 製品のサポート業務を経て、現在は企画＆マーケティング部門で検証／拡販業務を行う。Oracle Database、SQL Server、Postgre SQL などの複数 DB 製品に対応した管理／運用製品を主に担当している。

ORACLE MASTER Platinum Oracle Database 10g、11g、12c 保有。

問題解決するまであきらめない「しつこさ」が武器。趣味はスポーツ観戦。

●日比野 峻佑（ひびの しゅんすけ）

コーソルへ新卒で入社。Oracle Database 製品のサポート業務を経験したのち、現在は VMware 製品のサポートに従事。Oracle に次ぐコーソルの柱を築くべく、新部署の

拡大に勤しんでいる。

趣味は料理。料理で渡伊した異色の経歴を持ち、社内行事ではコーソルの専属シェフとして腕をふるっている。

ORACLE MASTER Platinum Oracle Database 11g、VMware Certified Implementation Expert VCIX6-DCV、VMware Certified Advanced Professional VCAP7-DTM 保有。

●相川 潔（あいかわ きよし）

SIer にてシステム開発（要件定義から実装、運用まで）を経験後、より専門性の高いスキルを習得すべくコーソルへ転職。

コーソルで 10 年勤務したのち、合同会社リシテを起業。

仕事では経営者とエンジニア、家庭では夫と二児の父と複数の立場で奮闘中。

好きな食べ物はカキフライ。仕事のモットーは「困ったときこそシンプルに考える」。

監修者略歴

●株式会社コーソル

・Web ページ：https://cosol.jp

Oracle を中心にデータベースの設計、導入・構築、運用管理、保守・サポート、コンサルティング等、「Oracle Database 技術」の強みを活かしたビジネスを展開。「CO-Solutions ＝共に解決する」の理念のもと、「データベース技術」×「サービス」を軸とし、高い技術をもとにお客様へ " 心あるサービス " を提供し続けることにこだわっている。

ORACLE MASTER Platinum 保有者を含む経験豊富なエンジニアがリモートでデータベースの定常業務から障害発生時の対応を 24 時間 365 日で行う「リモート DBA サービス」などを展開。東京・福岡・カナダの 3 拠点ですべて日勤帯で対応するフォロー・ザ・サン体制をとることにより、サービスの安定提供を実現している。

また、サードパーティ製のデータベース関連製品の取り扱いを拡充し、導入からサポートまでワンストップで提供を行っている。エンジニア社員の「ORACLE MASTER」の保有率は 88％に及び、その内の 40％は 2 日間の実技試験をもって認定される最上位資格 ORACLE MASTER Platinum を取得している。

世の中に必要とされるデータベースエンジニアを育成すべく、社員教育には心血を注いでおり、技術者を数多く育成した企業に贈られる「Oracle Certification Award」を 10 年連続で受賞。2022 年 6 月時点で、企業別 ORACLE MASTER Platinum 取得者数ランキング国内 No.1。

働きやすい職場環境を目指しており、2016 年 1 月に厚生労働省認定「子育てサポート企業」の証である、くるみんマークを取得。男性育休取得率も 60％を超え、2019 年 10 月に厚生労働省主催「イクメン企業アワード 2019」グランプリを受賞。

●注意

本書に関するご質問は，FAX や書面，あるいは以下に示す弊社の Web サイトの質問用フォームをご利用下さい。電話での直接のお問い合わせには一切お答えできませんので，あらかじめご了承下さい。
ご質問の際には，書籍名と質問される該当ページ，返信先を明記してください。
e-mail をお使いになれる方は，メールアドレスの併記をお願いいたします。

●連絡先

〒162-0846
東京都新宿区市谷左内町 21-13
（株）技術評論社 雑誌編集部
「Oracle の基本」係
FAX：03-3513-6179
Web サイト：https://gihyo.jp/book/2022/978-4-297-12954-5

装丁：石間 淳
本文デザイン／レイアウト：SeaGrape
編集：西原 康智、傳 智之

[改訂 2 版] Oracle の基本
～データベース入門から設計／運用の初歩まで

| 2017 年 10 月 5 日 | 初　　版　第 1 刷発行 |
| 2022 年 7 月 29 日 | 改訂 2 版　第 1 刷発行 |

著　者　　渡部 亮太、舛井 智行、岡野 平八郎、
　　　　　峯岸 隆一、日比野 峻佑、相川 潔
監修者　　株式会社コーソル
発行者　　片岡 巌
発行所　　株式会社技術評論社
　　　　　東京都新宿区市谷左内町 21-13
電　話　　03-3513-6150　販売促進部
　　　　　03-3513-6170　雑誌編集部
印刷／製本　日経印刷株式会社

定価はカバーに表示してあります。

ISBN978-4-297-12954-5 C3055
Printed in Japan